Josef Hörwick
Lineare Algebra
De Gruyter Studium

Weitere empfehlenswerte Titel

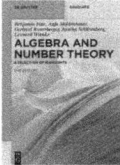

Algebra and Number Theory. A Selection of Highlights
Benjamin Fine, Anja Moldenhauer, Gerhard Rosenberger,
Annika Schürenberg, Leonard Wienke, 2023
ISBN 978-3-11-078998-0, e-ISBN (PDF) 978-3-11-079028-3,
e-ISBN (EPUB) 978-3-11-079039-9

Linear Algebra. A Minimal Polynomial Approach to Eigen Theory
Fernando Barrera-Mora, 2023
ISBN 978-3-11-113589-2, e-ISBN (PDF) 978-3-11-113591-5,
e-ISBN (EPUB) 978-3-11-113614-1

Abstract Algebra. With Applications to Galois Theory, Algebraic Geometry,
Representation Theory and Cryptography
Gerhard Rosenberger, Annika Schürenberg, Leonard Wienke, 2024
ISBN 978-3-11-113951-7, e-ISBN (PDF) 978-3-11-113951-7,
e-ISBN (EPUB) 978-3-11-114284-5

Lectures on Linear Algebra and its Applications
Philip Korman, 2023
ISBN 978-3-11-108540-1, e-ISBN (PDF) 978-3-11-108650-7,
e-ISBN (EPUB) 978-3-11-108662-0

Numerische Mathematik. Band 1: Algrebraische Probleme
Martin Hermann, 2019
ISBN 978-3-11-065665-7, e-ISBN (PDF) 978-3-11-065668-8,
e-ISBN (EPUB) 978-3-11-065680-0

Analysis
Walter Rudin, 2022
ISBN 978-3-11-075042-3, e-ISBN (PDF) 978-3-11-075043-0,
e-ISBN (EPUB) 978-3-11-075049-2

Josef Hörwick

Lineare Algebra

—

DE GRUYTER

Mathematics Subject Classification 2020
Primary: 15-01; Secondary: 03-01

Autor
Prof. Dr. Josef Hörwick
gunzenlee@t-online.de

ISBN 978-3-11-138248-7
e-ISBN (PDF) 978-3-11-138256-2
e-ISBN (EPUB) 978-3-11-138324-8

Library of Congress Control Number: 2024930100

Bibliografische Information der Deutschen Nationalbibliothek
Die Deutsche Nationalbibliothek verzeichnet diese Publikation in der Deutschen Nationalbibliografie;
detaillierte bibliografische Daten sind im Internet über
http://dnb.dnb.de abrufbar.

Coverabbildung: kikkalek5050 / iStock / Getty Images Plus
Satz: VTeX UAB, Lithuania
Druck und Bindung: CPI books GmbH, Leck

www.degruyter.com

Vorwort

Was ist Mathematik? Diese Frage ist schwer zu beantworten. Bekommt man darauf eine oder gar mehrere Antworten, so wird man bemerken, dass man danach genauso viel oder wenig weiß, wie schon zuvor. Eine treffende Antwort auf diese Frage gibt es wahrscheinlich gar nicht.

Will man also wissen, was Mathematik ist, so muss man Mathematik betreiben, sich damit beschäftigen. Die lineare Algebra ist nun eine typische Anfängervorlesung des Mathematikstudiums, aber auch in vielen anderen Fachrichtungen, in denen Mathematik zum Ausbildungsprogramm gehört. In einer solchen Anfängervorlesung lernt man nun nicht nur das entsprechende Fachwissen, sondern eben auch – was genauso wichtig ist – die Denkweisen und das Arbeiten mit der Mathematik. Natürlich besteht Mathematik nicht nur aus Algebra, es gibt viele andere Bereiche, wie zum Beispiel Analysis, Geometrie, Wahrscheinlichkeitsrechnung, Numerik, und so weiter, die ebenso relevant sind. Zum Kennenlernen der Mathematik scheint aber die Algebra besonders geeignet zu sein. Und das ist nun auch die Absicht dieses Buches, nicht nur ein Lehrbuch der linearen Algebra zu sein, sondern auch einen guten Einstieg in die Mathematik zu bieten.

Dieses kleine Lehrbuch kann eine Vorlesung zur linearen Algebra natürlich nicht ersetzen. Jede solche Vorlesung hat ihre Schwerpunkte, abhängig vom Publikum, an das sie sich richtet, und – genauso entscheidend – von den Interessen und Vorlieben des Dozenten. Auch ist das Buch sicher nicht vollständig, das eine oder andere fehlt oder ist nicht ausführlich genug behandelt. Ich denke aber, dass es trotzdem ein interessantes Lehrbuch zur linearen Algebra ist.

Das letzte Kapitel des Buches, „Gleichförmige Bewegungen in der Ebene", ist etwas Ungewöhnliches, etwas, das man normalerweise nicht in Lehrbüchern zur linearen Algebra findet. Es soll ein Beispiel dafür geben, was man mit verhältnismäßig einfacher Vektorrechnung schon alles anfangen kann.

Zum Schluss will ich mich noch bei drei Personen für die gute Zusammenarbeit bedanken: Und zwar bei Herrn Luis Lohse, der mein handschriftliches Manuskript in Buchform brachte und bei den Damen Nadja Schedensack und Kristin Berber-Nerlinger vom DeGruyter Verlag, die es überhaupt erst ermöglichten, dass dieses Buch herausgegeben wird.

März, 2024   Josef Hörwick

https://doi.org/10.1515/9783111382562-201

Inhalt

Vorwort —— V

1 Mengen, Gruppen, Ringe, Körper, affine und projektive Ebenen —— 1

2 Vektorräume —— 55

3 Untervektorräume, lineare Unabhängigkeit, Basen —— 81

4 Lineare Abbildungen und Matrizen —— 100

5 Lineare Gleichungssysteme —— 125

6 Abzählungen und Permutationen —— 139

7 Determinanten —— 154

8 Eigenwerte —— 173

9 Gleichförmige Bewegungen in der Ebene —— 189

Stichwortverzeichnis —— 209

Inhalt

1 Mengen, Gruppen, Ringe, Körper, affine und projektive Ebenen

Zu Beginn wollen wir einige Grundbegriffe der Mengenlehre wiederholen. Eine Menge ist eine gedankliche Zusammenfassung von Objekten zu einer Einheit. Die Menge $M = \{1, 2, 3\}$ ist die Menge mit den Elementen 1, 2, 3. Man schreibt $1 \in M$, $2 \in M$, $3 \in M$ und zum Beispiel $5 \notin M$. Man kann sich M als einen Sack vorstellen, in dem sich die Zahlen 1, 2, 3 befinden. Natürlich gilt

$$\{1, 2, 3\} = \{I, II, III\} = \{Eins, Zwei, Drei\}.$$

Die Elemente von M sind ja die natürlichen Zahlen 1, 2, 3 und nicht deren Darstellung. Etwas unklar bleibt dabei, was eine natürliche Zahl eigentlich ist. Aber darauf wollen wir an dieser Stelle nicht weiter eingehen.

Es gilt natürlich auch

$$M = \{1, 2, 3\} = \{3, 2, 1\}.$$
„Auf die Reihenfolge kommt es nicht an."

Ein Element kann nur einmal in einer Menge sein. Also $x \in M$ oder $x \notin M$. Damit gilt zum Beispiel

$$\{1, 2, 3\} = \{1, 1, 1, 2, 3\}.$$
„Die Elemente einer Menge sind verschieden."

Zwei Mengen A und B sind gleich, wenn sie die gleichen Elemente enthalten. Also: $A = B \iff (x \in A \iff x \in B)$. In diesem Fall handelt es sich nicht um zwei Mengen, sondern um nur eine, jedoch mit zwei Bezeichnungen (Namen), nämlich „A" und „B". Es gibt auch eine Menge, die überhaupt kein Element enthält, die sogenannte *leere Menge*. Bezeichnet wird sie mit $\emptyset$ oder $\{\}$. Als Sack vorgestellt ist sie einfach ein leerer Sack. Die Menge $M = \{\emptyset\}$ ist natürlich *nicht* die leere Menge. Sie enthält genau ein Element, nämlich $\emptyset$. Als Sackbild veranschaulicht: „Sack im Sack".

https://doi.org/10.1515/9783111382562-001

Noch ein Beispiel:

$$M = \{1, 2, \{4, 1\}, \{3\}\},$$

$1 \in M, 4 \notin M, \{3\} \in M$, aber $3 \notin M$. Als „Sackbild":

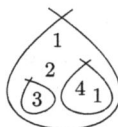

Eine Menge kann man auch durch eine Eigenschaft beschreiben, zum Beispiel

$$M = \{n \text{ ist eine natürliche Zahl}: n \text{ ist gerade}\},$$

d. h., M ist die Menge der geraden natürlichen Zahlen.

Bezeichnungen.

$\mathbb{N}$ ist die Menge der natürlichen Zahlen, $\{1, 2, 3, \dots\}$

$\mathbb{Z}$ ist die Menge der ganzen Zahlen, $\{\dots, -2, -1, 0, 1, 2, \dots\}$

$\mathbb{Q}$ ist die Menge der Bruchzahlen (rationalen Zahlen), $\{\frac{m}{n} : n \in \mathbb{N}, m \in \mathbb{Z}\}$

$\mathbb{R}$ ist die Menge der reellen Zahlen, also der „Punkte der Zahlengeraden".

Im Folgenden betrachten wir nun die üblichen Operationen mit Mengen.

Der Durchschnitt von zwei Mengen:

$$A \cap B = \{x : x \in A \text{ und } x \in B\}.$$

Die Vereinigung von zwei Mengen:

$$A \cup B = \{x : x \in A \text{ oder } x \in B\}.$$

Man beachte: Unter „oder" verstehen wir immer das einschließende „oder". Wenn also x in A und B liegt, dann auch in $A \cup B$.

Vereinigung und Durchschnitt von endlich vielen Mengen:

$$A_1 \cup A_2 \cup \cdots \cup A_n = \bigcup_{i=1,\dots,n} A_i = \{x : \text{Es gibt ein } i \text{ aus } 1, 2, \dots, n \text{ mit } x \in A_i\}.$$

Für „es gibt" schreibt man auch „$\exists$", also $\{x : \exists i \text{ aus } 1 \text{ bis } n \text{ mit } x \in A_i\}$:

$$A_1 \cap A_2 \cap \cdots \cap A_n = \bigcap_{i=1,\dots,n} A_i = \{x : \text{für alle } i \text{ aus } 1, \dots, n \text{ ist } x \in A_i\}.$$

Statt „für alle" schreibt man auch „$\forall$", also $\{x : \forall i \text{ aus } 1 \text{ bis } n \text{ ist } x \in A_i\}$.

Vereinigung und Durchschnitt von unendlich vielen Mengen:

$$A_1 \cup A_2 \cup A_3 \cup \cdots = \bigcup_{i \in \mathbb{N}} A_i = \{x : \exists i \in \mathbb{N} \text{ mit } x \in A_i\},$$

$$A_1 \cap A_2 \cap A_3 \cap \cdots = \bigcap_{i \in \mathbb{N}} A_i = \{x : \forall i \in \mathbb{N} \text{ gilt } x \in A_i\}.$$

Weitere Verallgemeinerungen sind die Durchschnittsmenge und die Vereinigungsmenge. Es sei A eine Menge, deren Elemente wiederum Mengen sind:

$$\text{Durchschnittsmenge von } A : \bigcap A = \{x : \forall M \in A \text{ ist } x \in M\},$$

$$\text{Vereinigungsmenge von } A : \bigcup A = \{x : \exists M \in A \text{ mit } x \in M\}.$$

Beispiel. $A = \{\{1, 2\}, \{1, 2, 3, 4\}, \{1, 2, 4, 5\}\}$,

$$\bigcap A = \{1, 2\}, \quad \bigcup A = \{1, 2, 3, 4, 5\}.$$

Es seien nun A und B wieder zwei Mengen. B heißt Teilmenge von A, geschrieben $B \subset A$, wenn gilt: Aus $x \in B$ folgt $x \in A$, oder in Zeichen: $x \in B \implies x \in A$.

Beispiel. $A = \{1, 2, 3, 4, 5\}$, $B = \{3, 4\}$. Triviale Teilmengen von A sind A selbst und $\emptyset$.

Bemerkung. Zwei Mengen A und B haben genau dann die gleichen Elemente, wenn gilt: $A \subset B$ und $B \subset A$. Also:

$$A = B \iff (A \subset B \text{ und } B \subset A).$$

Diese Eigenschaft wird oft benutzt, um die Gleichheit zweier Mengen zu zeigen.

Unter der Potenzmenge von A (in Zeichen $\mathfrak{P}(A)$) versteht man die Menge aller Teilmengen von A. Also:

$$\mathfrak{P}(A) = \{M : M \subset A\}.$$

Beispiel. $A = \{1, 2, 3\}$,

$$\mathfrak{P}(A) = \{\{1\}, \{2\}, \{3\}, \{1, 2\}, \{1, 3\}, \{2, 3\}, \{1, 2, 3\}, \emptyset\}.$$

Die Mengendifferenz wird definiert durch:

$$A \backslash B = \{x : x \in A \text{ und } x \notin B\}.$$

Man spricht „A minus B" oder „A verringert um B".

Das Mengenkomplement: Wir setzen eine „große" Grundmenge Ω voraus. Alle weiteren vorkommenden Mengen seien Teilmengen von Ω:

$$\overline{A} = \{x \in \Omega : x \notin A\},$$

$\overline{A}$ heißt das Mengenkomplement von A (in Ω).

Satz 1.1. Es gilt $\overline{A \cup B} = \overline{A} \cap \overline{B}$.

Beweis. Wir benutzen das „Teilmengenverfahren".

a) Sei $x \in \overline{A \cup B}$, also $x \notin A \cup B \implies x \notin A$ und $x \notin B \implies x \in \overline{A} \cap \overline{B}$. Also: $\overline{A \cup B} \subset \overline{A} \cap \overline{B}$

b) Sei $x \in \overline{A} \cap \overline{B}$, also $x \in \overline{A}$ und $x \in \overline{B} \implies x \notin A$ und $x \notin B \implies x \notin A \cup B \implies x \in \overline{A \cup B}$. Also: $\overline{A} \cap \overline{B} \subset \overline{A \cup B}$. $\qquad\square$

Bemerkung. Analog zu Satz 1.1 gilt:

$$\overline{A \cap B} = \overline{A} \cup \overline{B}.$$

Definition. Es seien $M_1, M_2, \ldots, M_n$ Mengen. Das kartesische Produkt ist definiert durch

$$M_1 \times M_2 \times \cdots \times M_n = \{(a_1, a_2, \ldots, a_n) : a_j \in M_j\}.$$

Diese $(a_1, a_2, \ldots, a_n)$ nennt man n-Tupel.

Man beachte: Bei einem Tupel kommt es auf die Reihenfolge der Elemente an. Auch kann das gleiche Element mehrmals vorkommen. Zwei Tupel $(a_1, a_2, \ldots, a_n)$ und $(b_1, b_2, \ldots, b_n)$ sind genau dann gleich, wenn $a_i = b_i$ für $i = 1$ bis n gilt. Ein wichtiger Spezialfall ist, wenn alle M_i gleich sind:

$$M \times M \times \cdots \times M = M^n = \{(a_1, a_2, \ldots, a_n) : a_i \in M\}.$$

Beispiel. $\mathbb{R}^2 = \{(x, y) : x, y \in \mathbb{R}\}$ kann als Ebene veranschaulicht werden. Wir wählen in der Ebene ein Koordinatensystem, eine x- und eine y-Achse. Dann hat jeder Punkt P eine x- und y-Koordinate. Einen Punkt P können wir mit dem Koordinatenpaar (x, y) aus $\mathbb{R}^2$ identifizieren.

Wir wollen nun n-Tupel anhand eines Beispiels abstrakter untersuchen. Sei $A = \{1, 2, 3\}$. Wir betrachten nun alle Abbildungen von A in die reellen Zahlen, also $\{f : A \to \mathbb{R}\}$. Der Abbildung

$$f : \begin{cases} 1 \mapsto x \\ 2 \mapsto y \\ 3 \mapsto z \end{cases}$$

entspricht das Tupel (x, y, z). Wahlweise können wir uns also Tupel (x, y, z) als geschriebenen Ausdruck oder als Abbildung f von $\{1, 2, 3\}$ nach $\mathbb{R}$ vorstellen. Diese abstraktere Betrachtung hat den Vorteil, dass man auch „unendliche Tupel" bilden kann. Betrachtet man die Abbildungen von den natürlichen Zahlen in die reellen Zahlen, so erhält man die Zahlenfolgen

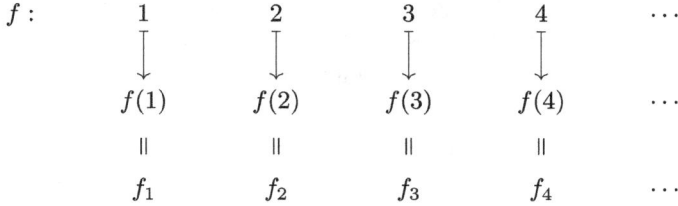

$$
\begin{array}{cccccc}
f: & 1 & 2 & 3 & 4 & \cdots \\
& \downarrow & \downarrow & \downarrow & \downarrow & \\
& f(1) & f(2) & f(3) & f(4) & \cdots \\
& \| & \| & \| & \| & \\
& f_1 & f_2 & f_3 & f_4 & \cdots
\end{array}
$$

oder als „unendliche Tupel" geschrieben $(f_1, f_2, f_3, \ldots)$.

Bezeichnung einer Zahlenfolge: $(f_n)_{n \in \mathbb{N}}$ oder auch $(a_n)_{n \in \mathbb{N}}$. Die Menge aller Zahlenfolgen zusammen kann man mit $\mathbb{R}^{\mathbb{N}}$ bezeichnen. Beispiele für Zahlenfolgen:

1.) $a(n) = a_n = 2n$, die Folge der geraden Zahlen $(2, 4, 6, \ldots)$
2.) $a(n) = a_n = 3$, konstante Folge $(3, 3, 3, \ldots)$
3.) $a_n = \frac{1}{2^n}$, die Summe $\sum_{i=1}^{n} a_i$ konvergiert gegen 1
4.) $a_n = (1 + \frac{1}{n})^n$, der Grenzwert dieser Folge ist die eulersche Zahle e.

Man kann als „Startmenge" auch eine noch größere Menge als $\mathbb{N}$ wählen. Zum Beispiel die reellen Zahlen. Dann erhält man als „kartesisches Produkt" $\{f : \mathbb{R} \to \mathbb{R}\}$, also alle Abbildungen der reellen Zahlen in die reellen Zahlen. Diese Menge kann man mit $\mathbb{R}^{\mathbb{R}}$ bezeichnen.

Als Nächstes wollen wir einige wichtige Begriffe im Zusammenhang mit Abbildungen betrachten. Schreibweise für Abbildungen: $f : A \to B, x \mapsto f(x)$. Die Menge A heißt der Definitionsbereich und B der Zielbereich der Abbildung f. $f(A) = \{f(x) : x \in A\}$ heißt der Wertebereich von f. Sei nun $U \subset A$. $f(U) = \{f(x) : x \in U\}$ heißt das Bild von U. Sei nun $V \subset B$. $f^{-1}(V) = \{x \in A : f(x) \in V\}$ heißt das Urbild von V. Man beachte: f^{-1} bedeutet in diesem Zusammenhang nicht die Umkehrfunktion von f. $f^{-1}(V)$ ist eine Teilmenge von A.

Die Abbildung f heißt *injektiv*, wenn Folgendes gilt:

Sind x und y verschiedene Elemente aus A, so sind auch ihre Bilder $f(x)$ und $f(y)$ verschieden.

Also: $x \neq y \implies f(x) \neq f(y)$.

Diese Eigenschaft beweist man oft mit der gleichwertigen Aussage

$$f(x) = f(y) \implies x = y.$$

Die Abbildung f heißt *surjektiv*, wenn $f(A) = B$ ist. Das heißt, zu jedem y aus B gibt es mindestens ein x aus A mit $f(x) = y$. Eine Abbildung heißt *bijektiv*, wenn sie injektiv und surjektiv ist. Ist f bijektiv, so kann man die Umkehrfunktion f^{-1} definieren:

$$f : A \to B, x \mapsto f(x), \quad f^{-1} : B \to A, y \mapsto x \text{ mit } f(x) = y.$$

Da f surjektiv ist, gibt es zu y mindestens ein x mit $f(x) = y$. Da f injektiv ist, gibt es zu y höchstens ein x mit $f(x) = y$. Insgesamt gilt also: Zu $y \in B$ gibt es genau ein $x \in A$ mit $f(x) = y$. Die Abbildungen f und f^{-1} bilden ein Paar „Funktion/Umkehrfunktion". Die eine ist jeweils die Umkehrfunktion der anderen.

Die Hintereinanderschaltung oder *Komposition* von Funktionen: Gegeben seien zwei Funktionen $f : A \to B$ und $g : B \to C$. Dann definieren wir die Komposition:

$$(g \circ f) : A \to C, x \mapsto g(f(x)).$$

Man beachte die Reihenfolge: $g \circ f$ nicht $f \circ g$. Die Abbildung, die zuerst ausgeführt wird, steht rechts.

Beispiel.

$$f : \mathbb{R} \to \mathbb{R}, x \mapsto \sin x, \quad g : \mathbb{R} \to \mathbb{R}, x \mapsto x^2,$$
$$(g \circ f)(x) = g(f(x)) = (\sin x)^2 = \sin^2 x,$$
$$(f \circ g)(x) = f(g(x)) = \sin(x^2).$$

Ist nun $f : A \to B$ eine Funktion mit Umkehrfunktion f^{-1}, so gilt natürlich

$$(f^{-1} \circ f)(x) = x \quad \forall x \in A \quad \text{und}$$
$$(f \circ f^{-1})(x) = x \quad \forall x \in B.$$

Mithilfe der identischen Abbildung id ($\mathrm{id}(x) = x \ \forall x$) kann man diese Relation auch wie folgt schreiben:

$$(f^{-1} \circ f) = \mathrm{id} \quad \text{von } A \text{ nach } A,$$
$$(f \circ f^{-1}) = \mathrm{id} \quad \text{von } B \text{ nach } B.$$

Bemerkung. Sei f eine Funktion von A nach B und g eine Funktion von B nach A. Gilt $(f \circ g) = \mathrm{id}$ und $(g \circ f) = \mathrm{id}$, so sind f und g ein Paar Funktion–Umkehrfunktion.

Ein Beispiel zur Umkehrfunktion: Die Exponential- und Logarithmusfunktion sind ein Paar Funktion–Umkehrfunktion:

$$\exp : \mathbb{R} \to \mathbb{R}^+, x \mapsto e^x, \quad \ln : \mathbb{R}^+ \to \mathbb{R}, x \mapsto \ln x,$$
$$e^{\ln x} = x \quad \text{und} \quad \ln e^x = x.$$

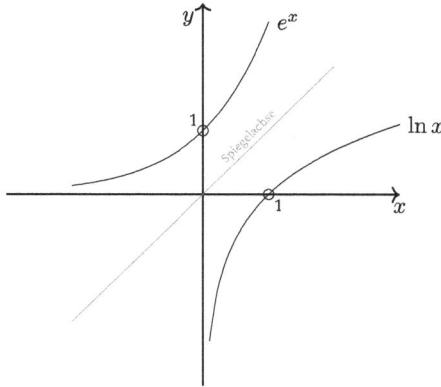

Einschub über Mengen:

Zwei endliche Mengen A und B heißen *gleichmächtig*, wenn sie gleich viele Elemente haben. Dies stellt man üblicherweise dadurch fest, indem man die Elemente von A und B zählt. Also: $|A| = n$, $|B| = m$. A gleichmächtig $B \iff n = m$. Man kann aber auch anders vorgehen: Die Mengen A und B sind genau dann gleichmächtig, wenn es eine bijektive Abbildung von A nach B gibt. Diese Definition hat den Vorteil, dass man sie auf unendliche Mengen erweitern kann.

Definition. Zwei unendliche Mengen A und B heißen gleichmächtig, wenn es eine bijektive Abbildung von A nach B gibt. Man sagt dann auch, A und B haben gleich viele Elemente.

Satz 1.2.
1.) Die Menge der natürlichen Zahlen und die Menge der ganzen Zahlen sind gleichmächtig.
2.) Es gibt genauso viele natürliche Zahlen wie rationale Zahlen.

Beweis. Wir zeigen nur die erste Aussage, indem wir eine Abbildung f von $\mathbb{N}$ nach $\mathbb{Z}$ definieren:

$$f: \quad \begin{array}{ccccccc} 1 & 2 & 3 & 4 & 5 & 6 & \cdots \\ \downarrow & \downarrow & \downarrow & \downarrow & \downarrow & \downarrow & \\ 0 & 1 & -1 & 2 & -2 & 3 & \cdots \end{array}$$

Man sieht unmittelbar, dass f bijektiv ist. $\qquad\qquad\square$

Definition. Eine Menge M heißt abzählbar, wenn sie gleichmächtig zu $\mathbb{N}$ ist. In diesem Fall kann man M aufzählen:

$$M = \{m_1, m_2, m_3, m_4, \ldots\},$$
$$\mathbb{Z} = \{0, 1, -1, 2, -2, 3, -3, \ldots\}.$$

Satz 1.3. Es gibt mehr reelle als natürliche Zahlen. Das heißt, es gibt zwar eine injektive Abbildung von $\mathbb{N}$ nach $\mathbb{R}$, aber keine bijektive.

Beweis. Wir betrachten das Intervall $[0,1] = \{x \in \mathbb{R} : 0 \le x \le 1\}$. Jede Zahl daraus kann durch eine unendliche Dezimaldarstellung ausgedrückt werden. Zum Beispiel:

$$0.1 \leftrightarrow 0.100000\ldots,$$
$$\sqrt{2} \leftrightarrow 1.414213\ldots$$

Für manche Zahlen ist die Darstellung nicht eindeutig. Deshalb legen wir fest: Etwa $0.299999\ldots$ wird dargestellt durch $0.30000\ldots$. Damit ist die Darstellung eindeutig. Wir nehmen nun an, das Intervall $[0,1]$ sei abzählbar, dann gibt es eine Abzählung. Zum Beispiel:

$$x_1 : 0.18715\ldots \quad = 0.x_{11}x_{12}x_{13}\ldots,$$
$$x_2 : 0.35416\ldots \quad = 0.x_{21}x_{22}x_{23}\ldots,$$
$$x_3 : 0.91024\ldots \quad = 0.x_{31}x_{32}x_{33}\ldots,$$
$$\text{usw.}$$

Anhand dieser Aufzählung definieren wir eine reelle Zahl z durch ihre Dezimaldarstellung:

$$z = 0.z_1 z_2 z_3 z_4 \ldots \quad \text{mit} \quad z_i = \begin{cases} 1, & \text{falls } x_{ii} \ne 1, \\ 0, & \text{falls } x_{ii} = 1. \end{cases}$$

Dann kommt aber z in der Abzählung nicht vor! Widerspruch! $\qquad\square$

Bemerkung zur Dezimalbruchdarstellung von reellen Zahlen: Die reellen Zahlen stellen wir uns als Punkte der Zahlengeraden vor. Wir betrachten zum Beispiel den Punkt $\sqrt{2}$ (die Zahl $\sqrt{2}$ ist irrational). Die Dezimaldarstellung von $\sqrt{2}$ ist eigentlich eine Folge von rationalen Zahlen, die von unten gegen $\sqrt{2}$ konvergiert. Durch ihren Grenzwert stellt sie $\sqrt{2}$ dar:

$$\sqrt{2} = 1.414213\ldots,$$
$$\text{Folge} : 1, 1.4, 1.41, 1.414, \ldots,$$
$$\text{Als Reihe geschrieben} : 1 + 0.4 + 0.01 + 0.004 + \cdots,$$
$$\text{Mit Zehnerpotenzen} : 1 \cdot 10^0 + 4 \cdot 10^{-1} + 1 \cdot 10^{-2} + 4 \cdot 10^{-3} + \cdots.$$

Bemerkung. Die rationalen Zahlen kann man in der Dezimaldarstellung gut erkennen: „Ab einer bestimmten Stelle wird die Darstellung periodisch."

Beispiel.

$$0.387878787\ldots,$$
$$0.341000000\ldots.$$

Relationen

Definition. Eine Relation zwischen zwei Mengen A und B ist eine Teilmenge des kartesischen Produkts $A \times B$.

Beispiel.

$$A = \{1, 2, 3, 4\}, \quad B = \{10, 11, 13\},$$
$$\text{Relation } \sim\; = \{(1, 13), (1, 10), (3, 11), (4, 11)\}.$$

Für $(x, y) \in \sim$ schreibt man auch $x \sim y$. Funktionen kann man sich als spezielle Relationen vorstellen: Eine Relation $\sim$ zwischen A und B stellt genau dann eine Funktion $f : A \to B$ dar, wenn gilt: Zu jedem $x \in A$ gibt es genau ein $y \in B$ mit $(x, y) \in \sim$. Es ist dann $\sim\; = \{(x, y = f(x)) : x \in A\}$. Ein wichtiger Spezialfall bei Relationen ist, wenn die beiden Mengen A und B gleich sind. Man spricht dann von einer Relation auf A. Beispiel: Die „Kleiner-gleich-Relation" auf $\mathbb{R}$.

$$\sim\; = \{(x, y) : x, y \in \mathbb{R} \text{ und } x \leq y\} = \text{„} \leq \text{"}.$$

Für $(x, y) \in \leq$ schreibt man natürlich $x \leq y$. Man kann auf einer Menge ganz allgemein „Kleiner-gleich-Relationen" betrachten: $\leq$ sei eine Relation auf einer Menge M. Dann heißt $\leq$ *Ordnungsrelation*, wenn gilt:
1.) $x \leq x$ für alle $x \in M$
2.) $x \leq y$ und $y \leq x \implies x = y$
3.) $x \leq y$ und $y \leq z \implies x \leq z$.

Man beachte, dass es nicht *nicht vergleichbare* Elemente geben kann, also Elemente x und y, sodass weder $x \leq y$ noch $y \leq x$ gilt!

Beispiel. Wir betrachten die Potenzmenge $\mathfrak{P}(M)$ einer Menge M. Darauf definiert man eine Relation $\leq$:

$$A \leq B \iff A \subset B.$$

Natürlich ist $\subset$ eine Ordnungsrelation und es gibt nicht vergleichbare Elemente. Ein sehr wichtiger Relationstyp auf einer Menge sind die sogenannten Äquivalenzrelationen.

Beispiel. Wir haben eine Menge M von Kugeln in den Farben Blau, Rot und Gelb. Wir nennen zwei Kugeln a und b äquivalent ($a \sim b$), wenn sie die gleiche Farbe haben:

$$\sim \, = \{(a, b) : a, b \in M \text{ und } a \text{ und } b \text{ haben die gleiche Farbe}\},$$

$\sim$ hat die folgenden Eigenschaften:
1.) $a \sim a$ für alle $a \in M$ – „reflexiv"
2.) $a \sim b \implies b \sim a$ – „symmetrisch"
3.) $a \sim b$ und $b \sim c \implies a \sim c$ – „transitiv".

Man nennt eine Relation auf einer Menge M ganz allgemein eine Äquivalenzrelation, wenn sie die oberen drei Eigenschaften erfüllt, wenn sie also *reflexiv, symmetrisch* und *transitiv* ist. Es sei M eine Menge und $\sim$ eine Äquivalenzrelation auf M. Für $x \in M$ sei

$$[x] = \{y \in M : x \sim y\}$$

die sogenannte *Äquivalenzklasse* von x. Natürlich gilt $x \in [x]$. Weiter gilt: Aus $y \in [x]$ folgt $[y] = [x]$.

Beweis.
1.) Es sei $z \in [x]$, also $z \sim x$. Da auch $x \sim y$, folgt $z \sim y \implies z \in [y]$. Also $[x] \subset [y]$.
2.) Es sei $z \in [y]$. Also gilt $z \sim y$ und $y \sim x \implies z \sim x$. Damit gilt $z \in [x]$. Also $[y] \subset [x]$.

Insgesamt folgt aus $[x] \subset [y]$ und $[y] \subset [x]$ die Aussage $[x] = [y]$. $\qquad \square$

Hat man also eine Menge M mit einer Äquivalenzrelation $\sim$, so zerfällt M in disjunkte Äquivalenzklassen.

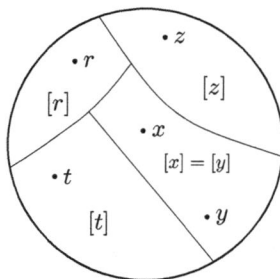

Die Äquivalenzklasse von x ist $[x] = \{y \in M : x \sim y\}$. x nennt man einen Stellvertreter der Klasse $[x]$. Die Elemente einer Klasse sind „untereinander äquivalent". Im Beispiel hatten wir eine Menge an Kugeln in den drei Farben Blau, Rot, Gelb. Die Äquivalenzrelation ist hier „gleiche Farbe". Es gibt drei Äquivalenzklassen:

[*b*]: Menge der blauen Kugeln, *b* ist eine beliebige blaue Kugel.
[*r*]: Menge der roten Kugeln, *r* ist eine beliebige rote Kugel.
[*g*]: Menge der gelben Kugeln, *g* ist eine beliebige gelbe Kugel.

Ein besonders wichtiges Beispiel einer Äquivalenzrelation ist das Folgende: Die Ausgangsmenge sei die Menge der ganzen Zahlen $\mathbb{Z}$. Sei *m* eine natürliche Zahl größergleich 2. Dann definieren wir ~:

$$x \sim y \iff x \text{ und } y \text{ unterscheiden sich durch ein Vielfaches von } m, \text{ also}$$
$$y = x + k \cdot m \text{ mit } k \in \mathbb{Z}.$$

Dann ist ~ natürlich eine Äquivalenzrelation. Die Klasse von *x* ist

$$[x] = \{x + km : k \in \mathbb{Z}\}.$$

Ist zum Beispiel $m = 5$, so gibt es genau fünf Äquivalenzklassen:

$$[0] = \{\dots, -10, -5, 0, 5, 10, \dots\} = [-10] = [5],$$
$$[1] = \{\dots, -9, -4, 1, 6, 11, \dots\} = [6] = [-9],$$
$$[2] = \{\dots, -8, -3, 2, 7, 12, \dots\} = [12] = [-8],$$
$$[3] = \{\dots, -7, -2, 3, 8, 13, \dots\} = [-7] = [8],$$
$$[4] = \{\dots, -6, -1, 4, 9, 14, \dots\} = [14] = [-6].$$

Allgemein gibt es genau *m* Klassen, nämlich

$$[0], [1], [2], \dots, [m-1].$$

Die Zahlen $0, 1, 2, \dots, m-1$ bezeichnet man als Standard-Stellvertreter dieser Klassen. Für $x \sim y$ verwendet man auch die Sprechweise „*x* kongruent *y* modulo *m*", also zum Beispiel 7 kongruent 2 modulo 5. Die Klasse von *x* schreibt man auch $[x] = x + m\mathbb{Z}$. Bemerkung: Es gilt $x \sim y$ genau dann, wenn $x - y$ ein Vielfaches von *m* ist, wenn also gilt

$$x - y \in m\mathbb{Z}.$$

Als Nächstes wollen wir uns mit der Division von ganzen Zahlen beschäftigen. Es sei *a* eine ganze Zahl und *b* eine natürliche Zahl größer-gleich 2. Dann gibt es eindeutig bestimmte ganze Zahlen *q* und *r* mit

$$a = q \cdot b + r \quad \text{und} \quad 0 \leq r < b \quad (r \text{ echt kleiner } b).$$

Man nennt dann *r* den „Rest". Um zügig voranzukommen, wollen wir auf einen Beweis verzichten.

Beispiele.

1.)
$$a = 27, b = 8,$$
$$27 = 3 \cdot 8 + 3,$$
$$a = q \cdot b + r,$$
$$27 : 8 = 3 \text{ Rest } 3.$$

2.)
$$a = -27, b = 8,$$
$$-27 = (-4) \cdot 8 + 5,$$
$$a = q \cdot b + r,$$
$$(-27) : 8 = -4 \text{ Rest } 5.$$

3.)
$$16406 : 23 = 713$$
$$\underline{-161}$$
$$30$$
$$\underline{-23}$$
$$76$$
$$\underline{-69}$$
$$7$$

Also: $16406 : 23 = 713$ Rest 7,

Oder: $16406 = 713 \cdot 23 + 7.$

Wir betrachten nun wieder die Äquivalenzrelation „kongruent modulo m". Dann gilt:

$$a \sim b \iff a \text{ und } b \text{ haben beim Teilen durch } m \text{ den gleichen Rest.}$$

Beweis.

1.) a und b haben beim Teilen durch m den gleichen Rest, also

$$a = q \cdot m + r, \quad b = s \cdot m + r.$$

Dann ist $a - b = q \cdot m - s \cdot m = (q - s) \cdot m \implies a \sim b$.

2.) Sei $a \sim b$. Also kann man b schreiben als $b = a + s \cdot m$ und $a = q \cdot m + r$. Dann folgt:

$$b = q \cdot m + r + s \cdot m,$$
$$b = (q + s) \cdot m + r.$$

Das heißt, a und b haben beim Teilen durch m den gleichen Rest r. $\qquad\square$

Die Klassen der Äquivalenzrelation „kongruent modulo m" nennt man deshalb auch Restklassen.

Beispiel. $m = 4$. Die Restklassen sind [0], [1], [2], [3]. Die Klasse [3] besteht aus allen Zahlen, die beim Teilen durch 4 den Rest 3 haben.

Nun wollen wir noch ein geometrisches Beispiel zu den Äquivalenzklassen betrachten. Gegeben sei unsere „Vorstellungsebene", also die sogenannte „euklidische Ebene". Wir nennen zwei Geraden g und h äquivalent, wenn sie parallel sind oder $g = h$ gilt. Das ist natürlich eine Äquivalenzrelation auf der Menge aller Geraden. Die Klasse [g] ist die Menge aller Geraden parallel zu g plus die Gerade g selbst. Die Äquivalenzklassen sind also die Parallelbüschel.

Als Nächstes wollen wir uns mit den wichtigsten algebraischen Grundstrukturen beschäftigen. Es sei G eine Menge und $\circ$ eine Verknüpfung in G. Also mit $a, b \in G$ ist auch $a \circ b \in G$. Formal ist $\circ$ eine Abbildung von $G \times G$ nach G. $\circ(a, b) = c$ schreibt man natürlich als $a \circ b = c$. Als Verknüpfungssymbole kann man beliebige Zeichen wie $+, \cdot, *$ usw. verwenden. Wir fordern nun:

1.) $\circ$ sei assoziativ, also $a \circ (b \circ c) = (a \circ b) \circ c$ für alle $a, b, c \in G$
2.) Es gibt ein Element e mit $a \circ e = e \circ a = a$ für alle $a \in G$.

Satz 1.4. Das Element e ist eindeutig bestimmt. Das heißt, es gibt nur ein solches Element e. Man nennt e deshalb *das neutrale Element.*

Beweis. Es seien e und e' zwei Elemente mit der genannten Eigenschaft. Dann gilt:

$$e = e' \circ e = e'. \qquad \square$$

Satz 1.5. Es sei $a \in G$. Angenommen es gibt ein Element b mit $a \circ b = b \circ a = e$, dann ist b eindeutig bestimmt.

Beweis. Angenommen es gibt b und b' mit

$$a \circ b = b \circ a = e \quad \text{und} \quad a \circ b' = b' \circ a = e,$$

dann gilt $b = b \circ e = b \circ (a \circ b') = (b \circ a) \circ b' = e \circ b' = b'$. $\qquad \square$

Falls es ein solches Element b gibt, so nennt man b *das Inverse* von a und bezeichnet b als a^{-1}. *Achtung:* Nicht jedes a muss ein Inverses haben.

Definition. Es sei G eine Menge mit einer Verknüpfung $\cdot$. $\cdot$ sei assoziativ und es gebe ein neutrales Element e. Falls jedes Element ein Inverses hat, so nennt man $(G, \cdot)$ eine Gruppe:

1.) $a \cdot (b \cdot c) = (a \cdot b) \cdot c$ für alle $a, b, c \in G$

2.) Es gibt ein $e \in G$ mit $e \cdot a = a \cdot e = a$ für alle $a \in G$

3.) Zu jedem a gibt es ein b mit $a \cdot b = b \cdot a = e$.

Eine Gruppe heißt *kommutativ*, wenn gilt: $\forall a, b : a \cdot b = b \cdot a$.

Satz 1.6. In einer Gruppe $(G, \cdot)$ sind Gleichungen der Form

$$a \cdot x = b \quad \text{und} \quad y \cdot a = b$$

eindeutig lösbar ($a, b \in G$ fest, x und y Variable).

Beweis. Gegeben sei die Gleichung $a \cdot x = b$.

1.) Angenommen x sei eine Lösung, dann gilt:

$$a^{-1} \cdot a \cdot x = a^{-1} \cdot b \implies x = a^{-1} \cdot b.$$

Also ist die Lösung eindeutig.

2.) Zur Existenz einer Lösung: Wähle $x = a^{-1} \cdot b$, dann folgt:

$$a \cdot a^{-1} \cdot b = e \cdot b = b.$$

Also ist $a^{-1} \cdot b$ eine Lösung. □

Es gib sehr viele Beispiele für Gruppen:

1.) Die ganzen Zahlen zusammen mit + bilden die Gruppe $(\mathbb{Z}, +)$. Das neutrale Element ist 0, das Inverse zu x ist $-x$.

2.) Die reellen Zahlen zusammen mit +.

3.) $\mathbb{R}^*$, die reellen Zahlen verringert um 0, mit der Verknüpfung $\cdot$. Das neutrale Element ist 1, das inverse Element zu x ist $\frac{1}{x}$.

4.) Es sei M eine Menge und G die Menge aller bijektiven Abbildungen von M nach M. Dann ist G zusammen mit der Komposition $\circ$ eine Gruppe. Das neutrale Element ist die identische Abbildung id und das Inverse von f ist die Umkehrabbildung f^{-1}. $\circ$ ist natürlich assoziativ.

5.) Ist M endlich, so bezeichnet man die bijektiven Abbildungen von M nach M als Permutationen. Zusammen mit $\circ$ entsteht die Permutationsgruppe. Als Beispiel sei $M = \{1, 2, 3\}$. Es gibt $3! = 1 \cdot 2 \cdot 3 = 6$ Permutationen:

$$
\begin{array}{cccc}
 & 1 & 2 & 3 \\
 & \downarrow & \downarrow & \downarrow \\
f_1 : & 1 & 2 & 3 \\
\\
f_2 : & 1 & 3 & 2 \\
\\
f_3 : & 3 & 2 & 1 \\
\\
f_4 : & 2 & 1 & 3 \\
\\
f_5 : & 3 & 1 & 2 \\
\\
f_6 : & 2 & 3 & 1
\end{array}
$$

Beispiel zur Komposition:

$$
(f_2 \circ f_5) : \begin{cases} 1 \mapsto 2 \\ 2 \mapsto 1 \\ 3 \mapsto 3, \end{cases} \quad \text{also } f_2 \circ f_5 = f_4.
$$

Bei endlichen Gruppen kann man die Verknüpfung durch eine Tabelle T darstellen:

$\circ$	f_1	f_2	f_3	f_4	f_5	f_6
f_1	f_1	f_2	f_3	f_4	f_5	f_6
f_2	f_2	f_1	f_6	f_5	f_4	f_3
f_3	f_3	f_5	f_1	f_6	f_2	f_4
f_4	f_4	f_6	f_5	f_1	f_3	f_2
f_5	f_5	f_3	f_4	f_2	f_6	f_1
f_6	f_6	f_4	f_2	f_3	f_1	f_5

An der Stelle $T_{i,j}$ (i-te Zeile, j-te Spalte) steht $f_i \circ f_j$.

Die Tabelle ist *nicht* symmetrisch zur Hauptdiagonalen. Deshalb ist die Gruppe nicht kommutativ. Weiter sieht man, dass jedes Element in jeder Zeile genau einmal vorkommt. Dasselbe gilt für die Spalten. Diese zwei Eigenschaften gelten bei jeder endlichen Gruppe (Begründung: „Gleichungen sind eindeutig lösbar.").

6.) G sei die Menge aller Abbildungen von den natürlichen Zahlen in die reellen Zahlen (G ist die Menge aller Zahlenfolgen). Auf G definieren wir die Verknüpfung +:

$$
(f + g)(n) = f(n) + g(n).
$$

Damit ist $(G, +)$ eine Gruppe. Das neutrale Element ist die Nullfolge $g(n) = 0 \quad \forall n$. Das Inverse von f, bezeichnet mit $-f$, ist: $(-f)(n) = -f(n)$. Dieses Beispiel kann man etwas variieren: H sei die Menge aller Abbildungen von $\mathbb{N}$ nach $\mathbb{R}$, die nur an endlich vielen Stellen einen Wert $\neq 0$ annehmen. Die Verknüpfung + wird wie oben definiert. Dann ist auch $(H, +)$ eine Gruppe.

7.) Symmetriegruppen: Wir beginnen mit der „Vorstellungsebene". Eine Kongruenzabbildung φ (kurz Kongruenz) ist eine bijektive Abbildung der Ebene in sich mit folgenden Eigenschaften:

a) Das Bild einer Geraden ist wieder eine Gerade (solche Abbildungen nennt man Affinitäten).

b) φ erhält die Abstände. Wenn also P und Q zwei Punkte sind, dann gilt: Der Abstand von P und Q = Abstand von $\varphi(P)$ und $\varphi(Q)$.

c) Sind g und h zwei Geraden, die sich schneiden, so gilt: Der Winkel zwischen g und h = der Winkel zwischen $\varphi(g)$ und $\varphi(h)$.

Man kann nun zeigen, dass es genau vier Typen von Kongruenzen gibt:

1.) Translationen (Verschiebung in eine bestimmte Richtung um einen bestimmten Betrag)

2.) Drehungen (um ein Zentrum um einen bestimmten Winkel)

3.) Spiegelungen an Geraden

4.) Gleitspiegelungen (erst spiegeln an einer Geraden g und dann eine Translation parallel zu g).

Sei F eine Figur in der Ebene. Eine Symmetrie von F ist nun eine Kongruenzabbildung, welche die Figur auf sich selbst abbildet. Die Symmetrien bilden bezüglich der Komposition $\circ$ eine Gruppe, die Symmetriegruppe von F. Als Beispiel wollen wir die Symmetriegruppe eines Rechtecks bestimmen.

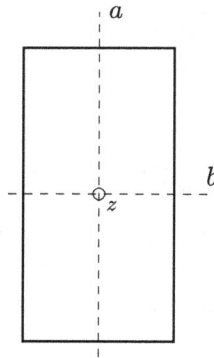

Symmetrien: Die identische Abbildung id, Spiegelungen an a und b, Drehung d um z um 180°. Gruppentafel:

$\circ$	id	a	b	d
id	id	a	b	d
a	a	id	d	b
b	b	d	id	a
d	d	b	a	id

Definition. Es sei $(G, \cdot)$ eine Gruppe. Eine Teilmenge $U \subset G$ heißt *Untergruppe*, wenn gilt:

1.) Das neutrale Element ist in U

2.) $a, b \in U \implies a \cdot b \in U$

3.) $a \in U \implies a^{-1} \in U$.

Bemerkung. U ist genau dann eine Untergruppe, wenn U mit der aus G übernommenen Verknüpfung eine Gruppe bildet.

Beispiele.

1.) Wir betrachten die Menge F aller Abbildungen von $\mathbb{N}$ nach $\mathbb{R}$ (also alle Zahlenfolgen) zusammen mit der Verknüpfung $+$. Damit ist $(F, +)$ eine Gruppe. U sei die Menge der Folgen, die nur an endlich vielen Stellen einen Wert $\neq 0$ annehmen. Dann ist U eine Untergruppe von $(F, +)$.

2.) Wir betrachten die Gruppe $(\mathbb{Z}, +)$, also die ganzen Zahlen mit der Verknüpfung $+$. Sei m eine natürliche Zahl ≥ 2. Dann bilden alle Vielfachen von m die Untergruppe $U = \{m \cdot x : x \in \mathbb{Z}\} = m\mathbb{Z}$.

3.) Wir betrachten wieder die Gruppe $(\mathbb{Z}, +)$. $m_1, m_2, \ldots, m_k$ seien verschiedene natürliche Zahlen ≥ 2. Dann bilden die Kombinationen von $m_1, m_2, \ldots, m_k$ eine Untergruppe von U:

$$U = \{m_1 x_1 + m_2 x_2 + \cdots + m_k x_k : x_1, x_2, \ldots, x_k \in \mathbb{Z}\}$$
$$= m_1 \mathbb{Z} + m_2 \mathbb{Z} + \cdots + m_k \mathbb{Z}.$$

Satz 1.7. Jede Untergruppe U von $(\mathbb{Z}, +)$ ist von der Form $U = m\mathbb{Z}$, wobei m eine natürliche Zahl ist, oder $U = \{0\}$.

Beweis. Es sei $U \neq \{0\}$. Es sei m die kleinste positive Zahl in U (diese Zahl existiert!). Weiter sei x eine beliebige Zahl aus U. Wir teilen mit Rest:

$$x = k \cdot m + r, \quad k, r \in \mathbb{Z} \text{ und } 0 \leq r < m.$$

Dann ist $r = x - k \cdot m \implies r \in U$, dann ist aber $r = 0$, da ja m das kleinste positive Element in U ist. Also gilt $x = k \cdot m$. $\qquad\square$

Beispiel. Sei $U = \{m_1 x_1 + \cdots + m_k x_k : x_1, \ldots, x_k \in \mathbb{Z}\} = m_1 \mathbb{Z} + \cdots + m_k \mathbb{Z}$. Dann gibt es ein m mit $m\mathbb{Z} = m_1 \mathbb{Z} + \cdots + m_k \mathbb{Z} = U$.

Satz 1.8. Der Durchschnitt beliebig vieler Untergruppen einer Gruppe ist wieder eine Untergruppe.

Beweis. Seien U_i mit $i \in I$ Untergruppen und $U = \bigcap_{i \in I} U_i$. Wir wollen also zeigen, dass U eine Untergruppe ist.

1.) Es ist $e \in U$
2.) $a, b \in U \implies a, b \in U_i \forall i \implies a \cdot b \in U_i \forall i \implies a \cdot b \in U$
3.) $a \in U \implies a \in U_i \forall i \implies a^{-1} \in U_i \forall i \implies a^{-1} \in U.$ □

Es sei nun H eine Menge mit einer assoziativen Verknüpfung $\cdot$. e sei ein neutrales Element, also das neutrale Element. Wir definieren:

$$H^* = \{x \in H : x \text{ hat ein Inverses}\}.$$

Dann ist $(H^*, \cdot)$ eine Gruppe, die sogenannte *Einheitengruppe* von $(H, \cdot)$.

Beweis. Es gilt:
1.) Mit $a \in H^*$ ist auch $a^{-1} \in H^*$.
2.) Es seien $a, b \in H^*$. Das Inverse von $(a \cdot b)$ ist $b^{-1} \cdot a^{-1}$. Also ist $a \cdot b$ in H^*. □

Beispiel. Es sei M eine Menge und H die Menge aller Abbildungen von M nach M. Sei $\circ$ die Komposition von Abbildungen, diese ist assoziativ. Die identische Abbildung id ist das neutrale Element in $(H, \circ)$. Eine Abbildung f hat genau dann ein Inverses, wenn f bijektiv ist. Die Umkehrabbildung f^{-1} ist dann das Inverse von f. Die Menge der bijektiven Abbildungen bildet also die Einheitengruppe von $(H, \circ)$.

Als Nächstes betrachten wir erneut die ganzen Zahlen $\mathbb{Z}$ zusammen mit der Äquivalenzrelation „kongruent modulo m". Zwei Zahlen a und b sind also äquivalent, wenn sie beim Teilen durch m den gleichen Rest haben. Wir wollen im Folgenden mit den Restklassen rechnen. Die Klassen sind $[0], [1], [2], \ldots, [m-1]$. Wir definieren $[a] + [b] = [a+b]$. Man muss die Wohldefiniertheit zeigen, also dass die Definition unabhängig von der Wahl der Stellvertreter ist. Sei also $a \sim a'$, soll gezeigt werden, dass $a + b \sim a' + b$:

$$a' = a + k \cdot m \implies a' + b = a + k \cdot m + b \sim a + b.$$

Die Menge der Restklassen bezeichnet man mit $\mathbb{Z}/_{\mathrm{mod}\, m}$ oder $\mathbb{Z}/_{m\mathbb{Z}}$ oder $\mathbb{Z}_m$. Wir haben jetzt also eine $+$-Verknüpfung auf $\mathbb{Z}_m$. Es gilt:
- $+$ ist assoziativ,
- $[0]$ ist das neutrale Element,
- Das Inverse von $[a]$ ist $[-a]$.

Also ist $(\mathbb{Z}_m, +)$ eine Gruppe.
Versuchen wir nun dasselbe mit der Verknüpfung $\cdot$. Wir definieren $[a] \cdot [b] = [a \cdot b]$. Zu zeigen ist die Wohldefiniertheit. Sei also $a \sim a'$, ist zu zeigen, dass $a \cdot b \sim a' \cdot b$:

$$a' = a + k \cdot m \implies a' \cdot b = (a + k \cdot m) \cdot b = a \cdot b + m \cdot k \cdot b \sim a \cdot b.$$

Nun haben wir eine Verknüpfung $\cdot$ auf $\mathbb{Z}_m$, diese ist assoziativ und $[1]$ ist das neutrale Element. Aber nicht jedes Element hat ein Inverses. Zum Beispiel hat natürlich $[0]$ kein

Inverses. Es kann aber auch noch andere Elemente geben, die kein Inverses besitzen.
Wir rechnen zum Beispiel modulo 4 und betrachten die Verknüpfungstafel:

·	0	1	2	3
0	0	0	0	0
1	0	1	2	3
2	0	2	0	2
3	0	3	2	1

Der Einfachheit halber haben wir hier die eckigen Klammern weggelassen. [2] hat kein
Inverses. Das Inverse von [3] ist [3] und das Inverse von [1] ist natürlich [1]. Fassen wir
die Elemente, die ein Inverses besitzen, zusammen, so erhalten wir die Einheitengruppe.
In diesem Beispiel ist dies:

·	1	3
1	1	3
3	3	1

Diese Gruppen nennt man „Prime Restklassengruppen modulo m". In unserem Beispiel
also: „Prime Restklassengruppe modulo 4". Die Klasse [2] hat eine besondere, auffallen-
de Eigenschaft: $[2] \cdot [2] = [0]$. Solche Zahlen (Restklassen) bezeichnet man als Nullteiler.
Die exakte Definition ist:

Ist $[a] \cdot [b] = [0]$ und $[a] \neq [0] \neq [b]$, so bezeichnet man $[a]$ und $[b]$ als Nullteiler.

Wir wollen im Weiteren herausfinden, welche Zahlen ein Inverses besitzen, wenn
man mit der Verknüpfung · modulo m rechnet.

Satz 1.9. Jede natürliche Zahl kann man als Produkt von Primzahlen schreiben. Diese
Darstellung ist dann auch eindeutig.

Beweis. Satz ist allgemein bekannt. □

Beispiel. $63 = 3 \cdot 3 \cdot 7$.

Der größte gemeinsame Teiler zweier natürlicher Zahlen a und b, kurz ggT(a, b),
ist einfach das, was der Name schon sagt: der größte gemeinsame Teiler. Beispiel:
ggT$(147, 231) = 21$. Hat man die Primzahlzerlegung von a und b, so kann man den
ggT(a, b) direkt ablesen. Ist nämlich t ein beliebiger gemeinsamer Teiler, so muss die
Primzahlzerlegung von t in der von a und b enthalten sein. Der *ggT* besteht also aus
dem größten gemeinsamen Teil der Primzahlzerlegung von a und b.

Beispiel.

$$147 = 3 \cdot 7 \cdot 7, \quad 231 = 3 \cdot 7 \cdot 11,$$
$$ggT(147, 231) = 3 \cdot 7,$$

$$a = 5 \cdot 11 \cdot 11 \cdot 13 \cdot 17, \quad b = 11 \cdot 11 \cdot 17 \cdot 3 \cdot 19,$$
$$\mathrm{ggT}(a, b) = 11 \cdot 11 \cdot 17.$$

Trotzdem berechnet man $\mathrm{ggT}(a, b)$ normalerweise nicht über die Primzahlzerlegung von a und b. Der Grund dafür ist, dass die Primzahlzerlegung einer großen Zahl sehr schwer zu finden ist.

Satz 1.10. Es seien a, b natürliche Zahlen größer-gleich 2 und $b < a$. Wir teilen mit Rest: $a = k \cdot b + r$ mit $0 \leq r < b$. Dann gilt:

$$\mathrm{ggT}(a, b) = \mathrm{ggT}(b, r).$$

Beweis. Wir zeigen, dass (a, b) und (b, r) die gleichen Teiler haben.
1.) Sei t ein gemeinsamer Teiler von a und b. $a = k \cdot b + r$. Dann muss t auch ein Teiler von r sein. Also ist t ein gemeinsamer Teiler von b und r.
2.) Es sei t ein gemeinsamer Teiler von b und r. $a = k \cdot b + r$. Dann muss t auch ein Teiler von a sein, also ist t ein gemeinsamer Teiler von a und b. $\square$

Satz 1.11. Durch wiederholte Anwendung des obigen Satzes kann man den ggT zweier Zahlen sehr effizient berechnen. Dieses Verfahren ist der berühmte *euklidische Algorithmus*.

Beispiel. Man berechne $\mathrm{ggT}(6783, 6279)$:

$$6783 = 1 \cdot 6279 + 504$$
$$\mathrm{ggT}(6279, 504):$$
$$6279 = 12 \cdot 504 + 231$$
$$\mathrm{ggT}(504, 231):$$
$$504 = 2 \cdot 231 + 42$$
$$\mathrm{ggT}(231, 42):$$
$$231 = 5 \cdot 42 + 21$$
$$\mathrm{ggT}(42, 21):$$
$$42 = 2 \cdot 21 + 0$$
$$\mathrm{ggT}(21, 0) = 21.$$

Also folgt $\mathrm{ggT}(6783, 6279) = 21$.

Satz 1.12. Der ggT zweier Zahlen a und b kann aus den beiden Zahlen kombiniert werden:

$$\mathrm{ggT}(a, b) = x \cdot a + y \cdot b.$$

Beweis. Wir führen die Berechnung von x und y am oberen Beispiel durch:

$$\text{ggT}(6783, 6279) = 21.$$

Wir arbeiten uns im euklidischen Algorithmus von „unten nach oben" durch:

$$
\begin{aligned}
21 = 231 - 5 \cdot 42 &= 231 - 5 \cdot (504 - 2 \cdot 231) \\
&= 11 \cdot 231 - 5 \cdot 504 \\
&= 11 \cdot (6279 - 12 \cdot 504) - 5 \cdot 504 \\
&= 11 \cdot 6279 - 137 \cdot 504 \\
&= 11 \cdot 6279 - 137 \cdot (6783 - 6279) \\
&= 148 \cdot 6279 - 137 \cdot 6783 = 21.
\end{aligned}
$$

□

Satz 1.13. Es seien a, b zwei ganze Zahlen ungleich 0 und $d = \text{ggT}(a, b)$. U sei die Untergruppe der Kombinationen von a und b. Also $U = a\mathbb{Z} + b\mathbb{Z}$. Dann gilt:

$$U = d\mathbb{Z} = a\mathbb{Z} + b\mathbb{Z}.$$

Beweis. Es sei t die kleinste natürliche Zahl in U. Dann ist $U = t\mathbb{Z}$. Zu zeigen ist also $t = d$.
1.) Da a und b in U liegen, gilt: t teilt a und t teilt b. Also ist t ein gemeinsamer Teiler von a und b. Also gilt t teilt d.
2.) t kann aus a und b kombiniert werden. Also $t = x \cdot a + y \cdot b$. d teilt a und d teilt b. Dann teilt d auch t.

Insgesamt gilt also: t teilt d und d teilt t. Damit ist $d = t$.

□

Bemerkung. Es seien a und b zwei ganze Zahlen und $d = \text{ggT}(a, b)$. Welche Zahlen kann man aus a und b kombinieren? Genau die Vielfachen von d, denn $d\mathbb{Z} = a\mathbb{Z} + b\mathbb{Z}$.

Bemerkung. Es seien $a_1, a_2, \ldots, a_k$ ganze Zahlen ungleich 0 und $d = \text{ggT}(a_1, a_2, \ldots, a_k)$. Welche Zahlen kann man aus $a_1, a_2, \ldots, a_k$ kombinieren? Genau die Vielfachen von d, also $d\mathbb{Z} = a_1\mathbb{Z} + a_2\mathbb{Z} + \cdots + a_k\mathbb{Z}$. (Ohne Beweis)

Bemerkung. Zwei Zahlen a und b sind genau dann *teilerfremd*, also $\text{ggT}(a, b) = 1$, wenn es x und y gibt mit $1 = x \cdot a + y \cdot b$.

Beweis.
1.) Es sei $\text{ggT}(a, b) = 1$. Damit gibt es x und y mit $1 = x \cdot a + y \cdot b$.
2.) Angenommen es gibt x und y mit $1 = x \cdot a + y \cdot b$. Setze $d = \text{ggT}(a, b)$. Aus a und b kann man genau die Vielfachen von d kombinieren. Also ist 1 ein Vielfaches von d. Damit ist $d = 1$.

□

Satz 1.14. Wir rechnen in $(\mathbb{Z}_m, \cdot)$. Es sei $[a] \neq [0]$.

a) Ist $\mathrm{ggT}(a, m) = 1$, so hat $[a]$ ein Inverses.

b) Ist $\mathrm{ggT}(a, m) > 1$, so ist $[a]$ ein Nullteiler.

Beweis.

a) Es sei $\mathrm{ggT}(a, m) = 1$. Man kann 1 aus a und m kombinieren.

$$1 = x \cdot a + y \cdot m \implies [1] = [x \cdot a] \implies [1] = [x] \cdot [a].$$

Also ist $[x]$ das Inverse von $[a]$.

b) Es sei $d = \mathrm{ggT}(a, m)$. Es gilt: $1 < d < m$.

$$a = a' \cdot d, \quad m = m' \cdot d, \quad 1 < m' < m,$$

$[m'] \cdot [a] = [m' \cdot a' \cdot d] = [m \cdot a'] = [0]$. Damit haben wir das „Nullteilerpaar": $[m']$ und $[a]$. $\qquad\square$

Beispiel. Wir rechnen modulo 30, also $m = 30$. $a = 14$ ist nicht teilerfremd zu m, denn $\mathrm{ggT}(30, 14) = 2$. Also ist $[a] = [14]$ ein Nullteiler. Sein Partner m' ist: $m' \cdot d = m, m' \cdot 2 = 30 \implies m' = 15$:

$$[m'] \cdot [a] = [15] \cdot [14] = [210] = [7 \cdot 30] = [0].$$

Satz 1.15. Wir rechnen in $(\mathbb{Z}_m, \cdot)$. Ist $[a]$ ein Nullteiler, so hat $[a]$ kein Inverses.

Beweis. $[0] = [a] \cdot [c]$ mit $[a] \neq [0] \neq [c]$. Angenommen $[a] \cdot [b] = [1]$, dann folgt:

$$[a] \cdot [b] + [a] \cdot [c] = [1],$$
$$[a] \cdot [b + c] = [1],$$
$$[b] \cdot [a] \cdot [b + c] = [b],$$
$$[b + c] = [b] \implies [c] = [0].$$

Das ist ein Widerspruch! $\qquad\square$

Satz 1.16. Wir rechnen in $(\mathbb{Z}_m, \cdot)$. Dann gibt es drei Typen von Zahlen (Restklassen):

1.) $[0]$

2.) Die Einheiten: $\{[a] : \mathrm{ggT}(a, m) = 1\}$

3.) Die Nullteiler: $\{[a] : \mathrm{ggT}(a, m) > 1\}$.

Beweis. Obere Sätze. $\qquad\square$

Beispiel. Wir rechnen modulo 6.

·	1	2	3	4	5
1	1	2	3	4	5
2	2	4	0	2	4
3	3	0	3	0	3
4	4	2	0	4	2
5	5	4	3	2	1

Die Einheiten sind also 1, 5 und die Nullteiler 2, 3, 4.

Beispiel. Wir rechnen modulo 15, also in $(\mathbb{Z}_{15}, \cdot)$. Die Einheitengruppe, also die prime Restklassengruppe modulo 15, besteht aus: $\{1, 2, 4, 7, 8, 11, 13, 14\}$. Test:

$$[7] \cdot [8] = [56] = [11],$$
$$[4] \cdot [13] = [51] = [7].$$

Folgerung. Wir rechnen in $(\mathbb{Z}_m, \cdot)$. Es gibt genau dann keine Nullteiler (alles sind Einheiten, außer 0), wenn m eine Primzahl ist. In diesem Fall ist die Einheitengruppe $\{[1], [2], \ldots, [m-1]\}$.

Beispiel. Wir rechnen modulo 5.

·	1	2	3	4
1	1	2	3	4
2	2	4	1	3
3	3	1	4	2
4	4	3	2	1

Es gibt keine Nullteiler und die Einheitengruppe ist $\{[1], [2], [3], [4]\}$.

Als Nächstes wollen wir uns mit dem direkten Produkt von Gruppen beschäftigen. Es seien $G_1, \ldots, G_n$ Gruppen. G sei das direkte Produkt $G_1 \times G_2 \times \cdots \times G_n$. Auf G definieren wir die komponentenweise Verknüpfung:

$$(x_1, \ldots, x_n) \cdot (y_1, \ldots, y_n) = (x_1 \cdot y_1, \ldots, x_n \cdot y_n).$$

Damit ist $(G, \cdot)$ eine Gruppe. Das neutrale Element e ist $(e_1, e_2, \ldots, e_n)$. Das Inverse von $(x_1, \ldots, x_n)$ ist $(x_1^{-1}, \ldots, x_n^{-1})$. Ein wichtiger Spezialfall ist das n-fache direkte Produkt einer einzigen Gruppe G, also G^n.

Beispiel. Die reellen Zahlen mit +: $(\mathbb{R}, +)$. Dann ist das direkte n-fache Produkt $(\mathbb{R}^n, +)$.

Das direkte Produkt kann man noch etwas verallgemeinern:

Beispiel 1. Es sei $(G, \cdot)$ eine Gruppe. Wir betrachten alle Abbildungen von den natürlichen Zahlen nach G. $M = \{f : \mathbb{N} \to G\}$. Auf M definieren wir eine Verknüpfung:

$$(f \cdot g)(n) = f(n) \cdot g(n).$$

Dann ist $(M, \cdot)$ eine Gruppe. Das neutrale Element ist $f(n) = e \ \forall n \in \mathbb{N}$. Das Inverse f^{-1} ist definiert durch $f^{-1}(n) = f(n)^{-1}$.

Bemerkung. Man kann in diesem Beispiel die natürlichen Zahlen durch eine beliebige andere Menge ersetzen.

Beispiel 2. Es sei M eine Menge von Gruppen. Wir definieren $A = \bigcup M$, die Vereinigungsmenge von M. Also $A = \{x : \exists G \in M \text{ mit } x \in G\}$. Dann setzen wir $\Omega = \{f : M \to A \text{ mit } f(G) \in G \ \forall G \in M\}$. Auf Ω definieren wir eine Verknüpfung $\cdot$:

$$(f \cdot g)(G) = f(G) \circ g(G) \quad \text{mit der Verknüpfung } \circ \text{ von } G.$$

Dann ist $(\Omega, \cdot)$ eine Gruppe. Jede Gruppe aus M ist als Untergruppe in Ω enthalten, denn: Sei $G \in M$:

$$U = \{f \in \Omega : f(k) = e \quad \forall k \neq G\},$$

U und G sind bis auf die Bezeichnungen identisch.

Nun wollen wir uns mit den sogenannten *Gruppenhomomorphismen* beschäftigen.

Definition. Es seien G und H Gruppen und f eine Abbildung von G nach H. f heißt *Gruppenhomomorphismus* (kurz Homomorphismus), wenn gilt:

$$f(x \cdot y) = f(x) \cdot f(y) \quad \forall x, y \in G,$$

Satz 1.17. Es sei $f : G \to H$ ein Homomorphismus. Dann gilt:
1.) $f(e) = e$ (e neutrales Element, links in G, rechts in H)
2.) $f(x^{-1}) = f(x)^{-1}$.

Beweis.
1.) $f(x) = f(x \cdot e) = f(e) \cdot f(x) \implies f(e) = e$
2.) $f(x) \cdot f(x^{-1}) = f(x \cdot x^{-1}) = f(e) = e$. Also ist $f(x^{-1})$ das eindeutige Inverse von $f(x)$. $\square$

Satz 1.18. Sei $f : G \to H$ ein Homomorphismus. Dann gilt:
1.) $f(G)$ ist eine Untergruppe in H.
2.) $\{x \in G : f(x) = e\}$ ist eine Untergruppe in G, man nennt sie den *Kern* von f.

Beweis.
1.) Sei $U = f(G) = \{f(x) : x \in G\}$:

a) $e \in U$, da $f(e) = e$;
b) Seien $a, b \in U$, soll gezeigt werden, dass $a \cdot b \in U$. $a = f(x)$, $b = f(y)$. Dann ist
   $a \cdot b = f(x) \cdot f(y) = f(x \cdot y) \in U$;
c) Sei $a \in U$, $a = f(x)$. $f(x^{-1}) = f(x)^{-1} = a^{-1} \in U$.

2.) $N = \{x \in G : f(x) = e\}$:
   a) $f(e) = e$, also $e \in N$;
   b) Seien $a, b \in N$. Dann ist $f(a \cdot b) = f(a) \cdot f(b) = e \cdot e = e$;
   c) Sei $a \in N$. Dann ist $f(a^{-1}) = f(a)^{-1} = e^{-1} = e$. Also ist $a^{-1} \in N$. $\qquad\square$

Satz 1.19. Es sei $f : G \to H$ ein Homomorphismus. f ist genau dann injektiv, wenn der Kern von f nur aus dem neutralen Element besteht, also Kern $f = \{e\}$.

Beweis.
1.) Ist f injektiv, dann gilt natürlich Kern $f = \{e\}$.
2.) Es sei Kern $f = \{e\}$. Weiter seien $f(x) = f(y)$,

$$\implies f(x) \cdot f(y)^{-1} = e \implies f(x) \cdot f(y^{-1}) = e$$
$$\implies f(x \cdot y^{-1}) = e$$
$$\implies x \cdot y^{-1} = \text{Kern} f$$
$$\implies x \cdot y^{-1} = e \implies x = y.$$
$\qquad\square$

Definition. Es sei $(G, \cdot)$ eine Gruppe und N eine Untergruppe. N heißt Normalteiler, wenn gilt:

$$\forall x \in G \text{ und } n \in N \text{ gilt: } x \cdot n \cdot x^{-1} \in N.$$

Bemerkung. Ist G kommutativ, so ist natürlich jede Untergruppe ein Normalteiler.

Satz 1.20. Der Kern eines Gruppenhomomorphismus ist ein Normalteiler.

Beweis. Sei $f : G \to H$ ein Homomorphismus und N der Kern von f. Sei $x \in G$, $n \in N$:

$$f(x \cdot n \cdot x^{-1}) = f(x) \cdot f(n) \cdot f(x^{-1}) = f(x) \cdot e \cdot f(x^{-1}) = e.$$

Also ist $x \cdot n \cdot x^{-1} \in \text{Kern} f = N$. $\qquad\square$

Definition. Es sei $f : G \to H$ ein bijektiver (Gruppen-)Homomorphismus. Dann nennt man f einen Isomorphismus und die beiden Gruppen isomorph.

Bemerkung. Sind zwei Gruppen isomorph, so haben sie die gleiche mathematische Struktur. Das heißt, G und H sind zwei verschiedene Darstellungen der gleichen Gruppenstruktur.

Bemerkung. Der Begriff „Isomorphie von Gruppen" ist eigentlich ein Spezialfall eines allgemeineren Isomorphiebegriffs. Es seien $(A, \circ)$ und $(B; *)$ zwei Mengen mit einer Verknüpfung. Eine bijektive Abbildung $f : A \to B$ ist ein Isomorphismus, wenn gilt:

$$f(x \circ y) = f(x) * f(y).$$

Dann haben A und B die gleiche Struktur, sind also isomorph. Man kann die Struktur von $(A, \circ)$ auch leicht auf eine gleichmächtige Menge übertragen: Sei M eine Menge und $f : A \to M$ bijektiv. Auf M definieren wir eine Verknüpfung $\cdot$:

$$x \cdot y = f(f^{-1}(x) \circ f^{-1}(y)).$$

Dann ist $(M, \cdot)$ natürlich isomorph zu $(A, \circ)$.

Bemerkung. Der Isomorphiebegriff taucht bei allen mathematischen Strukturen auf. Wird eine mathematische Struktur auf zwei verschiedene Arten dargestellt, so nennt man die beiden Darstellungen isomorph. Isomorphie stellt man üblicherweise fest, indem man einen Isomorphismus zwischen den beiden Darstellungen angibt.

Beispiel. Gruppenhomomorphismen:

1.) Wir betrachten die Gruppen $(\mathbb{Z}, +)$ und $(\mathbb{Z}_m, +)$ [Restklassenrechnen modulo m].

$$\varphi : \mathbb{Z} \to \mathbb{Z}_m, x \mapsto [x] = x + m\mathbb{Z}$$

ist ein Homomorphismus. Der Kern von φ sind die Vielfachen von m, also $m\mathbb{Z}$.

Beweis.

$$\varphi(x + y) = [x + y] = [x] + [y] = \varphi(x) + \varphi(y),$$
$$\varphi(x) = [0] \iff x \in m\mathbb{Z}. \qquad \square$$

2.) Wir betrachten die Logarithmusabbildung ln.

$$\ln : \mathbb{R}^+ \to \mathbb{R}, x \mapsto \ln x$$

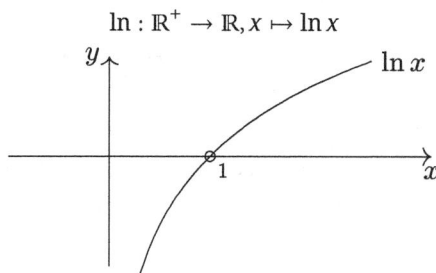

Die Logarithmusabbildung ist bijektiv und es gilt bekanntlich die Rechenregel

$$\ln(x \cdot y) = \ln(x) + \ln(y).$$

Damit ist die Logarithmusabbildung ein Isomorphismus von $(\mathbb{R}^+, \cdot) \to (\mathbb{R}, +)$. Wir haben also das interessante Ergebnis, dass die beiden Gruppen $(\mathbb{R}^+, \cdot)$ und $(\mathbb{R}, +)$ isomorph sind, das heißt zwei Darstellungen der gleichen Struktur sind.

3.) Es sei $(G, \cdot)$ eine Gruppe und $a \in G$. Wir definieren die Abbildung:

$$\varphi_a : G \to G, x \mapsto axa^{-1}.$$

Dann ist φ_a ein Isomorphismus.

Bemerkung. Ist G kommutativ, so ist φ_a natürlich die identische Abbildung.

Beweis.

$$\varphi_a(x \cdot y) = axya^{-1} = ax\underbrace{a^{-1}a}_{e}ya^{-1} = \varphi_a(x) \cdot \varphi_a(y).$$

Damit ist φ_a ein Homomorphismus. Ferner ist $\varphi_{a^{-1}}$ die Umkehrabbildung von φ_a, denn

$$(\varphi_{a^{-1}} \circ \varphi_a)(x) = a^{-1}axa^{-1}a = x,$$
$$(\varphi_a \circ \varphi_{a^{-1}})(x) = aa^{-1}xaa^{-1} = x.$$

Also gilt $\varphi_{a^{-1}} \circ \varphi_a = \mathrm{id} = \varphi_a \circ \varphi_{a^{-1}}$. □

Bemerkung. Sei $(G, \cdot)$ eine Gruppe und $a \in G$. Die Abbildung

$$a_l : G \to G, x \mapsto a \cdot x$$

ist bijektiv, aber kein Homomorphismus. Die Menge M aller bijektiven Abbildungen von G nach G bildet bezüglich der Komposition eine Gruppe. $U = \{a_l : a \in G\}$ ist eine Untergruppe in $(M, \circ)$. Die Abbildung $\varphi : G \to U, a \mapsto a_l$ ist ein Isomorphismus. Somit sind $(U, \circ)$ und $(G, \cdot)$ isomorphe Gruppen.

Im Anschluss widmen wir uns den sogenannten Nebenklassen einer Untergruppe.

Definition. Es sei U eine Untergruppe von $(G, \cdot)$. Auf G definieren wir eine Äquivalenzrelation $\sim$:

$$a \sim b \iff a^{-1}b \in U.$$

Beweis. Wir müssen zeigen, dass $\sim$ tatsächlich eine Äquivalenzrelation ist.
1.) $a^{-1}a = e \in U$, also $a \sim a$, das heißt, $\sim$ ist reflexiv.

2.) $a \sim b \implies a^{-1}b \in U \implies (a^{-1}b)^{-1} \in U \implies b^{-1}a \in U \implies b \sim a$. Also ist $\sim$ symmetrisch.

3.) $a \sim b$ und $b \sim c$,

$$a^{-1}b \in U \text{ und } b^{-1}c \in U \implies a^{-1}bb^{-1}c \in U \implies a^{-1}c \in U \implies a \sim c.$$

Also ist $\sim$ transitiv. $\qquad\qquad\qquad\qquad\qquad\qquad\qquad\qquad\qquad\qquad\qquad\qquad\square$

Was sind nun die Äquivalenzklassen der Relation $\sim$?

$$[a] = \{b : a^{-1}b \in U\} = \{b : b \in aU\} = aU.$$

Also ist $[a] = aU$. Diese Klassen nennt man auch Linksnebenklassen von U (a wird von links an U hinmultipliziert). Damit wissen wir, dass G disjunkt in Linksnebenklassen zerlegt wird. Es ist $U = eU$, also ist $U = [e]$.

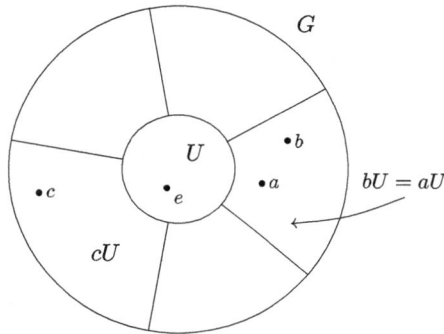

Wir wandeln nun die Relation $\sim$ leicht um:

Definition. Es sei U eine Untergruppe von $(G, \cdot)$:

$$\text{Durch } a \sim b \iff a \cdot b^{-1} \in U \text{ wird eine Relation auf } G \text{ definiert.}$$

Wie oben zeigt man, dass $\sim$ eine Äquivalenzrelation ist. Die Klassen sind die sogenannten Rechtsnebenklassen $[a] = Ua$.

Bemerkung. Ist die Gruppe kommutativ, so sind die beiden Relationen gleich und auch Links- und Rechtsnebenklassen sind gleich:

$$\forall a \in G : \quad aU = Ua.$$

Ist die Gruppe nicht kommutativ, so können die beiden Relationen verschieden sein.

Satz 1.21. Sei $(G, \cdot)$ eine Gruppe und U eine Untergruppe. Dann gilt:

$$U \text{ ist ein Normalteiler} \iff \forall a \in G: \quad aU = Ua.$$

Beweis.

1.) Es sei $aU = Ua$ für alle $a \in G$.

$$\implies aUa^{-1} = U \quad \forall a \implies aua^{-1} \in U \quad \forall a \in G \text{ und } u \in U.$$

Damit ist U ein Normalteiler.

2.) Es sei U ein Normalteiler.

$$aua^{-1} \in U \quad \forall a \in G \text{ und } u \in U \iff aUa^{-1} \subset U \quad \forall a \in G.$$

Es folgt:

(i) $aU \subset Ua$ für alle $a \in G$

(ii) $Ua^{-1} \subset a^{-1}U$ für alle $a \in G \iff Ua \subset aU$ für alle $a \in G$.

Damit gilt $aU = Ua$ für alle $a \in G$. $\qquad\qquad\square$

Jetzt wollen wir auf möglichst einfache Weise auf den Linksnebenklassen (entsprechend Rechtsnebenklassen) einer Untergruppe eine Verknüpfung definieren.

Definition. Es sei $(G, \cdot)$ eine Gruppe und U eine Untergruppe. Wir betrachten die Äquivalenzrelation $\sim$: $a \sim b \iff a^{-1}b \in U$. Die Klassen sind die Linksnebenklassen von U. Also $[a] = aU$. Die Menge der Linksnebenklassen bezeichnen wir mit $G/_\sim$. Auf $G/_\sim$ versuchen wir eine Verknüpfung zu definieren:

$$[a] \cdot [b] = [a \cdot b].$$

Ist diese Verknüpfung nun wohldefiniert, also unabhängig von der Wahl der Stellvertreter aus den entsprechenden Klassen?

Satz 1.22. Diese Verknüpfung ist genau dann wohldefiniert, wenn U ein Normalteiler ist.

Beweis.

1.) Es sei U ein Normalteiler. Sei $[a] = [a']$, also $a \sim a'$, also $a^{-1}a' \in U$. Zeige $[a \cdot b] = [a' \cdot b]$:

$$[a \cdot b] = [a' \cdot b] \iff a \cdot b \sim a' \cdot b$$
$$\iff (a \cdot b)^{-1} \cdot (a' \cdot b) \in U$$
$$\iff b^{-1}a^{-1}a'b \in U.$$

Das ist richtig, da $a^{-1}a' \in U$ und U ein Normalteiler ist.

2.) Die Verknüpfung sei wohldefiniert. Dann ist $(G/_\sim, \cdot)$ eine Gruppe. Denn:
   (i) $\cdot$ ist assoziativ
   (ii) $[e] = U$ ist das neutrale Element
   (iii) Das Inverse von $[x]$ ist $[x^{-1}]$.
   Wir betrachten die Abbildung

$$\varphi : G \to G/_\sim, a \mapsto [a].$$

Dann ist φ ein Gruppenhomomorphismus. Der Kern von φ ist U. Wir wissen, dass der Kern eines Homomorphismus ein Normalteiler ist. $\qquad\square$

Man kann also mit den Linksnebenklassen von U genau dann eine neue Gruppe konstruieren, wenn U ein Normalteiler ist. Da dann $aU = Ua$ gilt, erhält man die gleiche „neue Gruppe", wenn man zur Konstruktion die Rechtsnebenklassen von U benutzt. Die neue Gruppe wird mit G/U („G modulo U") bezeichnet. G/U nennt man auch *Faktorgruppe*.

Beispiel. Wir betrachten in den ganzen Zahlen $(\mathbb{Z}, +)$ die Untergruppe $U = m\mathbb{Z}$ mit $m \geq 2$. Da $+$ kommutativ ist, ist U ein Normalteiler. Die Faktorgruppe $(\mathbb{Z}/U, +)$ entspricht genau dem Rechnen modulo m mit den Restklassen.

Beispiel. Wir betrachten die Gruppe $(\mathbb{R}^2, +)$. Die Verknüpfung $+$ ist natürlich definiert durch $(x, y) + (a, b) = (x + a, y + b)$. $\mathbb{R}^2$ können wir durch die Vorstellungsebene veranschaulichen. Sei $(a, b) \neq (0, 0)$. $U = \mathbb{R} \cdot (a, b) = \{(x \cdot a, x \cdot b) : x \in \mathbb{R}\}$.

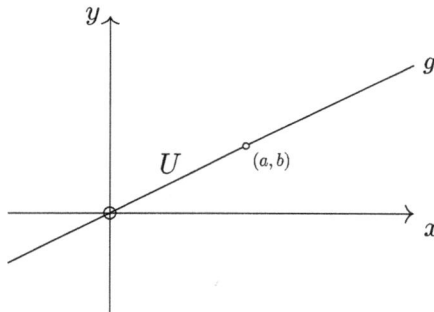

Dann stellt U eine Gerade g durch den Nullpunkt dar und ist eine Untergruppe und sogar ein Normalteiler. Wir bilden die neue Gruppe G/U. Ihre Elemente sind die Nebenklassen von U, genau die zu g parallelen Geraden. $[(x, y)]$: zu g parallele Gerade durch (x, y). Wir können nun mit diesen Geraden rechnen:

$$[(x, y)] + [(a, b)] = [(x, y) + (a, b)] = [(x + a, y + b)].$$

Satz 1.23. Es sei $(G, \cdot)$ eine Gruppe und N ein Normalteiler. Dann ist die Abbildung

$$\varphi : G \to G/N, a \mapsto [a] = aN$$

ein Homomorphismus.

Beweis. $\varphi(a \cdot b) = [a \cdot b] = [a] \cdot [b] = \varphi(a) \cdot \varphi(b).$ □

Satz 1.24 (Der Homomorphiesatz). Es seien $(G, \cdot)$ und $(H, \cdot)$ Gruppen und φ ein surjektiver Homomorphismus von G nach H. Dann gilt:

$$\psi : G/_{\text{Kern}\,\varphi} \to H,$$
$$[x] \mapsto \varphi(x)$$

ist ein Isomorphismus. Das heißt, die Gruppen $G/_{\text{Kern}\,\varphi}$ und H sind isomorph.

Beweis. Es ist zunächst zu zeigen, dass ψ wohldefiniert ist. Sei also $[x] = [y]$, dann ist zu zeigen, dass $\psi([x]) = \psi([y])$, also $\varphi(x) = \varphi(y)$:

$$x \sim y \implies xy^{-1} \in \text{Kern}\,\varphi$$
$$\implies \varphi(xy^{-1}) = e$$
$$\implies \varphi(x)\varphi(y)^{-1} = e$$
$$\implies \varphi(x) = \varphi(y).$$

Also ist ψ wohldefiniert. Ferner ist ψ ein Homomorphismus, denn

$$\psi([x] \cdot [y]) = \psi([x \cdot y]) = \varphi(x \cdot y) = \varphi(x) \cdot \varphi(y) = \psi([x]) \cdot \psi([y]).$$

Offensichtlich ist ψ surjektiv. ψ ist aber auch injektiv, weil

$$\psi([x]) = \psi([y]) \implies \varphi(x) = \varphi(y) \implies \varphi(x) \cdot \varphi(y)^{-1} = e \implies \varphi(x \cdot y^{-1}) = e.$$

Also ist $x \cdot y^{-1} \in \text{Kern}\,\varphi$. Dann folgt aber $x \sim y \implies [x] = [y]$. □

Im Folgenden wollen wir uns mit der mathematischen Struktur „Ring" beschäftigen.

Definition. Es sei R eine Menge mit *zwei* Verknüpfungen $+$ und $\cdot$. $(R, +, \cdot)$ nennt man einen Ring, wenn gilt:
1.) $(R, +)$ ist eine kommutative Gruppe. Das neutrale Element bezeichnen wir mit 0;
2.) $(a \cdot b) \cdot c = a \cdot (b \cdot c)$ für alle $a, b, c \in R$. Das heißt, dass $\cdot$ assoziativ ist;
3.) $a \cdot (b + c) = a \cdot b + a \cdot c$ und $(a + b) \cdot c = a \cdot c + b \cdot c$ für alle $a, b, c \in R$. Das heißt, es gilt das *Distributivgesetz*.

Das Standardbeispiel für einen Ring sind die ganzen Zahlen mit der $+$- und $\cdot$-Verknüpfung. Ein Ring heißt kommutativ, wenn $\cdot$ kommutativ ist. Wir nennen $a, b \in R$

Nullteiler, wenn beide ungleich 0 sind und Folgendes gilt: $a \cdot b = b \cdot a = 0$. Man sagt, ein Ring hat ein „Einselement 1", wenn 1 das neutrale Element der Multiplikation $\cdot$ ist.

Bemerkung. Die ganzen Zahlen bilden mit der Addition und Multiplikation einen kommutativen, nullteilerfreien Ring mit 1.

Satz 1.25. Es sei $(R, +, \cdot)$ ein Ring mit 1. Dann gilt:
1.) $0 \cdot a = 0$ und $a \cdot 0 = 0$
2.) $(-1) \cdot a = -a$ und $a \cdot (-1) = -a$
3.) $(-a) \cdot b = -(a \cdot b) = a \cdot (-b)$
4.) $(-a) \cdot (-b) = a \cdot b$
5.) Ist a ein Nullteiler, so hat a kein multiplikatives Inverses.

Beweis.
1.) $0 \cdot a + 0 \cdot a = (0 + 0) \cdot a = 0 \cdot a \implies 0 \cdot a = 0$. Analog $a \cdot 0 = 0$;
2.) $a + (-1) \cdot a = (1 + (-1)) \cdot a = 0 \cdot a = 0$. Also ist $-a = (-1) \cdot a$. Analog $a \cdot (-1) = -a$;
3.) $(-a) \cdot b = (-1) \cdot a \cdot b = -(a \cdot b)$ und $a \cdot (-b) = a \cdot b \cdot (-1) = -(a \cdot b)$;
4.) $(-a) \cdot (-b) = -(a \cdot (-b)) = -(-(a \cdot b)) = a \cdot b$;
5.) Es seien a und b ungleich 0 mit $a \cdot b = b \cdot a = 0$. Angenommen a hat ein Inverses a^{-1}, dann:

$$a^{-1} \cdot a \cdot b = a^{-1} \cdot 0 \implies b = 0.$$

Das ist ein Widerspruch. □

Satz 1.26. Es sei $(R, +, \cdot)$ ein kommutativer Ring mit 1. Dann gilt:
1.) $(a - b) \cdot (a + b) = a^2 - b^2$
2.) $(a + b)^2 = a^2 + 2ab + b^2$ mit $2 = 1 + 1$.

Beweis.
1.) $(a - b) \cdot (a + b) = a^2 + ab - ba - b^2 = a^2 - b^2$
2.) $(a + b)^2 = a^2 + ab + ba + b^2 = a^2 + \underbrace{(1 + 1)}_{2} ab + b^2$. □

Beispiel. Wir rechnen in $(\mathbb{Z}_m, +, \cdot)$. Wir rechnen also mit den Restklassen modulo m mit der Addition $+$ und der Multiplikation $\cdot$. Dann ist $(\mathbb{Z}_m, +, \cdot)$ ein kommutativer Ring mit 1. Er ist genau dann nullteilerfrei, wenn m eine Primzahl ist. In diesem Fall hat jedes $[x] \neq [0]$ ein multiplikatives Inverses.

Beispiel. Wir starten mit den reellen Zahlen. Als Polynome bezeichnen wir Ausdrücke der Form

$$a_n x^n + \cdots + a_2 x^2 + a_1 x + a_0,$$

$a_0, a_1, \ldots, a_n$ sind feste Zahlen, die *Koeffizienten*. a_n soll ungleich 0 sein. n nennt man den Grad des Polynoms. Auch einzelne a_0 sind Polynome. Der Grad ist dann 0. x nennt man *Variable*. Man beachte: Als Polynom bezeichnet man den hingeschriebenen Ausdruck. Natürlich stellt jedes Polynom auch eine Funktion dar:

$$x \mapsto a_n x^n + \cdots + a_2 x^2 + a_1 x + a_0.$$

Diese Funktion bezeichnen wir als *Polynomfunktion* und unterscheiden sie vom geschriebenen Ausdruck „Polynom". Wir können nun wie üblich Polynome addieren und multiplizieren.

Beispiel.

$$(2x^3 + x - 5) + (x^4 + 2x) = x^4 + 2x^3 + 3x - 5,$$
$$(2x^3 + x - 5) \cdot (x^4 + 2x) = 2x^7 + 4x^4 + x^5 + 2x^2 - 5x^4 - 10x$$
$$= 2x^7 + x^5 - x^4 + 2x^2 - 10x.$$

Mit dieser Addition und Multiplikation bilden die Polynome (über $\mathbb{R}$) einen Ring, den *Polynomring*. „0" ist das Nullpolynom und „1" das Einspolynom. Der Polynomring ist ein kommutativer, nullteilerfreier Ring mit 1 (ähnlich den ganzen Zahlen mit + und ·).

Definition. Es seien $(H, +, \cdot)$ und $(R, +, \cdot)$ Ringe. Eine Abbildung $\varphi : H \to R$ heißt Ringhomomorphismus (kurz Homomorphismus), wenn gilt:
1.) $\varphi(a + b) = \varphi(a) + \varphi(b)$ für alle $a, b \in R$.
     Das heißt, φ ist ein Gruppenhomomorphismus;
2.) $\varphi(a \cdot b) = \varphi(a) \cdot \varphi(b)$.

Ist φ bijektiv, so nennt man φ einen Isomorphismus und H und R isomorph. Das heißt, H und R sind nur zwei verschiedene Darstellungen der gleichen Ringstruktur.

Definition. Es sei $(R, +, \cdot)$ ein Ring und $A \subset R$ eine Untergruppe von $(R, +)$. A heißt *Unterring* von R, wenn gilt:

$$x \cdot y \in A \quad \forall x, y \in A,$$

A heißt *Ideal*, wenn zusätzlich gilt: $R \cdot a \subset A$, das heißt $r \cdot a \in A$ für alle $r \in R$ und $a \in A$. Analog soll gelten: $A \cdot R \subset A$, das heißt $a \cdot r \in A$ für alle $r \in R$ und $a \in A$.

Bemerkung. Im Ring der ganzen Zahlen $(\mathbb{Z}, +, \cdot)$ ist $m\mathbb{Z}$ ($m \geq 2$) ein Unterring und auch ein Ideal.

Beweis. Natürlich ist $m\mathbb{Z}$ ein Unterring. Sei nun $r \in \mathbb{Z}$ und $a \in m\mathbb{Z}$, also $a = m \cdot z \implies r \cdot a = r \cdot m \cdot z \in m\mathbb{Z}$. $\qquad \square$

Bemerkung. Wir werden sehen, dass die Ideale bei den Ringen die gleiche Rolle spielen wie die Normalteiler bei den Gruppen.

Satz 1.27. Es seien $(H, +, \cdot)$ und $(R, +, \cdot)$ Ringe und $\varphi : H \to R$ ein Ringhomomorphismus. Dann ist der Kern von φ ein Ideal in H.

(Kern $\varphi = \{x \in H : \varphi(x) = 0\}$.)

Beweis. Da φ ein Gruppenhomomorphismus ist, ist Kern φ ein Normalteiler von $(H, +)$. Es sei $A = $ Kern φ. Zu zeigen ist $H \cdot A \subset A$. Sei also $x \in H$ und $a \in A$. Zeige: $x \cdot a \in A$:

$$\varphi(x \cdot a) = \varphi(x) \cdot \varphi(a) = \varphi(x) \cdot 0 = 0.$$

Analog gilt $A \cdot H \subset A$. □

Satz 1.28. Es sei $(R, +, \cdot)$ ein Ring und U eine Untergruppe von $(R, +)$. Da $+$ kommutativ ist, ist U auch ein Normalteiler. Die Nebenklassen von U sind $r + U = [r]$. $[r] + [s] = [r + s]$ ist wohldefiniert und die Nebenklassen bilden die Faktorgruppe $(R/U, +)$. Wir versuchen nun, auch die Verknüpfung $\cdot$ auf den Nebenklassen zu definieren:

$$[r] \cdot [s] = [r \cdot s].$$

Es gilt dann: Die Verknüpfung $\cdot$ ist genau dann wohldefiniert, wenn U ein Ideal ist. $(R/U, +, \cdot)$ ist dann ein Ring, man nennt ihn den Faktorring.

Beweis.

1.) Es sei U ein Ideal und $r \sim r'$, das heißt $r' \in r + U$, $r' = r + u$. Es ist zu zeigen, dass $[r \cdot s] = [r' \cdot s]$:

$$\begin{aligned}
[r \cdot s] = [r' \cdot s] &\Longleftrightarrow rs - r's \in U \\
&\Longleftrightarrow rs - (r + u)s \in U \\
&\Longleftrightarrow rs - rs - us \in U \\
&\Longleftrightarrow (-u)s \in U.
\end{aligned}$$

Das ist aber richtig, da U ein Ideal ist.

2.) Es sei $\cdot$ wohldefiniert. Dann bilden die Nebenklassen mit $+$ und $\cdot$ einen Ring, den Faktorring $(R/U, +, \cdot)$. Die Abbildung

$$\varphi : R \to R/U, x \mapsto [x] = x + U$$

ist ein Ringhomomorphismus. Der Kern von φ ist U. Damit ist U ein Ideal. □

Bemerkung. Ist U ein Ideal des Rings $(R, +, \cdot)$, so ist die Abbildung φ vom Ring R in den Faktorring R/U ein Ringhomomorphismus:

$$\varphi : R \to R/U, x \mapsto [x] = x + U.$$

Beispiel. Wir betrachten den Ring der ganzen Zahlen $(\mathbb{Z}, +, \cdot)$ und eine Zahl $m \geq 2$. Dann ist $m\mathbb{Z}$ ein Ideal. Damit ergibt sich der Faktorring $(\mathbb{Z}/_{m\mathbb{Z}}, +, \cdot)$. Dies entspricht dem bereits bekannten „Rechnen modulo m".

Beispiel. Wir betrachten den Polynomring über $\mathbb{R}$. Dieser Ring ist kommutativ, nullteilerfrei und hat ein Einselement (das Polynom 1). Den Ring bezeichnen wir mit $(H, +, \cdot)$. Sei nun p ein Polynom mit Grad ≥ 1. Dann ist $U = p \cdot H = \{p \cdot h : h \text{ Polynom aus } H\}$ ein Ideal.

Beweis.

1.) $(U, +)$ ist eine Untergruppe, wegen:
    - $0 \in U$
    - $a, b \in U \implies a + b \in U$
    - $a \in U \implies -a \in U$.
2.) Sei r ein beliebiges Polynom und $a = p \cdot h, h \in H$. $r \cdot a = r \cdot p \cdot h \in U$. Also ist U ein Ideal. $\qquad\square$

Wir betrachten den Faktorring $(H/U, +, \cdot)$. $[a] = [b] \iff a \sim b \iff a - b \in U = p \cdot H$. Das heißt, a und b unterscheiden sich um ein „Vielfaches" von p. Wir wollen nun einen detaillierteren Blick auf die Polynomdivision im Polynomring werfen. Die Division von Polynomen funktioniert im Prinzip genauso, wie das Teilen mit Rest in den ganzen Zahlen. Wir betrachten die Division an einem Beispiel.

$$
\begin{array}{l}
(3x^4 + x^3 - x + 2) : (x^2 + 2x) = 3x^2 - 5x + 10 \\
\underline{-(3x^4 + 6x^3)} \hspace{4cm} \text{Rest: } -21x + 2 \\
\hspace{1.5cm} -5x^3 - x + 2 \\
\hspace{1cm} \underline{-(-5x^3 - 10x^2)} \\
\hspace{3cm} 10x^2 - x + 2 \\
\hspace{2.5cm} \underline{-(10x^2 + 20x)} \\
\hspace{4cm} -21x + 2
\end{array}
$$

Damit ergibt sich also:

$$(3x^4 + x^3 - x + 2) = (x^2 + 2x) \cdot (3x^2 - 5x + 10) - 21x + 2.$$

Allgemein gilt: Seien a und b Polynome mit Grad $a = m$, Grad $b = n$ und $n \leq m$. Dann gibt es eindeutig bestimmte Polynome r und s mit

$$a = s \cdot b + r \quad \text{mit Grad } r < \text{ Grad } b.$$

Bemerkung. Sei p ein Polynom. Eine Zahl z ist genau dann eine Nullstelle von p, wenn das Polynom $(x - z)$ das Polynom p ohne Rest teilt. Das heißt, es gibt ein Polynom q mit $p = q \cdot (x - z)$.

Beweis.

1.) Gilt $p = q \cdot (x - z)$, so ist z natürlich eine Nullstelle von f.
2.) Es sei z eine Nullstelle von p. Wir teilen p durch $(x - z)$ mit Rest:

$$p = q \cdot (x - z) + r \quad \text{mit Grad } r < 1 \ (=\text{Grad } (x - z)).$$

Also muss r eine Zahl sein, da Grad $r = 0$. Wir setzen nun z ein:

$$0 = p(z) = q(z) \cdot (z - z) + r \implies r = 0. \qquad \square$$

Satz 1.29. Wir beginnen mit dem Polynomring H und bilden den Faktorring $(H/U, +, \cdot)$ mit $U = p \cdot H$. Es sei $[a]$ eine Klasse, also $[a] = a + pH$. Dann gilt:
1.) Wir teilen mit Rest: $a = q \cdot p + r$. Dann ist $[a] = [r]$.
2.) Zu a gibt es nur ein Polynom b mit Grad $b <$ Grad p und $[a] = [b]$. Dieses Polynom ist dann natürlich der Rest r.

Beweis.

1.) $[a] = [r]$ bedeutet $r \in [a]$, also $r \in a + pH$. Das ist natürlich richtig.
2.) Es sei b ein Polynom mit Grad $b <$ Grad p und $[b] = [a] = [r]$. Daraus folgt $b \in r + pH \implies b - r \in pH$. Grad $(b - r) <$ Grad p. In pH gibt es nur ein Polynom mit kleinerem Grad als p, nämlich das Nullpolynom 0. Also gilt $b - r = 0 \implies b = r. \quad \square$

Bemerkung. Aus jeder Klasse können wir genau ein Stellvertreterpolynom r wählen mit Grad $r <$ Grad p. Das Polynom r erhält man als Rest bei der Polynomdivision durch p.

Beispiel. Wir rechnen mit dem „modulo"-Polynom $p = x^4 + x^3 - 2x + 1$. Das Ideal U ist also $(x^4 - x^3 - 2x + 1) \cdot H$. Berechne

$$\begin{aligned}
[x^2 - x] \cdot [2x^3 + x^2 + 3] &= [(x^2 - x) \cdot (2x^3 + x^2 + 3)] \\
&= [2x^5 + x^4 + 3x^2 - 2x^4 - x^3 - 3x] = [2x^5 - x^4 - x^3 + 3x^2 - 3x].
\end{aligned}$$

Jetzt haben wir zwar das Ergebnis, aber noch nicht die Standarddarstellung durch ein Polynom von Grad ≤ 3. Wir teilen:

$$(2x^5 - x^4 - x^3 + 3x^2 - 3x) : (x^4 + x^3 - 2x + 1) = 2x - 3$$
$$\underline{-(2x^5 + 2x^4 - 4x^2 + 2x)}$$
$$-3x^4 - x^3 + 7x^2 - 5x$$
$$\underline{-(-3x^4 - 3x^3 + 6x - 3)}$$
$$2x^3 + 7x^2 - 11x + 3 \quad \text{Rest}$$

Also $(2x^5 - x^4 - x^3 + 3x^2 - 3x) \sim (2x^3 + 7x^2 - 11x + 3)$. Damit gilt

$$[x^2 - x] \cdot [2x^3 + x^2 + 3] = [2x^3 + 7x^2 - 11x + 3].$$

Bemerkung. Wir rechnen wieder im „Polynomring modulo p". Dann kann es Nullteiler geben.

Beispiel. $p = (2x^3 - 3x^2 - 2x) = (x - 2) \cdot (2x^2 + x)$. Es ist $[0] \neq [x - 2]$ und $[0] \neq [2x^2 + x]$ und es gilt:

$$[x - 2] \cdot [2x^2 + x] = [2x^3 - 3x^2 - 2x] = [0].$$

Es stellt sich nun die Frage, welche Eigenschaften das Polynom p haben muss, damit der Faktorring $H/_{pH}$ keine Nullteiler hat. Im Falle des modulo-Rechnens bei ganzen Zahlen lautete die Antwort: Die modulo-Zahl m muss eine Primzahl sein. Die Antwort bei den Polynomen ist ganz ähnlich: Das modulo-Polynom p darf sich nicht als Produkt von zwei *echten* Polynomen darstellen lassen. „Echt" soll hier bedeuten, dass der Grad ≥ 1 ist. Einen Beweis hierfür wollen wir nicht angeben.

Als Nächstes beschäftigen wir uns mit der mathematischen Struktur *Körper*.

Definition. Es sei K eine Menge mit zwei Verknüpfungen $+$ und $\cdot$. Es gelte:
1.) $(K, +)$ ist eine kommutative Gruppe. Das neutrale Element ist 0, das Inverse von x bezeichnen wir mit $-x$;
2.) $(K^*, \cdot)$ ist eine kommutative Gruppe. Das neutrale Element ist 1, das Inverse von x bezeichnen wir mit x^{-1}. $K^* = K\backslash\{0\}$;
3.) Es gilt das Distributivgesetz:

$$a \cdot (b + c) = a \cdot b + a \cdot c.$$

Dann nennt man $(K, +, \cdot)$ einen *Körper*.

Beispiel. Natürlich bilden die rationalen Zahlen $\mathbb{Q}$ und die reellen Zahlen $\mathbb{R}$ einen Körper.

Bemerkung. Ein Körper ist eine Rechenstruktur, in der viele der gewohnten Rechenregeln gelten.

Bemerkung. Ein Körper hat keine Nullteiler.

Beweis. Seien $a, b \in K$ mit $a \neq 0 \neq b$. Angenommen $a \cdot b = 0$,

$$\implies a^{-1} \cdot a \cdot b = 0 \implies 1 \cdot b = b = 0.$$

Widerspruch. □

Bemerkung. Die rationalen Zahlen kann man aus den ganzen Zahlen als sogenannten Quotientenkörper konstruieren. Wir wollen diese Konstruktion (ohne Beweis) kurz beschreiben. Es sei $(K, +, \cdot)$ ein Körper, in dem die ganzen Zahlen $(\mathbb{Z}, +, \cdot)$ eingebettet sind. Wir definieren:

$$\mathbb{Q} = \left\{ \frac{a}{b} : a, b \in \mathbb{Z} \text{ und } b \geq 1 \right\},$$

$\frac{a}{b}$ bedeutet natürlich ab^{-1}. Dann ist $\mathbb{Q}$ zusammen mit $+$ und $\cdot$ aus K ein Körper, der sogenannte Quotientenkörper. $\mathbb{Q}$ kann eine echte Teilmenge von K oder auch gleich K sein. Es gilt:

1.) $\frac{a}{b} = \frac{c}{d} \iff a \cdot d = b \cdot c$
2.) $\frac{a}{b} \cdot \frac{c}{d} = \frac{a \cdot c}{b \cdot d}$
3.) $\frac{a}{b} + \frac{c}{d} = \frac{a \cdot d + c \cdot b}{b \cdot d}$.

Den Quotientenkörper kann man auch aus $(\mathbb{Z}, +, \cdot)$ allein konstruieren. Wir brauchen also gar keinen Körper, in dem $(\mathbb{Z}, +, \cdot)$ eingebettet ist. Man nimmt die „obere Konstruktion" als Vorbild. Wir beginnen mit den ganzen Zahlen.

$$S = \left\{ \frac{a}{b} : a \in \mathbb{Z}, b \in \mathbb{N} \right\}.$$

Achtung: $\frac{a}{b}$ ist kein Bruch, sondern nur eine andere Schreibweise für das Paar (a, b). Auf S definieren wir eine Äquivalenzrelation

$$\frac{a}{b} \sim \frac{c}{d} \iff a \cdot d = b \cdot c.$$

Die Menge der Klassen bezeichnen wir mit T. Auf T definieren wir die Verknüpfungen $+$ und $\cdot$:

$$\left[\frac{a}{b} \right] \cdot \left[\frac{c}{d} \right] = \left[\frac{a \cdot c}{b \cdot d} \right],$$

$$\left[\frac{a}{b} \right] + \left[\frac{c}{d} \right] = \left[\frac{a \cdot d + c \cdot b}{b \cdot d} \right].$$

Man zeigt, dass $+$ und $\cdot$ wohldefiniert sind. Dann ist $(T, +, \cdot)$ ein Körper, in den die ganzen Zahlen eingebettet sind. Einbettung: $x \leftrightarrow [\frac{x}{1}]$. Der Körper $(T, +, \cdot)$ ist isomorph zum oben konstruierten Quotientenkörper. Damit sind alle Quotientenkörper isomorph. Der Quotientenkörper ist der kleinste Körper, der die ganzen Zahlen enthält. Das heißt, wenn $(K, +, \cdot)$ irgendein Körper ist, der die ganzen Zahlen enthält, so steckt in $(K, +, \cdot)$ auch der Quotientenkörper.

Beispiel. Wir rechnen modulo m, also im Ring $(\mathbb{Z}_m, +, \cdot)$. Wir wissen, dass $(\mathbb{Z}_m^*, \cdot)$ genau dann eine Gruppe ist, wenn m eine Primzahl ist. Damit haben wir zu jeder Primzahl p den endlichen Körper $(\mathbb{Z}_p, +, \cdot)$. Er hat natürlich genau p Elemente. Als Beispiel geben wir für $p = 7$ die Gruppentafel der Multiplikation an.

$\cdot$	1	2	3	4	5	6
1	1	2	3	4	5	6
2	2	4	6	1	3	5
3	3	6	2	5	1	4
4	4	1	5	2	6	3
5	5	3	1	6	4	2
6	6	5	4	3	2	1

Beispiel. Der Körper der komplexen Zahlen. Wir nehmen an, dass es einen Körper $(K, +, \cdot)$ gibt, in den die reellen Zahlen eingebettet sind und in dem es eine Zahl i gibt mit $i^2 = -1$.

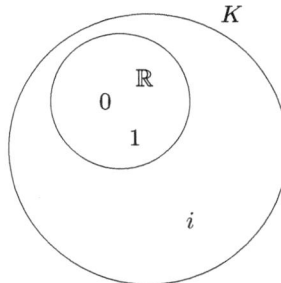

Wir betrachten die Menge $H = \{x_1 + i \cdot x_2 : x_1, x_2 \in \mathbb{R}\}$. Man kann zeigen, dass $(H, +, \cdot)$ ein Körper ist, und es gilt natürlich $\mathbb{R} \subset H$ und $i \in H$. Wir rechnen in H:

$$(x_1 + i \cdot x_2) + (y_1 + i \cdot y_2) = (x_1 + x_2) + i \cdot (y_1 + y_2),$$
$$(x_1 + i \cdot x_2) \cdot (y_1 + i \cdot y_2) = x_1 y_1 + i x_1 y_2 + i x_2 y_1 + i^2 x_2 y_2$$
$$= (x_1 y_1 - x_2 y_2) + i(x_1 y_2 + x_2 y_1).$$

Wir wissen nun aber nicht, ob es den angenommenen Körper K überhaupt gibt. Wir benutzen nun unsere obigen Überlegungen zu folgender Konstruktion: Wir betrachten zunächst die reellen zahlen $(\mathbb{R}, +, \cdot)$.

$$\mathbb{C} = \{(a,b) : a,b \in \mathbb{R}\}.$$

Darauf definieren wir zwei Operationen $+$ und $\cdot$ „wie oben":

$$(x_1, x_2) + (y_1, y_2) = (x_1 + y_1, x_2 + y_2),$$
$$(x_1, x_2) \cdot (y_1, y_2) = (x_1 y_1 - x_2 y_2, x_1 y_2 + x_2 y_1).$$

Man zeigt, dass $(\mathbb{C}, +, \cdot)$ ein Körper ist (der Körper der komplexen Zahlen). Das Nullelement ist $(0,0)$, die Eins ist $(1,0)$. $(0,1)$ bezeichnen wir mit i:

$$i^2 = (0,1)^2 = (-1,0).$$

Der Körper $(\mathbb{R}, +, \cdot)$ ist in $(\mathbb{C}, +, \cdot)$ eingebettet durch $x \leftrightarrow (x,0)$:

$$(x,0) + (y,0) = (x+y, 0),$$
$$(x,0) \cdot (y,0) = (xy, 0).$$

Wir können also auch schreiben: $i^2 = -1$. Achtung, es gilt auch $(-i)^2 = -1$. Jede komplexe Zahl (x_1, x_2) kann man in der Form $x_1 + x_2 \cdot i$ schreiben. Begründung:

$$x_1 + x_2 \cdot i = (x_1, 0) + (x_2, 0) \cdot (0,1) = (x_1, 0) + (0, x_2) = (x_1, x_2).$$

In dieser Darstellung können wir auch rechnen.

Beispiel. Löse $3x^2 + 5 = -7$:

$$3x^2 = -12 \iff 3 \cdot (x_1 + x_2 \cdot i)^2 = -12$$
$$\iff x_1^2 + x_2^2 \cdot (-1) + 2x_1 x_2 i = -4$$
$$\iff x_1 = 0 \text{ und } x_2^2 = 4$$
$$\iff x_1 = 0 \text{ und } x_2 = \pm 2.$$

Es gibt also genau zwei Lösungen $2i$ und $-2i$.

Die komplexen Zahlen $\mathbb{C}$ können als Zahlenebene (Gauß'sche Zahlenebene) dargestellt werden.

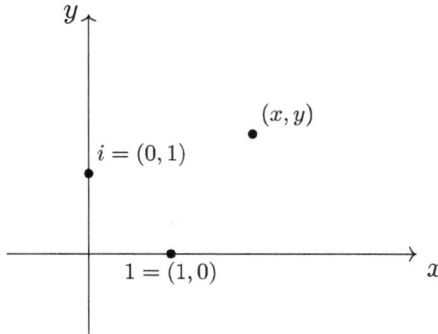

Die Punkte der Ebene sind die komplexen Zahlen. Die Punkte der x-Achse sind die reellen Zahlen.

Bemerkung. In den komplexen Zahlen gilt der wichtige Satz:

Jedes Polynom vom Grad ≥ 1 hat eine Nullstelle.

Daraus folgt unmittelbar: Jedes Polynom zerfällt in Linearfaktoren.

Das heißt, jedes Polynom kann folgendermaßen geschrieben werden:

$$a(x - a_1)(x - a_2) \cdots (x - a_n).$$

Die Zahlen $a_1, a_2, \ldots, a_n$ sind aus $\mathbb{C}$. n ist der Grad des Polynoms.

Die Nullstellen sind genau $a_1, a_2, \ldots, a_n$. Der Koeffizient von x^n ist a.

Beispiel. Es sei $(H, +, \cdot)$ der Polynomring über den reellen Zahlen. Weiter sei p ein Polynom vom Grad ≥ 2. Wir rechnen nun „modulo p". Das heißt: $p \cdot H$ ist ein Ideal in $(H, +, \cdot)$ und wir rechnen im Ringe $H/_{p \cdot H}$. Darin kann es Nullteiler geben. Kann man p zerlegen in $p = p_1 p_2$ mit Grad $p_1, p_2 \geq 1$, so sind zum Beispiel $[p_1]$ und $[p_2]$ Nullteiler. Wann ist nun $H/_{p \cdot H}$ ein Körper? Wir vergleichen die Fragestellung erneut mit dem „modulo-Rechnen bei den ganzen Zahlen". Rechnen wir dort modulo m, also im Faktorring $(\mathbb{Z}_{m\mathbb{Z}}, +, \cdot)$, so ergibt sich genau dann ein Körper, wenn m eine Primzahl ist. Für $H/_{p \cdot H}$ gilt nun analog: $H/_{p \cdot H}$ ist genau Körper, wenn man p nicht zerlegen kann. Also geht nicht: $p = p_1 p_2$ mit Grad $p_1, p_2 \geq 1$.

Beispiel. Das Polynom $p = x^2 + 1$ kann man nicht zerlegen. Wir rechnen modulo p, also in $H/_{p \cdot H}$. Zum Beispiel:

$$[x + 3] + [x - 1] = [2x + 2],$$
$$[x - 2] \cdot [x + 3] = [x^2 + x - 6].$$

Teilen mit Rest:

$$(x^2 + x - 6) : (x^2 + 1) = 1 \text{ Rest } x - 7.$$

Also gilt: $[x^2 + x - 6] = [x - 7]$, also $[x - 2] \cdot [x + 3] = [x - 7]$.

Bemerkung. Was in diesem Beispiel entsteht, ist genau der Körper der komplexen Zahlen.

Wir brauchen einen Isomorphismus zwischen $\mathbb{C}$ und $H/_{p \cdot H}$:

$$\varphi : \mathbb{C} \to H/_{p \cdot H}, a_1 + a_2 \cdot i \mapsto [a_2 x + a_1].$$

Natürlich ist φ bijektiv. Es ist noch zu zeigen:
1.) $\varphi(a + b) = \varphi(a) + \varphi(b)$
2.) $\varphi(a \cdot b) = \varphi(a) \cdot \varphi(b)$.

Beweis. Zu 1.)

$$\begin{aligned}
\varphi(a + b) &= \varphi(a_1 + b_1 + (a_2 + b_2)i) \\
&= [(a_2 + b_2)x + (a_1 + b_1)] \\
&= [a_2 x + a_1] + [b_2 x + b_1] \\
&= \varphi(a) + \varphi(b).
\end{aligned}$$

Zu 2.)

$$\begin{aligned}
\varphi(a \cdot b) &= \varphi((a_1 + a_2 i) \cdot (b_1 + b_2 i)) \\
&= \varphi((a_1 b_1 - a_2 b_2) + (a_1 b_2 + b_1 a_2)i) \\
&= [(a_1 b_1 - a_2 b_2) + (a_1 b_2 + b_1 a_2)x], \\
\varphi(a) \cdot \varphi(b) &= [a_2 x + a_1] \cdot [b_2 x + b_1] \\
&= [(a_2 x + a_1) \cdot (b_2 x + b_1)] \\
&= [a_2 b_2 x^2 + (a_2 b_1 + a_1 b_2)x + a_1 b_1]
\end{aligned}$$

Dazu führen wir eine Polynomdivision durch:

$$(a_2 b_2 x^2 + (a_2 b_1 + a_1 b_2)x + a_1 b_1) : (x^2 + 1) = a_2 b_2$$
$$\text{Rest } (a_2 b_1 + a_1 b_2)x + a_1 b_1 - a_2 b_2.$$

Weiter gilt

$$= [(a_2 b_1 + a_1 b_2)x + a_1 b_1 - a_2 b_2]. \qquad \square$$

Wir wollen nun weiter die algebraische Struktur „Körper" allgemein untersuchen.

Definition. Es sei $(K, +, \cdot)$ ein Körper. $U \subset K$ heißt Unterkörper, wenn $(U, +, \cdot)$ ein Körper ist. Genau ausgeführt bedeutet das:

1.) $(U, +)$ ist eine Untergruppe von $(K, +)$. Insbesondere ist dann $0 \in U$;

2.) $(U^*, \cdot)$ ist eine Untergruppe von $(K^*, \cdot)$. $(K^* = K \backslash \{0\})$. Insbesondere ist $1 \in U$.

Beispiel. $\mathbb{Q}$ ist ein Unterkörper von $\mathbb{R}$. Ferner ist $\mathbb{R}$ ein Unterkörper von $\mathbb{C}$.

Satz 1.30. Es sei $(K, +, \cdot)$ ein Körper. Der Durchschnitt beliebig vieler Unterkörper von K ist wieder ein Unterkörper.

Beweis. Die Aussage lässt sich ohne Schwierigkeiten nachrechnen. □

Es sei $(K, +, \cdot)$ ein Körper und $M \subset K$. Wir betrachten alle Unterkörper von K, die M enthalten und bilden ihren Durchschnitt:

$$D = \bigcap \{U : U \text{ ist ein Unterkörper von } K \text{ und } M \subset U\},$$

Man nennt D den von M erzeugten Unterkörper. Der Unterkörper D ist der kleinste Unterkörper, der M enthält.

Beispiel. Wir betrachten die komplexen Zahlen $\mathbb{C}$, darin ist $\mathbb{R}$ ein Unterkörper. Wir erweitern $\mathbb{R}$ um die komplexe Zahl i. Der von $\mathbb{R} \cup \{i\}$ erzeugte Körper ist $\mathbb{C}$.

Beispiel. Wir setzen wieder bei den komplexen Zahlen an. Die rationalen Zahlen $\mathbb{Q}$ bilden einen Unterkörper. Wir erweitern $\mathbb{Q}$ um die Zahl i. Den von $\mathbb{Q} \cup \{i\}$ erzeugten Unterkörper nennen wir K:

$$K = \{a + b \cdot i : a, b \in \mathbb{Q}\},$$

K umfasst $\mathbb{Q}$, ist aber kleiner als $\mathbb{C}$.

Wir betrachten den von $\mathbb{Q} \cup \{\sqrt{2}\}$ erzeugten Unterkörper K. Es gilt

$$K = \{a + b \cdot \sqrt{2} : a, b \in \mathbb{Q}\}.$$

Beweis. Wir zeigen, dass K abgeschlossen ist und multiplikative Inverse enthält:

1.)

$$(a + b\sqrt{2}) \cdot (c + d\sqrt{2}) = ac + ad\sqrt{2} + bc\sqrt{2} + 2bd \in K.$$

2.) Was ist das multiplikative Inverse von $a + b\sqrt{2}$ mit $b \neq 0$?

$$(a + b\sqrt{2}) \cdot (c + d\sqrt{2}) = 1 = ac + 2bd + \sqrt{2}(ad + bc) = 1.$$

Das ist genau dann der Fall, wenn $ad + bc = 0$ ist, also $c = -\frac{ad}{b}$ und $ac + 2bd = 1$ gilt. Damit erhalten wir die Lösung

$$d = \frac{b}{2b^2 - a^2} \quad c = -\frac{ad}{b}.$$

Probe: Setzt man das Ergebnis in $ac + 2bd + \sqrt{2}(ad + bc)$ ein, so ergibt sich 1. □

Definition. Es sei $(K, +, \cdot)$ ein Körper. Sei P der Durchschnitt aller Unterkörper von K. Man bezeichnet P als den *Primkörper* von K, es ist der kleinste Unterkörper von K.

Den Primkörper wollen wir genauer untersuchen. Wir rechnen:

$$a_1 = 1, \quad a_2 = 1 + 1, \quad a_3 = 1 + 1 + 1, \quad \text{usw.}$$

Wir nehmen an, dass in dieser Folge Wiederholungen auftreten. Also zum Beispiel $a_7 = a_{13}$. Dann gilt:

$$a_7 + a_6 = a_{13} = a_7 \implies a_6 = 0.$$

In der Folge $a_1, a_2, a_3, \ldots$ tritt also die 0 auf. Wir nehmen das kleinste i mit $a_i = 0$, zum Beispiel $i = 6, a_6 = 0$. Dann ist $\{a_1, a_2, a_3, a_4, a_5, a_6 = 0\}$ isomorph zu $(\mathbb{Z}_6, +)$ aufgrund des Isomorphismus $a_i \leftrightarrow [i]$. Ist allgemein m dieses kleinste i, so ist $(\mathbb{Z}_m, +)$ isomorph zur Untergruppe $\{a_1, a_2, \ldots, a_m = 0\}$ von $(K, +)$. Weiter ist dann auch $(\mathbb{Z}_m, +, \cdot)$ isomorph zu $(\{a_1, \ldots, a_m = 0\}, +, \cdot)$. Angenommen m ist keine Primzahl, dann hat $\mathbb{Z}_m$ Nullteiler. Das ist aber nicht möglich, da der Körper $(K, +, \cdot)$ keine Nullteiler hat. Also ist m eine Primzahl p. Damit ist $(\mathbb{Z}_p, +, \cdot)$ ein Unterkörper von $(K, +, \cdot)$ (genauer gesagt, eine isomorphe Ausformung ist in K enthalten). Der Primkörper von $(K, +, \cdot)$ ist also $(\mathbb{Z}_p, +, \cdot)$. Der andere Fall ist, dass in der Folge

$$a_1 = 1, \quad a_2 = 1 + 1, \quad a_3 = 1 + 1 + 1, \quad \ldots$$

keine Wiederholungen auftreten. Wir definieren:

$$a_{-1} = -1, \quad a_{-2} = (-1) + (-1), \quad a_{-3} = (-1) + (-1) + (-1), \quad \ldots.$$

Damit treten in der „Folge" $\ldots, a_{-2}, a_{-1}, 0, a_1, a_2, \ldots$ auch keine Wiederholungen auf. Diese „Folge" ist isomorph zu $(\mathbb{Z}, +)$. Damit bilden die ganzen Zahlen $(\mathbb{Z}, +, \cdot)$ einen Unterring von $(K, +, \cdot)$ (bzw. ein isomorphes Abbild davon). Allerdings haben wir den Primkörper noch nicht erfasst. Wir konstruieren daher weiter. Die Körperelemente $\frac{a}{b} = ab^{-1}$ mit $a, b \in Z$ und $b \geq 1$ müssen im Primkörper liegen. Es ist $\{\frac{a}{b} : a, b \in \mathbb{Z}, b \geq 1\}$ der Quotientenkörper von $(\mathbb{Z}, +, \cdot)$, also der Körper der rationalen Zahlen $\mathbb{Q}$. Somit ist der Primkörper gleich (isomorph) dem Körper $\mathbb{Q}$ der rationalen Zahlen. Damit erhalten wir folgendes Ergebnis: Der Primkörper eines Körpers ist entweder $(\mathbb{Z}_p, +, \cdot)$, p Primzahl, oder der Körper $\mathbb{Q}$ der rationalen Zahlen.

Als Letztes in diesem Kapitel wollen wir noch zwei geometrische Strukturen betrachten.

Definition. Es sei P eine Menge und G ein System von Teilmengen von P (G ist also eine Teilmenge der Potenzmenge von P). P nennt man die Punktmenge und G die Geradenmenge. Das Tupel (P, G) heißt *Inzidenzraum*, wenn gilt:
1.) Jede Gerade hat mindestens zwei Punkte.
2.) Zu zwei Punkten A und B gibt es genau eine Gerade $g \in G$ mit $A, B \in g$.
3.) Es gibt drei nicht kollineare Punkte. Also drei Punkte, die nicht auf einer Geraden liegen.

Definition. Ein Inzidenzraum (P, G) heißt *affine Ebene*, wenn gilt: Ist g eine Gerade und A ein Punkt, der nicht auf g liegt, dann gibt es genau eine Gerade h durch A, die g nicht schneidet. Man nennt h die Parallele zu g durch A.

Definition. Ein Inzidenzraum (P, G) heißt *projektive Ebene*, wenn gilt:
1.) Jede Gerade hat mindestens drei Punkte.
2.) Je zwei Geraden schneiden sich. Sind also g und h Geraden, so gilt $g \cap h = \{A\}$.

Bemerkung. Jeder Mensch kann sich eine „Ebene" vorstellen und darin geometrische Überlegungen anstellen. Wir nennen diese Ebene „Vorstellungsebene", da sie ein Produkt unseres Bewusstseins ist. Man kann ein exaktes mathematisches Modell der Vorstellungsebene angeben. Man beachte aber, dass die Vorstellungsebene und das mathematische Modell zwei verschiedene Dinge sind: Die Vorstellungsebene ist ein Produkt unseres Bewusstseins. Das mathematische Modell ist „Mathematik". Es ist schwer zu sagen, auf welche Art so ein mathematisches Modell existiert. Seine Existenz ist unabhängig vom Menschen und vom menschlichen Bewusstsein. (Die komplexen Zahlen existieren, unabhängig davon, ob es Menschen gibt, oder nicht.) Das mathematische Modell unserer Vorstellungsebene nennt man „euklidische Ebene". Von der Geradenstruktur her ist die euklidische Ebene natürlich eine affine Ebene. Zur euklidischen Ebene gehören aber auch noch andere Eigenschaften (die in der affinen Ebene fehlen), wie zum Beispiel der Abstand von Punkten oder der Winkel zwischen Geraden.

Im Anschluss zeigen wir, dass affine und projektive Ebenen sehr eng zusammenhängen.

Satz 1.31. Es sei (P, G) eine affine Ebene. Man nennt zwei Geraden g und h parallel, wenn sie sich nicht schneiden, also $g \cap h = \emptyset$ ist. Auf der Geradenmenge definieren wir eine Relation $\sim$:

$$g \sim h \text{ falls } g = h \text{ oder } g \cap h = \emptyset.$$

Die Relation $\sim$ ist eine Äquivalenzrelation. Die Äquivalenzklassen nennt man Parallelenbüschel.

Beweis. Wir müssen alle drei Eigenschaften zeigen:
1.) $g \sim g$

2.) $g \sim h \implies h \sim g$

3.) Es sei $g \sim h$ und $h \sim f$. Wir wollen zeigen $g \sim f$. Wir können annehmen, dass g, h, f drei verschiedene Geraden sind.

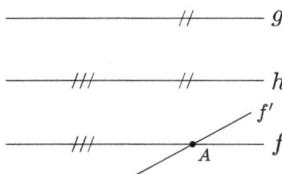

Es gilt $g \parallel h$ und $h \parallel f$, wir wollen zeigen: $f \parallel g$. Es sei $A \in f$ und $A \notin g$. Sei f' die Parallele zu g durch A. Es gilt $f' \cap h = \emptyset$, denn sonst wäre $f' = h$, also $f' \parallel h \implies f' = f$. Also ist $f \parallel g$. $\qquad\square$

Folgerung. Jede Gerade liegt in genau einem Parallelbüschel. Wir vervollständigen nun eine affine Ebene zu einer projektiven Ebene. Sei also (P, G) eine affine Ebene. Wir erweitern die Punktmenge: Jedes Parallelbüschel ist ein neuer Punkt. Wir erweitern die Geradenmenge: Die Menge aller Parallelbüschel bildet eine neue Gerade, die „Ferngerade f". Nun erweitern wir noch jede alte Gerade um einen Punkt. Zur Geraden g fügen wir den Punkt $[g]$ hinzu, also das Parallelenbüschel, in dem g liegt. Die neue Struktur (P', G') ist nun eine projektive Ebene, in der die ursprüngliche affine Ebene eingebettet ist.

Als Nächstes konstruieren wir mithilfe einer projektiven Ebene eine affine Ebene: Sei also (P, G) eine projektive Ebene. Wir wählen eine Gerade f aus und bezeichnen sie als Ferngerade. Die Punkte von f entfernen wir aus der Punktmenge. $P' = P \backslash f$. Die Gerade f entfernen wir aus der Geradenmenge. Von jeder Geraden g entfernen wir einen Punkt, nämlich den Schnittpunkt von g und f. Die neue Geradenmenge nennen wir G'. Dann ist (P', G') eine affine Ebene.

Bemerkung. Startet man mit einer affinen Ebene, so ist die Konstruktion der zugehörigen projektiven Ebene eindeutig. Beginnt man mit einer projektiven Ebene, so erhält man, je nach Wahl der Ferngeraden f, verschiedene affine Ebenen. Es stellt sich natürlich die Frage, ob diese Ebenen isomorph zueinander sind. Dazu der folgende Satz (ohne Beweis): Gilt in einer projektiven Ebene der Satz von *Desargues*, so sind die daraus konstuierten affinen Ebenen isomorph.

Satz 1.32 (von Desargues (in projektiven Ebenen)). Es seien f, g, h drei verschiedene Geraden, die sich in einem Punkt scheiden. Weiter seien $A_1, A_2, B_1, B_2, C_1, C_2$ sechs verschiedene Punkte mit $A_1, A_2 \in f$; $B_1, B_2 \in g$; $C_1, C_2 \in h$. Weiter seien $A_1 B_1 C_1$ und $A_2 B_2 C_2$ zwei Dreiecke (also $A_1 B_1 C_1$ nicht kollinear und $A_2 B_2 C_2$ nicht kollinear). Dann liegen die drei Schnittpunkte

$$\overline{A_1B_1} \cap \overline{A_2B_2} \quad \text{und} \quad \overline{A_1C_1} \cap \overline{A_2C_2} \quad \text{und} \quad \overline{C_1B_1} \cap \overline{C_2B_2}$$

auf einer Geraden.

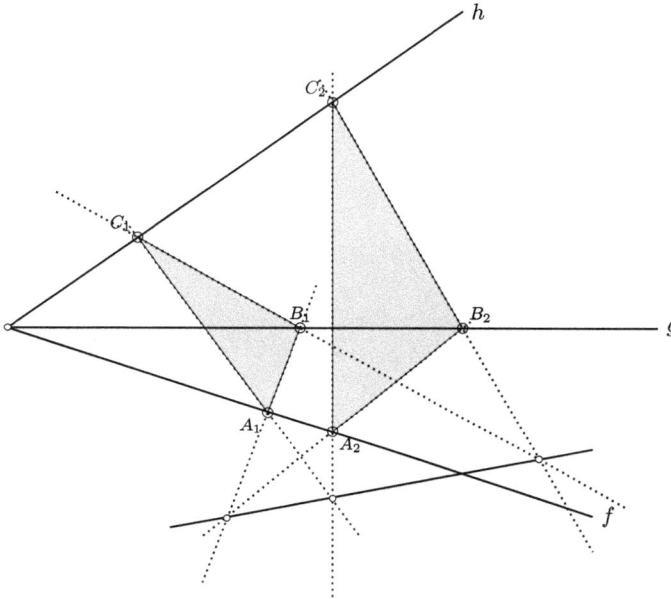

Bemerkung. Nicht in jeder projektiven Ebene gilt der Satz von Desargues. Erweitert man die euklidische Ebene (Vorstellungsebene) zur projektiven Ebene, so gilt dort der Satz von Desargues.

Übungen zu Kapitel 1

1.) Man zeige:

a)

$$\overline{\bigcup_{i\in\mathbb{N}} A_i} = \bigcap_{i\in\mathbb{N}} \overline{A_i}$$

b)

$$\overline{\bigcap_{i\in\mathbb{N}} A_i} = \bigcup_{i\in\mathbb{N}} \overline{A_i}.$$

Beweis von a):

$$x \in \overline{\bigcup_{i\in\mathbb{N}} A_i} \iff x \notin \bigcup_{i\in\mathbb{N}} A_i$$

$$\Longleftrightarrow x \notin A_i \quad \forall i \in \mathbb{N} \Longleftrightarrow x \in \overline{A_i} \quad \forall i \in \mathbb{N}$$
$$\Longleftrightarrow x \in \bigcap_{i \in \mathbb{N}} \overline{A_i}.$$

2.) Man zeige:

a)

$$A \cup (B \cap C) = (A \cup B) \cap (A \cup C)$$

b)

$$A \cap (B \cup C) = (A \cap B) \cup (A \cap C).$$

Beweis von a):

(1) Sei $x \in A \cup (B \cap C)$. Wenn $x \in A$, dann ist $x \in (A \cup B) \cap (A \cup C)$. Wenn $x \in (B \cap C)$, dann ist auch $x \in (A \cup B) \cap (A \cup C)$.

(2) Sei $x \in (A \cup B) \cap (A \cup C)$. Falls $x \in A$, dann ist $x \in A \cup (B \cap C)$. Falls $x \in (B \cap C)$, dann ist $x \in A \cup (B \cap C)$.

3.) Die Funktionen $\sin, \cos : \mathbb{R} \to [-1, 1]$ sind zwar surjektiv, aber nicht injektiv. Wir erhält man trotzdem die Umkehrfunktionen $\sin^{-1}$, $\cos^{-1}$ (arcsin, arccos)?

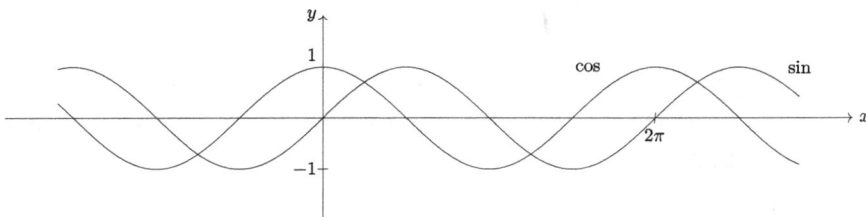

Wir erreichen die Bijektivität der beiden Funktionen, indem wir ihren Definitionsbereich einschränken:

$$\sin : \left[-\frac{\pi}{2}, +\frac{\pi}{2}\right] \to [-1, 1],$$
$$\cos : [0, \pi] \to [-1, 1].$$

Nun sind beide bijektiv und es existiert die Umkehrfunktion. Natürlich könnte man den Definitionsbereich auch anders einschränken. Aber damit dieselben Ergebnisse erhalten werden, wird allgemein der angegebene Definitionsbereich verwendet. Wir testen das Ergebnis mit dem Taschenrechner:

$$\arcsin 0.8 = 53.1°, \quad \arcsin -0.5 = -30°,$$
$$\arccos 0.8 = 36.8°, \quad \arccos -0.5 = 120°.$$

4.) Es sei f eine Funktion von A nach B. Dann gilt:

$$f \text{ ist injektiv } \Longleftrightarrow \text{ Es gibt eine Abbildung } g : B \to A \text{ mit } g \circ f = \text{id} \,.$$

Beweis. Wir zeigen beide Richtungen separat:
a) Es sei f injektiv. Wir definieren eine Abbildung $g : B \to A$ durch: $g(y) = x$ mit $f(x) = y$, falls es ein solches x gibt. $g(y)$ beliebig, falls f kein x auf y abbildet. Dann gilt $g(f(x)) = x$ für alle $x \in A$.
b) Es sei $g : B \to A$ mit $g \circ f = \text{id}$. Zeige, dass f injektiv ist.
Angenommen $f(x) = f(y)$:

$$x = \text{id}(x) = (g \circ f)(x) = g(f(x)) = g(f(y)) = (g \circ f)(y) = \text{id}(y) = y.$$

Also ist $x = y$ und f ist injektiv. $\qquad\qquad\qquad\qquad\qquad\qquad\qquad\square$

5.) Es sei f eine Funktion von A nach B. Dann gilt:

$$f \text{ ist surjektiv } \Longleftrightarrow \text{ Es gibt eine Abbildung } h : B \to A \text{ mit } f \circ h = \text{id} \,.$$

Beweis.
a) Es sei f surjektiv. Wir definieren $h : B \to A$ durch $y \in B$. Dann gibt es ein oder mehrere x aus A mit $f(x) = y$. Wähle ein x aus und definiere $h(y) = x$. Dann gilt natürlich für alle $y \in B : f(h(y)) = y$, also $f \circ h = \text{id}$.
b) Es sei $h : B \to A$ mit $f \circ h = \text{id}$. Wähle ein $y \in B$. Dann ist $f(h(y)) = y$. Sei $x = h(y)$. Dann ist $f(x) = y$. Also ist f surjektiv. $\qquad\qquad\qquad\square$

Folgerung aus Aufgaben 4 und 5:
Eine Abbildung $f : A \to B$ ist genau dann bijektiv, wenn gilt:
1.) es gibt $g : B \to A$ mit $g \circ f = \text{id}$ und
2.) es gibt $h : B \to A$ mit $f \circ h = \text{id}$.
In diesem Fall ist $g = h = f^{-1}$.

6.) Man zeige, dass die Menge $\mathbb{Q}$ der rationalen Zahlen abzählbar ist.
Wir listen die positiven rationalen Zahlen in einem Rechteckschema auf.

	1	2	3	4	5	$\cdots$
1	$\frac{1}{1}$	$\frac{1}{2}$	$\frac{1}{3}$	$\frac{1}{4}$	$\frac{1}{5}$	$\cdots$
2	$\frac{2}{1}$	$\frac{2}{2}$	$\frac{2}{3}$	$\frac{2}{4}$	$\frac{2}{5}$	$\cdots$
3	$\frac{3}{1}$	$\frac{3}{2}$	$\frac{3}{3}$	$\frac{3}{4}$	$\frac{3}{5}$	$\cdots$
4	$\frac{4}{1}$	$\frac{4}{2}$	$\frac{4}{3}$	$\frac{4}{4}$	$\frac{4}{5}$	$\cdots$
5	$\frac{5}{1}$	$\frac{5}{2}$	$\frac{5}{3}$	$\frac{5}{4}$	$\frac{5}{5}$	$\cdots$
$\vdots$	$\vdots$	$\vdots$	$\vdots$	$\vdots$	$\vdots$	

Die Abzählung erfolgt dann „diagonal":

$$\frac{1}{1}, \frac{2}{1}, \frac{1}{2}, \frac{3}{1}, \frac{2}{2}, \frac{1}{3}, \frac{4}{1}, \frac{3}{2}, \frac{2}{3}, \frac{1}{4}, \frac{5}{1}, \frac{4}{2}, \frac{3}{3}, \frac{2}{4}, \frac{1}{5}, \ldots$$

7.) Man stelle den unendlichen, periodischen „Dezimalbruch" 0.41414141... durch einen Bruch dar. Ein Dezimalbruch ist nur eine abkürzende Darstellung einer Reihe:

$$7.3134\cdots \leftrightarrow 7\cdot 10^0 + 3\cdot 10^{-1} + 1\cdot 10^{-2} + 3\cdot 10^{-3} + 4\cdot 10^{-4} + \cdots.$$

Ist die Reihe unendlich, so stellt deren Grenzwert die zugehörige reelle Zahl dar. In unserem Beispiel haben wir:

$$0.414141\ldots = 4\cdot 10^{-1} + 1\cdot 10^{-2} + 4\cdot 10^{-3} + 1\cdot 10^{-4} + \cdots$$

$$= 41\cdot \left(\frac{1}{100} + \left(\frac{1}{100}\right)^2 + \left(\frac{1}{100}\right)^3 + \cdots\right).$$

Wir erinnern uns an die geometrische Reihe und deren Grenzwert:

$$\sum_{k=0}^{\infty} q^k = \frac{1}{1-q} \quad \text{für } 0 < q < 1.$$

Damit ergibt sich:

$$41\cdot \sum_{k=1}^{\infty}\left(\frac{1}{100}\right)^k = 41\cdot \left(\sum_{k=0}^{\infty}\left(\frac{1}{100}\right)^k - 1\right)$$

$$= 41\cdot \sum_{k=0}^{\infty}\left(\frac{1}{100}\right)^k - 41$$

$$= 41\cdot \frac{1}{1 - \frac{1}{100}} - 41$$

$$= 41\cdot \frac{100}{99} - 41$$

$$= \frac{41}{99}.$$

Wir testen das Ergebnis $41 : 99 = 0.414\ldots$

8.) Man zeige:

    a)   Es gibt eine positive reelle Zahl x mit $x^2 = 2$;

    b) x ist irrational, also $x \notin \mathbb{Q}$.

Beweis.

a) Wir konstruieren in der Anschauungsebene:

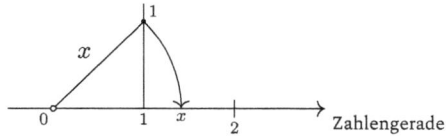

Pythagoras liefert: $x^2 = 1^2 + 1^2 = 2$. Zeichne um 0 den Kreis mit Radius x. Den Schnittpunkt dieses Kreises mit der Zahlengeraden bezeichnen wir auch mit x. Für diese reelle Zahl x gilt also: $x^2 = 2$.

b) Angenommen $x = \frac{p}{q}$ mit $p, q \in \mathbb{N}$. Wir zerlegen p und q im Primzahlen. Diese Zerlegung ist eindeutig!

$$x = \frac{p_1 \cdots p_s}{q_1 \cdots q_r},$$
$$2 = x^2 = \frac{p_1^2 \cdots p_s^2}{q_1^2 \cdots q_r^2}.$$

Also gilt:

$$p_1^2 \cdots p_s^2 = 2 \cdot q_1^2 \cdots q_r^2.$$

Links und rechts müssen genau die gleichen Primzahlen stehen. Links steht eine gerade Anzahl von Primzahlen, rechts eine ungerade Anzahl von Primzahlen. Widerspruch! $\square$

9.) Man berechne den größten gemeinsamen Teiler von $(7007, 6545)$ mit dem euklidischen Algorithmus:

$$7007 : 6545 = 1 \text{ Rest } 462$$
$$\text{Berechne } \mathrm{ggT}(6545, 462):$$
$$6545 : 462 = 14 \text{ Rest } 77$$
$$\text{Berechne } \mathrm{ggT}(462, 77):$$
$$462 : 77 = 6 \text{ Rest } 0.$$

Also ist $\mathrm{ggT}(7007, 6545) = 77$.

Bemerkung. Die Primzahlzerlegung der beiden Zahlen ist:

$$7007 = 7 \cdot 13 \cdot 11 \cdot 7,$$
$$6545 = 17 \cdot 5 \cdot 11 \cdot 7.$$

Die beiden Zerlegungen haben den gemeinsamen Teil $11 \cdot 7$, was natürlich genau der ggT ist.

10.) Wir rechnen in $(\mathbb{Z}_8, \cdot)$, also mit „den ganzen Zahlen modulo 8". Die Klassen, die ein (multiplikatives) Inverses haben, bilden die Einheitengruppe (prime Restklassengruppe modulo 8). Man gebe die Gruppentafel an.
Genau die zu 8 teilerfremden Zahlen haben ein Inverses. Das sind: 1, 3, 5, 7. Wir lassen in der Gruppentafel die eckigen Klammern weg. Also ist zum Beispiel $3 \leftrightarrow [3]$.

$\cdot$	1	3	5	7
1	1	3	5	7
3	3	1	7	5
5	5	7	1	3
7	7	5	3	1

11.) In den komplexen Zahlen $\mathbb{C}$ betrachten wir die Abbildung „konjugieren":

$$^{-} : \mathbb{C} \to \mathbb{C}, a + ib \mapsto \overline{a + ib} = a - ib.$$

Man zeige:
a) $^{-}$ ist ein Körperisomorphismus.
b) Ist $P(x)$ ein Polynom mit reellen Koeffizienten, dann gilt: Ist $a + ib$ eine Nullstelle, so auch $a - ib$.

Beweis.
a) $^{-}$ ist natürlich bijektiv.
$a = a_1 + ia_2, b = b_1 + ib_2$. Zeige: $\overline{a + b} = \overline{a} + \overline{b}$:

$$\overline{(a_1 + b_1 + i(a_2 + b_2))} = (a_1 + b_1) - i(a_2 + b_2),$$
$$\overline{(a_1 + ia_2)} + \overline{(b_1 + ib_2)} = (a_1 - ia_2) + (b_1 - ib_2)$$
$$= (a_1 + b_1) - i(a_2 + b_2).$$

Zeige $\overline{a \cdot b} = \overline{a} \cdot \overline{b}$:

$$\overline{(a_1 + ia_2) \cdot (b_1 + ib_2)} = \overline{(a_1 b_1 - a_2 b_2 + i(a_1 b_2 + a_2 b_1))}$$
$$= (a_1 b_1 - a_2 b_2) - i(a_1 b_2 + a_2 b_1),$$
$$\overline{(a_1 + ia_2)} \cdot \overline{(b_1 + ib_2)} = (a_1 - ia_2) \cdot (b_1 - ib_2)$$
$$= a_1 b_1 - a_2 b_2 + i(-a_1 b_2 - a_2 b_1).$$

b) Zum Beispiel $P(x) = a_3 x^3 + a_2 x^2 + a_1 x + a_0$ mit $a_3, a_2, a_1, a_0 \in \mathbb{R}$:

$$a_3 x^3 + a_2 x^2 + a_1^x + a_0 = 0 \implies$$

$$\overline{a_3 x^3 + a_2 x^2 + a_1^x + a_0} = \overline{0} \implies \text{(Körperisomorphismus)}$$
$$a_3 \overline{x}^3 + a_2 \overline{x}^2 + a_1 \overline{x} + a_0 = 0.$$

Also ist auch $\overline{x}$ eine Nullstelle. $\qquad\square$

Bemerkung. Es stellt sich die Frage, ob auch $\mathbb{R}$ einen *Körperautomorphismus* hat, also einen Isomorphismus $\mathbb{R} \to \mathbb{R}$. Eine plausible Antwort wäre „Nein", sonst hätten wir von ihm bestimmt schon gehört.

12.) Wir rechnen im Polynomring über den reellen Zahlen, Bezeichnung $(H, +, \cdot)$.
  a) Man zeige: Das Polynom $p(x) = x^2 + 4$ ist nicht zerlegbar.
  Nun rechnen wir weiter „modulo des Polynoms p", also in $H/_{p \cdot H}$.
  b) Berechne $[x - 1] \cdot [3x + 5]$.
  c) Berechne das multiplikative Inverse von $[x + 3]$.
  Lösung:
  a) Die Nullstellen von $p(x) = x^2 + 4$ sind $2i$ und $-2i$. Damit hat $p(x)$ keine reelle Nullstelle und kann somit nicht zerlegt werden.
  b) $[x - 1] \cdot [3x + 5] = [(x - 1) \cdot (3x + 5)] = [3x^2 + 2x - 5]$. Dieses Polynom wird jetzt noch „reduziert":

$$(3x^2 + 2x - 5) : (x^2 + 4) = 3 \text{ Rest } 2x - 17.$$

Also: $[3x^2 + 2x - 5] = [2x - 17]$.

  c) $(x + 3) \cdot (ax + b) = ax^2 + (b + 3a)x + 3b$ soll 1 ergeben! Wir „reduzieren":

$$(ax^2 + (b + 3a)x + 3b) : (x^2 + 4) = a \text{ Rest } \underbrace{(b + 3a)x + 3b - 4a}_{\text{soll 1 sein}}.$$

Also folgt:

$$\text{I:} \quad b + 3a = 0 \implies b = -3a,$$
$$\text{II:} \quad 3b - 4a = 1,$$
$$\text{I in II:} \quad -9a - 4a = 1 \implies a = -\frac{1}{13}$$
$$\implies b = -3 \cdot \left(-\frac{1}{13}\right) = \frac{3}{13}.$$

Also ist $[x + 3]^{-1} = [-\frac{1}{13}x + \frac{3}{13}]$.
Test: $(x + 3) \cdot (-\frac{1}{13}x + \frac{3}{13}) = -\frac{1}{13}x^2 + \frac{9}{13}$.

$$\text{Reduzieren:} \quad \left(-\frac{1}{13}x^2 + \frac{9}{13}\right) : (x^2 + 4) = -\frac{1}{13} \text{ Rest } 1.$$

Also haben wir uns nicht verrechnet.

13.) Es sei (P, G) eine projektive Ebene mit nur endlich vielen Punkten. Man zeige, dass jede Gerade gleich viele Punkte hat.

Beweis. Es seien g und h Geraden mit $\{S\} = g \cap h$, Z sei ein Punkt, der nicht auf h oder g liegt. Von Z aus projezieren wir die Punkte von h auf g vermöge der Abbildung $\varphi : h \to g$.

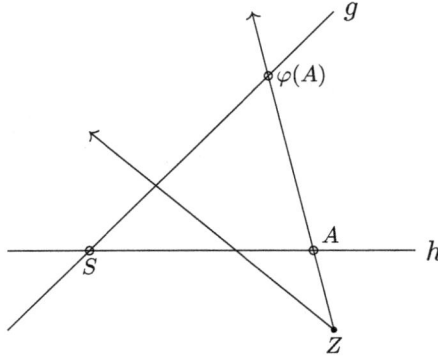

Die Abbildung φ ist bijektiv. □

2 Vektorräume

Definition. Es sei $(V, +)$ eine kommutative Gruppe. Die Elemente von V bezeichnen wir in diesem Zusammenhang als *Vektoren*. Das neutrale Element bezeichnet man mit „0", das Inverse von x mit $-x$. Weiter benötigen wir einen Körper $(K, +, \cdot)$, dessen Elemente man auch als *Skalare* bezeichnet. Gegeben sei weiter eine Verknüpfung „mal":

$$\cdot : K \times V \to V, (\lambda, a) \mapsto \lambda \cdot a.$$

Man sagt auch: „Der Körper *operiert* auf V." Diese Verknüpfung nennt man *skalare Multiplikation*. Merkregel: Skalar mal Vektor ergibt Vektor. Diese skalare Multiplikation soll nun die folgenden vier Eigenschaften erfüllen:

1.) $(\lambda_1 + \lambda_2) \cdot v = \lambda_1 \cdot v + \lambda_2 \cdot v$ für alle $\lambda_1, \lambda_2 \in K$ und $v \in V$;
2.) $\lambda \cdot (v_1 + v_2) = \lambda \cdot v_1 + \lambda \cdot v_2$ für alle $\lambda \in K$ und $v_1, v_2 \in V$;
3.) $\lambda_1 \cdot (\lambda_2 \cdot v) = (\lambda_1 \cdot \lambda_2) \cdot v$ für alle $\lambda_1, \lambda_2 \in K$ und $v \in V$;
4.) $1 \cdot v = v$ für alle $v \in V$. Die „1" ist natürlich die Körpereins.

Dann nennt man (V, K) einen *Vektorraum* über dem Körper K.

Bemerkung. Buchstaben können jetzt Vektoren oder Körperelemente sein. Ihre Bedeutung ergibt sich normalerweise aus dem Zusammenhang. Zur Vereinfachung legen wir fest: kleine, griechische Buchstaben, wie $\alpha, \beta, \lambda, \mu, \ldots$, sollen immer Skalare, also Körperelemente, darstellen. Auch die Verknüpfungselemente $+$ und $\cdot$ haben mehrere Bedeutungen:

$+$: Verknüpfung in K oder V.
$\cdot$: Verknüpfung in K oder skalare Multiplikation.

Auch die Null hat zwei Bedeutungen:
1.) neutrales Element in $(K, +)$,
2.) neutrales Element in $(V, +)$ (diese Null nennt man auch den Nullvektor).

Natürlich könnte man die beiden Nullen verschieden bezeichnen, was wir uns aber ersparen wollen.

Satz 2.1. Es sei (V, K) ein Vektorraum. Dann gilt:
1.) $0 \cdot v = 0$ für alle $v \in V$ (Beachte: Erste Null Körpernull, zweite Null Nullvektor)
2.) $(-1) \cdot v = -v$ für alle $v \in V$.

Beweis.
1.) $(0 \cdot v) + (0 \cdot v) = (0 + 0) \cdot v = 0 \cdot v \implies 0 \cdot v = 0$.
2.) $(-1) \cdot v + v = (-1) \cdot v + 1 \cdot v = ((-1) + 1) \cdot v = 0 \cdot v = 0$. Also $-v = (-1) \cdot v$. $\qquad\square$

https://doi.org/10.1515/9783111382562-002

Bemerkung. Wir setzen bei dem Vektorraum (V, K) an. W sei eine Menge mit der gleichen Mächtigkeit wie V und φ eine beliebige bijektive Abbildung von V nach W. Mittels φ kann man die Vektorraumstruktur von V nach W übertragen. Wir definieren in W:

$$x + y = \varphi(\varphi^{-1}(x) + \varphi^{-1}(y)),$$
$$\lambda \cdot x = \varphi(\lambda \cdot \varphi^{-1}(x)).$$

Allgemein gilt: Zwei Vektorräume V und W über dem gleichen Körper sind isomorph, wenn es eine bijektive Abbildung φ von V nach W gibt mit den beiden Eigenschaften:
1.) $\varphi(x + y) = \varphi(x) + \varphi(y)$
2.) $\varphi(\lambda \cdot x) = \lambda \cdot \varphi(x)$.

Die Abbildung φ nennt man dann einen *Isomorphismus*.

Beispiel. Vektorräume sind:
1.) Das Standardbeispiel eines Vektorraums ist $(\mathbb{R}^n, \mathbb{R})$, wobei $\mathbb{R}$ natürlich die reellen Zahlen sind. $(\mathbb{R}^n, +)$ ist die Gruppe der Vektoren. Die n-Tupel kann man nun als Zeilen oder Spalten schreiben. Man spricht dann von Zeilen- bzw. Spaltenvektoren. Im Prinzip ist es gleich, ob man Zeilen- oder Spaltenvektoren verwendet. Aus technischen Gründen benötigt man aber eine einheitliche Schreibweise. Üblicherweise schreibt man Vektoren als Spalten und so wollen auch wir standardmäßig Spaltenvektoren verwenden. Die Vektoraddition sieht natürlich so aus:

$$\begin{pmatrix} x_1 \\ \vdots \\ x_n \end{pmatrix} + \begin{pmatrix} y_1 \\ \vdots \\ y_n \end{pmatrix} = \begin{pmatrix} x_1 + y_1 \\ \vdots \\ x_n + y_n \end{pmatrix}.$$

Die skalare Multiplikation wird folgendermaßen definiert:

$$\lambda \cdot \begin{pmatrix} x_1 \\ \vdots \\ x_n \end{pmatrix} = \begin{pmatrix} \lambda \cdot x_1 \\ \vdots \\ \lambda \cdot x_n \end{pmatrix}.$$

Damit haben wir den Vektorraum $(\mathbb{R}^n, \mathbb{R})$. Den $(\mathbb{R}^2, \mathbb{R})$ stellt man sich als „Ebene", den $(\mathbb{R}^3, \mathbb{R})$ als „Raum" vor.
2.) Ersetzt man im Beispiel 1 den Körper $\mathbb{R}$ durch einen beliebigen Körper K, so erhält man den Vektorraum (K^n, K).
3.) Der Vektorraum der Zahlenfolgen. Die Vektoren sollen die reellen Zahlenfolgen sein:

$$V = \{(a_1, a_2, a_3, \dots) : a_i \in \mathbb{R}\}.$$

Oder besser dargestellt als Abbildungen von $\mathbb{N} \to \mathbb{R}$. $V = \{f : \mathbb{N} \to \mathbb{R}\}$. Die Vektoraddition definieren wir Komponentenweise:

$$(a_1, a_2, \dots) + (b_1, b_2, \dots) = (a_1 + b_1, a_2 + b_2, \dots).$$

In der Abbildungsschreibweise: Sind a und b Abbildungen von $\mathbb{N}$ nach $\mathbb{R}$, so:

$$(a + b)(n) = a(n) + b(n) \quad \forall n \in \mathbb{N}.$$

Damit haben wir die Gruppe von Vektoren erhalten. Jetzt definieren wir noch die skalare Multiplikation:

$$\lambda \cdot (a_1, a_2, \dots) = (\lambda \cdot a_1, \lambda \cdot a_2, \dots)$$

oder als Abbildung a:

$$(\lambda \cdot a)(n) = \lambda \cdot a(n) \quad \forall n \in \mathbb{N}.$$

Damit ergibt sich der Vektorraum der reellen Zahlenfolgen.

Bemerkung. Verwendet man als Zahlenfolgen nur die Folgen, die nur an endlich vielen Stellen einen Wert $\neq 0$ haben, so erhält man ebenfalls einen Vektorraum. Oder: Verwendet man als Zahlenfolgen nur die konvergenten Folgen, so entsteht auch ein Vektorraum.

4.) Verallgemeinerung von Beispiel 3: Wir beginnen mit einem Körper $(K, +, \cdot)$ und einer beliebigen Menge M. Als Vektormenge V definieren wir: $V = \{f : M \to K\}$. Die Vektoraddition wird definiert durch:

$$(f + g)(m) = f(m) + g(m) \quad \forall m \in M.$$

Dann ist $(V, +)$ eine kommutative Gruppe. Die skalare Multiplikation definiert man folgendermaßen:

$$(\lambda \cdot f)(m) = \lambda \cdot f(m) \quad \forall m \in M.$$

Damit ist (V, K) ein Vektorraum.

Bemerkung. Definiert man V als die Menge aller Abbildungen von M nach K, die nur an endlich vielen Stellen einen Wert $\neq 0$ annehmen, so erhält man ebenfalls einen Vektorraum.

5.) Wir betrachten einen Körper $(K, +, \cdot)$ mit einem Unterkörper $(U, +, \cdot)$. Als Gruppe der Vektoren nehmen wir die Gruppe $(K, +)$ und U ist der zum Vektorraum gehörende Körper. Als skalare Multiplikation benutzen wir das „Körper-Mal" in K. Dann ist K ein Vektorraum über seinem Unterkörper U. Speziell gilt: Jeder Körper bildet einen Vektorraum über seinem Primkörper.

Beispiel. Die reellen Zahlen bilden einen Vektorraum über ihrem Primkörper $\mathbb{Q}$ der rationalen Zahlen. Die komplexen Zahlen $\mathbb{C}$ bilden einen Vektorraum über den reellen Zahlen $\mathbb{R}$ (Unterkörper von $\mathbb{C}$).

Den Vektorraum $(\mathbb{R}^2, \mathbb{R})$ können wir als Ebene, und zwar als unsere Vorstellungsebene, veranschaulichen. Wie kann man nun die Geraden dieser Vorstellungsebene formelmäßig beschreiben? Es gilt Folgendes: Die Geraden der Vorstellungsebene sind genau die Lösungsmengen von Gleichungen des Typs

$$a \cdot x + b \cdot y + c = 0,$$

mit $a, b, c \in \mathbb{R}$ fest, aber $(a, b) \neq (0, 0)$ und den Variablen x, y aus $\mathbb{R}$. Dann ist die Gerade g die Lösungsmenge von $ax + by + c = 0$. Das heißt, ein Punkt (Vektor) $\binom{x}{y}$ liegt genau dann auf g, wenn er die Gleichung erfüllt.

Beispiel. Bestimme die Gerade durch die folgenden Punkte:

$$P = \begin{pmatrix} 1 \\ -1 \end{pmatrix} \quad \text{und} \quad Q = \begin{pmatrix} 4 \\ -7 \end{pmatrix}.$$

Punkte P und Q einsetzen:

$$\text{I:} \quad a \cdot 1 + b \cdot (-1) + c = 0,$$
$$\text{II:} \quad a \cdot 4 + b \cdot (-7) + c = 0.$$

Wir haben nun zwei Gleichungen mit drei Unbekannten, also gibt es keine eindeutige Lösung. Es gilt aber: Multipliziert man eine Gleichung mit einer Zahl, so stellt sie die gleiche Gerade dar (gleiche Lösungsmenge). Wir können also zum Beispiel c beliebig fortsetzen. Sei also $c = 1$.

$$\text{I:} \quad a - b + 1 = 0,$$
$$\text{II:} \quad 4a - 7b + 1 = 0,$$
$$\text{II} - 4 \cdot \text{I:} \quad -7b + 4b - 3 = 0 \implies b = -1,$$
$$\text{in I:} \quad a + 1 + 1 = 0 \implies a = -2.$$

Also $g : -2x - y + 1 = 0$ oder auch $2x + y - 1 = 0$.

Exakter ist folgendes Vorgehen: Oben haben wir angenommen, dass die Ebene mit Geraden schon vorhanden ist. Gesucht wurde dann eine formelmäßige Darstellung der Geraden. Jetzt nehmen wir den Standpunkt ein, dass die Ebene zuerst definiert werden muss. Wir starten mit dem Vektorraum $(\mathbb{R}^2, \mathbb{R})$ und definieren:

– Punktmenge: Die Vektoren $\mathbb{R}^2$
– Geradenmenge G: Die Geraden sind die Lösungsmengen von Gleichungen des Typs $ax + by + c = 0$ mit $(a, b) \neq (0, 0)$.

Dann kann man zeigen, dass $(\mathbb{R}^2, G)$ eine affine Ebene ist.

Verallgemeinerung: Wir beginnen mit dem Vektorraum (K^2, K) [K ist ein beliebiger Körper] und konstruieren wie oben:

– Punktmenge K^2
– Geradenmenge G: Lösungsmengen von Gleichungen „wie oben".

Man kann zeigen, dass (K^2, G) eine affine Ebene ist.

Bemerkung. Die Geraden kann man auch anders definieren (es entstehen dabei genau die gleichen Geraden wie oben): Es seien a und b zwei Vektoren, $b \neq 0$. Dann ist

$$\{a + \lambda \cdot b : \lambda \in K\}$$

eine Gerade. Das ist die *Parameterdarstellung* einer Geraden. a heißt *Aufpunkt*, b *Richtungsvektor* und λ ist der Parameter.

Wie erhält man nun mithilfe eines Vektorraums eine projektive Ebene? Wir starten mit dem Vektorraum $(\mathbb{R}^3, \mathbb{R})$. Alle angestellten Überlegungen gelten aber auch, wenn man $\mathbb{R}$ durch einen beliebigen anderen Körper ersetzt. Konstruktion: Die Punkte der projektiven Ebene werden durch die Geraden durch 0 dargestellt. Es entsteht die Menge der projektiven Punkte P:

$$P = \{\{\lambda \cdot x : \lambda \in \mathbb{R}\} : x \in \mathbb{R}^3, x \neq 0\}.$$

Die Geraden der projektiven Ebene werden durch die Ebenen des $\mathbb{R}^3$, die durch den Ursprung gehen, dargestellt. Es entsteht die Menge der projektiven Geraden G. Ein projektiver Punkt liegt auf einer projektiven Geraden, wenn die entsprechende Gerade in der entsprechenden Ebene liegt. Dann ist (P, G) eine projektive Ebene. Entfernt man aus der projektiven Ebene die projektive Gerade „xy-Ebene" und alle projektiven Punkte, die auf ihr liegen („Geraden durch 0 in der xy-Ebene"), so entsteht die zugehörige affine Ebene. Ein isomorphes (anschaulicheres) Bild dieser affinen Ebene bekommt man folgendermaßen:

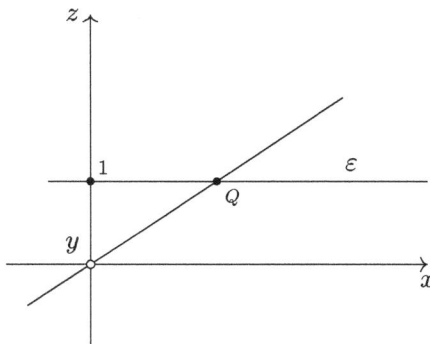

Die y-Achse erscheint hier als Punkt. Sei ε die zur xy-Ebene parallele Ebene in Höhe 1. Die Ebene ε wird unsere affine Ebene.

–   Punktübertragung: P projektiver Punkt, schneide die P darstellende Gerade mit ε. Der Durchstoßpunkt Q entspricht P.

–   Geradenübertragung: g projektive Gerade, schneide die g darstellende Ebene mit ε. Die Schnittgerade h entspricht nun g.

Damit haben wir mit ε ein isomorphes Abbild der zuvor konstruierten affinen Ebene beschrieben. ε ist natürlich die „ganz normale affine Ebene $(\mathbb{R}^2, \mathbb{R})$". Man kann diese Konstruktionen etwas variieren und erhält dann ein anschaulicheres Bild der Situation. Wir betrachten wieder die im $\mathbb{R}^3$ dargestellte projektive Ebene. Weiter stellen wir uns eine Kugel (genauer Sphäre) mit Radius 1 um den Ursprung vor. „Die Sphäre wird jetzt unsere projektive Ebene." Ein projektiver Punkt (Gerade durch 0) schneidet die Sphäre in zwei *diametralen* Punkten. Diese Punktepaare sind nun die „neuen projektiven Punkte" Eine projektive Gerade (Ebene durch 0) schneidet die Sphäre in einem *Großkreis*. Diese Großkreise sind die neuen projektiven Geraden. Dies ist somit eine Darstellung der projektiven Ebene auf einer Sphäre. Entfernt man aus der Sphäre den Äquator (Schnitt mit der xy-Ebene) und alle „Punktepaare des Äquators", so entsteht auf der Sphäre die zugehörige affine Ebene. Nun zeigt diese anschauliche Darstellung auf der Sphäre die projektiven Ebenen, zusammen mit der zugehörigen affinen Ebene. Die Ferngerade wird durch den Äquator dargestellt, die Fernpunkte sind die diametralen Punktepaare des Äquators.

Bemerkung. Man kann die gesamte geometrische Struktur der euklidischen Ebene (Vorstellungsebene) auf unser Kugelmodell übertragen.

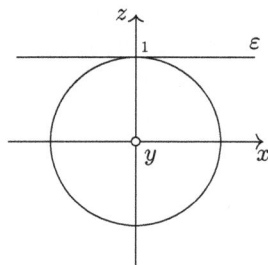

Die euklidische Ebene werde durch die Ebene ε (Parallelebene zur xy-Ebene in Höhe 1) dargestellt. Seien nun P und Q zwei Punkte des Kugelmodells (zwei diametrale Punktepaare). Man schneide die entsprechenden Geraden mit ε und messe dort den Abstand der Durchstoßpunkte. Dieser Abstand ist nun der Abstand der Kugelpunkte P und Q. Mit dem Winkel zwischen Geraden verfahren wir genauso. Seien also g und h zwei Geraden des Kugelmodells, also zwei Großkreise. Man schneide die beiden Großkreisebenen mit ε. Der Winkel der Schnittgeraden in ε ist nun der Winkel zwischen g und h. Den gleichen Winkel erhält man übrigens auch, wenn man die beiden Großkreisebenen mit der xy-Ebene schneidet und dort den Winkel misst. So kann man also die gesamte Struktur der euklidischen Ebene auf das Kugelmodell übertragen. Wir haben also zwei äußerlich sehr verschiedene, aber doch isomorphe Darstellungen der gleichen geometrischen Struktur.

Die folgenden Beobachtungen sind eher anschaulicher Natur. Wie wollen nämlich die Vorstellungsebene (mathematisch: euklidische Ebene) und den „Vorstellungsraum" genauer untersuchen. Dazu betrachten wir den Vektorraum $(\mathbb{R}^n, \mathbb{R})$. Der $\mathbb{R}^2$ entspricht unserer Vorstellungsebene und der $\mathbb{R}^3$ unserem Vorstellungsraum. Der $\mathbb{R}^n$ ist dann eine Verallgemeinerung. Die Vektoren stellen dann die Punkte der Ebene, des Raums oder des verallgemeinerten Raums dar. Die Vektoren kann man aber auch anders interpretieren:

Das Pfeilmodell. Man kann sich einen Vektor auch als Pfeil veranschaulichen. Als Beispiel nehmen wir den Vektor $\binom{2}{1}$ aus $\mathbb{R}^2$. Er wird dargestellt durch den Pfeil von $\binom{0}{0}$ nach $\binom{2}{1}$. Aber auch jeder andere Pfeil, der parallel dazu ist, gleich lang ist und die gleiche Orientierung hat soll diesen Vektor darstellen. Zu einem Vektor gehören also viele Pfeile.

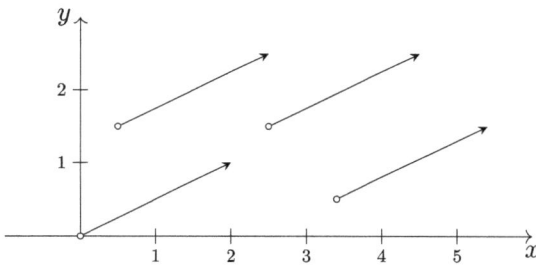

Alle diese Pfeile stellen den Vektor $\binom{2}{1}$ dar. Im $\mathbb{R}^3$ oder allgemein im $\mathbb{R}^n$ funktioniert das Pfeilmodell analog. Der Vorteil des Pfeilmodells ist nun, dass man die Rechenoperationen zeichnen kann. Der Vektoraddition entspricht das Aneinanderhängen der Pfeile. Beispiel:

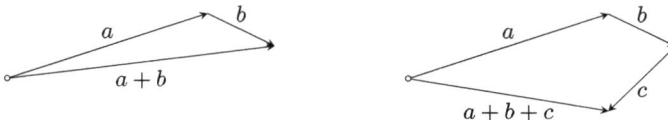

Der skalaren Multiplikation entspricht das entsprechende Strecken oder Kürzen des Pfeils. Multiplikation mit einer negativen Zahl bedeutet eine Änderung der Pfeilrichtung. Bei der Multiplikation mit 0 schrumpft der Pfeil zu einem Punkt.

Bemerkung. Die Vektoraddition kann man auch durch die Parallelogrammregel beschreiben.

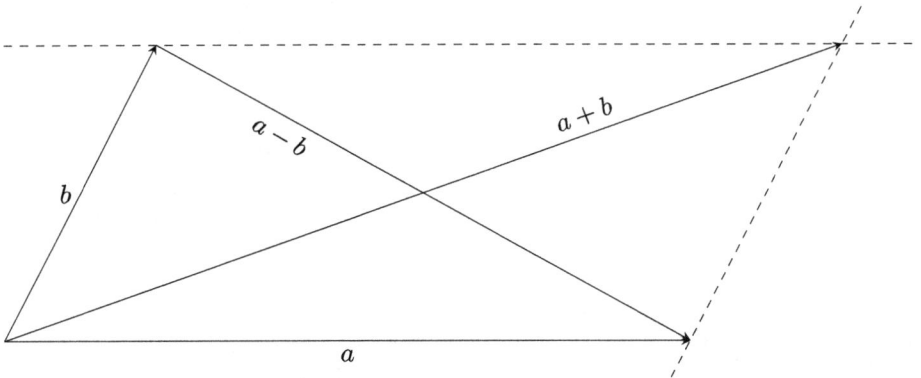

Ergänze a, b zu einem Parallelogramm. Die beiden Diagonalen sind dann $a + b$ und $a - b$.

Beispiel. Gegeben sind die drei Vektoren

$$a = \begin{pmatrix} 2 \\ -1 \end{pmatrix}, \quad b = \begin{pmatrix} 1 \\ 1 \end{pmatrix}, \quad c = \begin{pmatrix} 7 \\ 1 \end{pmatrix}.$$

Gesucht sind Zahlen λ, μ mit $c = \lambda \cdot a + \mu \cdot b$.

Graphische Lösung:

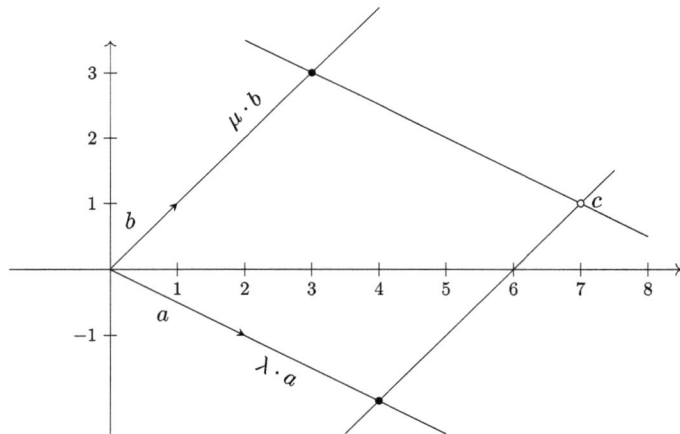

Wir benutzen die Parallelogrammregel und ziehen durch c die entsprechenden Parallelen. Durch Messen erhält man:

$$a = 2.2, \quad \lambda \cdot a = 4.4 \quad \Longrightarrow \quad \lambda = 2,$$
$$b = 1.4, \quad \mu \cdot b = 4.2 \quad \Longrightarrow \quad \mu = 3.$$

Rechnerische Lösung:

$$\lambda \cdot a + \mu \cdot b = c,$$

$$\lambda \cdot \begin{pmatrix} 2 \\ -1 \end{pmatrix} + \mu \cdot \begin{pmatrix} 1 \\ 1 \end{pmatrix} = \begin{pmatrix} 7 \\ 1 \end{pmatrix},$$

$$(1) \quad 2\lambda + \mu = 7,$$
$$(2) \quad -\lambda + \mu = 1,$$
$$(1) - (2) \quad 3\lambda = 6 \quad \Longrightarrow \quad \lambda = 2,$$
$$\text{in } (2) \quad -2 + \mu = 1 \quad \Longrightarrow \quad \mu = 3.$$

Das Skalarprodukt

Wir wollen nun eine neue Rechenoperation, das Skalarprodukt, zwischen Vektoren des $\mathbb{R}^n$ betrachten. Die Bedeutung dieser neuen Rechenoperation besteht darin, dass man damit im Vektorraum $\mathbb{R}^n$ „messen" kann. Das heißt, man kann damit Abstände zwischen Punkten (Vektoren) und Winkel zwischen Pfeilen (Vektoren) berechnen.

Definition. Es seien a, b Vektoren des $\mathbb{R}^n$,

$$a * b = \begin{pmatrix} a_1 \\ a_2 \\ \vdots \\ a_n \end{pmatrix} * \begin{pmatrix} b_1 \\ b_2 \\ \vdots \\ b_n \end{pmatrix} = a_1 \cdot b_1 + a_2 \cdot b_2 + \cdots + a_n \cdot b_n.$$

Vektor mal Vektor ergibt also eine Zahl. Deshalb nennt man $*$ Skalarprodukt.

Beispiel.

$$\begin{pmatrix} 7 \\ 1 \\ -5 \\ 2 \end{pmatrix} * \begin{pmatrix} 2 \\ -3 \\ 2 \\ 4 \end{pmatrix} = 7 \cdot 2 - 1 \cdot 3 - 5 \cdot 2 + 2 \cdot 4 = 9.$$

Rechenregeln für das Skalarprodukt: Für $\lambda \in \mathbb{R}$, $a, b, c \in \mathbb{R}^n$ gilt:

(1) $a * b = b * a$ kommutativ

(2) $\lambda \cdot (a * b) = (\lambda \cdot a) * b = a * (\lambda \cdot b)$

(3) $a * (b + c) = a * b + a * c$ und $(b + c) * a = b * a + c * a$.

Beweis. Einfaches Nachrechnen. □

Beispiel. Beispiel zu (2)

$$3 \cdot \left[\binom{2}{4} * \binom{7}{-1} \right] = 3 \cdot (14 - 4) = 30,$$

$$\left[3 \cdot \binom{2}{4} \right] * \binom{7}{-1} = \binom{6}{12} * \binom{7}{-1} = 42 - 12 = 30,$$

$$\binom{2}{4} * \left[3 \cdot \binom{7}{-1} \right] = \binom{2}{4} * \binom{21}{-3} = 42 - 12 = 30.$$

Bemerkung. Ausmultiplizieren:

Aus den Rechenregeln folgt für das Skalarprodukt:

$$(a_1 + a_2) * (b_1 + b_2 + b_3) = a_1 * b_1 + a_1 * b_2 + a_1 * b_3 + a_2 * b_1 + a_2 * b_2 + a_2 * b_3.$$

Beispiel. Es seien a, b Vektoren des $\mathbb{R}^n$,

$$a^2 = a * a = \begin{pmatrix} a_1 \\ \vdots \\ a_n \end{pmatrix} * \begin{pmatrix} a_1 \\ \vdots \\ a_n \end{pmatrix} = a_1^2 + a_2^2 + \cdots + a_n^2.$$

Weiter gilt:

$$(\lambda \cdot a)^2 = (\lambda \cdot a) * (\lambda \cdot a) = \lambda^2 \cdot (a * a) = \lambda^2 \cdot a^2,$$

$$(a + b)^2 = (a + b) * (a + b) = a^2 + a * b + b * a + b^2 = a^2 + 2 \cdot a * b + b^2.$$

Und analog:

$$(a - b)^2 = a^2 - 2 \cdot a * b + b^2.$$

Die beiden letzten Formeln erscheinen selbstverständlich (bekannt für a, b aus $\mathbb{R}$). Man beachte jedoch, dass a und b Vektoren sind und $*$ das Skalarprodukt ist.

Die Länge eines Vektors

1.) In der Ebene $\mathbb{R}^2$: Wir können die Länge eines Pfeils (Vektors) mithilfe des Satzes von Pythagoras berechnen:

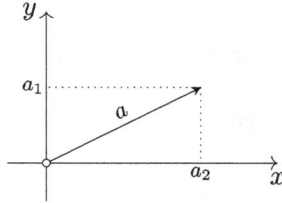

$$\text{Länge von } a = |a| = \sqrt{a_1^2 + a_2^2} = \sqrt{a * a} = \sqrt{a^2}.$$

2.) Im Raum $\mathbb{R}^3$:

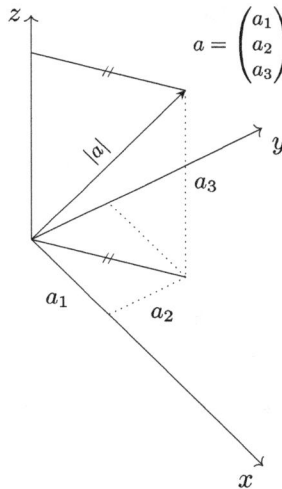

Mit zweimaligem Anwenden des Satzes von Pythagoras erhält man:

$$(\text{Länge von a})^2 = |a|^2 = a_3^2 + \left|\begin{pmatrix} a_1 \\ a_2 \end{pmatrix}\right|^2 = a_3^2 + (a_1^2 + a_2^2) = a_1^2 + a_2^2 + a_3^2.$$

Damit ergibt sich

$$|a| = \sqrt{a_1^2 + a_2^2 + a_3^2} = \sqrt{a * a} = \sqrt{a^2}.$$

3.) Im Raum $\mathbb{R}^n$: Da wir uns den Raum $\mathbb{R}^n$ nicht vorstellen können, haben wir Schwierigkeiten, darin die Länge eines Vektors zu berechnen. Es ist aber naheliegend, zu sagen: Für $a \in \mathbb{R}^n$ ist die Länge von a:

$$|a| = \sqrt{a * a} = \sqrt{a^2}.$$

Wir wollen die Lage nun etwas genauer analysieren. Wir sind davon ausgegangen, dass die Länge eines Pfeils (Vektors) schon vorhanden ist (Vorstellungsraum) und wir sie nur noch berechnen müssen. Mithilfe des Satzes von Pythagoras ergab sich die Lösung. Der bessere Standpunkt ist aber folgender: Im Vektorraum $\mathbb{R}^n$ ist noch gar keine räumliche Struktur und somit keine Länge vorhanden. Die Formel für die Länge eines Vektors ist damit keine Berechnung, sondern die Definition der Länge eines Vektors.

Der Abstand zweier Punkte im $\mathbb{R}^n$

Gegeben seien die Punkte P und Q des $\mathbb{R}^n$.

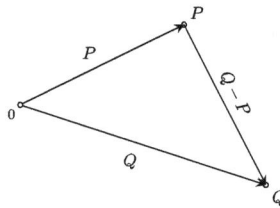

Im $\mathbb{R}^2$ und $\mathbb{R}^3$ gilt natürlich: Der Abstand von P und Q ist die Länge des Verbindungspfeils $Q - P$. Dies übernehmen wir für den $\mathbb{R}^n$. Also:

$$\text{Abstand von } P \text{ und } Q = d(P, Q) = |Q - P| = |P - Q|.$$

Beispiel im $\mathbb{R}^4$:

$$P = \begin{pmatrix} 1 \\ -2 \\ 3 \\ 4 \end{pmatrix}, \quad Q = \begin{pmatrix} -1 \\ 1 \\ 4 \\ 2 \end{pmatrix}.$$

Dann gilt:

$$|P - Q| = \left| \begin{pmatrix} 2 \\ -3 \\ -1 \\ 2 \end{pmatrix} \right| = \sqrt{4 + 9 + 1 + 4} = \sqrt{18}.$$

Beispiel. Gleichung eines Kreises in der Ebene mit Mittelpunkt m und Radius r. Der Punkt $\begin{pmatrix} x \\ y \end{pmatrix}$ liegt genau dann auf dem Kreis, wenn gilt:

$$d\left(\begin{pmatrix} m_1 \\ m_2 \end{pmatrix}, \begin{pmatrix} x \\ y \end{pmatrix}\right) = r \iff \left|\begin{pmatrix} m_1 - x \\ m_2 - y \end{pmatrix}\right| = r$$

$$\iff \sqrt{(m_1 - x)^2 + (m_2 - y)^2} = r$$

$$\iff (m_1 - x)^2 + (m_2 - y)^2 = r^2.$$

Dies ist die sogenannte *Kreisgleichung*.

Im $\mathbb{R}^3$ ist das analoge Objekt zum Kreis in der Ebene die Sphäre. Sphäre mit Mittelpunkt m und Radius r:

$$x \in \text{Sphäre} \iff d(x, m) = r.$$

Man erhält die Gleichung:

$$(m_1 - x_1)^2 + (m_2 - x_2)^2 + (m_3 - x_3)^2 = r^2.$$

Der Begriff „Kugel" ist hier nicht passend, da man üblicherweise auch die inneren Punkte zur Kugel zählt. Die Sphäre ist sozusagen nur die Kugelhaut. Der räumlichen Kugel entspricht in der Ebene die Kreisscheibe.

Satz 2.2. Im $\mathbb{R}^2$ und $\mathbb{R}^3$ gilt: Zwei Vektoren (Pfeile) $a \neq 0 \neq b$ sind genau dann orthogonal, wenn $a * b = 0$ ist.

Beweis. Wir zeichnen in der von $0, a, b$ aufgespannten Ebene das Parallelogramm.

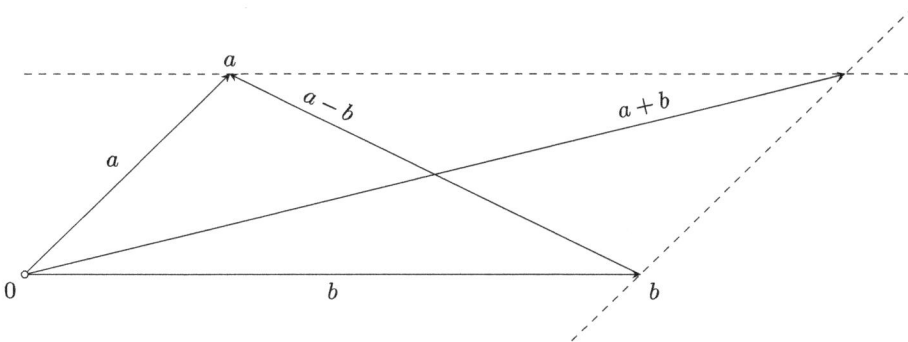

Die beiden Diagonalen sind $a + b$ und $a - b$. Nun gilt:

$$a \text{ orthogonal } b \iff a \perp b$$

$$\iff |a - b| = |a + b|$$

$$\iff (a - b)^2 = (a + b)^2$$

$$\iff a^2 - 2 \cdot (a * b) + b^2 = a^2 + 2 \cdot (a * b) + b^2$$

$$\Longleftrightarrow \ -(a * b) = +(a * b)$$
$$\Longleftrightarrow \ a * b = 0. \qquad\qquad \square$$

Wir haben bei diesem Satz elementargeometrisch argumentiert. Will man die geometrische Struktur nicht verwenden, so wird aus dem Satz eine Definition.

Definition. Es seien a, b zwei Vektoren des $\mathbb{R}^n$ ($a \neq 0 \neq b$). a und b heißen orthogonal, wenn $a * b = 0$ ist.

Beispiel. In der Ebene erhält man zu einem Vektor $\left(\begin{smallmatrix} a_1 \\ a_2 \end{smallmatrix}\right)$ leicht einen orthogonalen, nämlich $\left(\begin{smallmatrix} a_2 \\ -a_1 \end{smallmatrix}\right)$:

$$\begin{pmatrix} a_1 \\ a_2 \end{pmatrix} * \begin{pmatrix} a_2 \\ -a_1 \end{pmatrix} = a_1 \cdot a_2 - a_2 \cdot a_1 = 0.$$

Satz 2.3. Es seien a, b zwei Vektoren des $\mathbb{R}^2$ oder $\mathbb{R}^3$ ($a \neq 0 \neq b$). Für den Winkel α zwischen a und b gilt:

$$\cos\alpha = \frac{a * b}{|a| \cdot |b|}.$$

Beweis. Wir zeichnen in der von $0, a, b$ aufgespannten Ebene. Als Erstes normieren wir a und b auf die Länge 1:

$$\tilde{a} = \frac{1}{|a|} \cdot a, \quad \tilde{b} = \frac{1}{|b|} \cdot b,$$

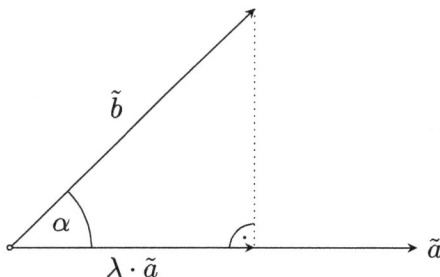

$$\tilde{a} \perp (\tilde{b} - \lambda \cdot \tilde{a}) \implies \tilde{a} * (\tilde{b} - \lambda \cdot \tilde{a}) = 0 \implies \tilde{a} * \tilde{b} - \lambda \cdot (\tilde{a} * \tilde{a}) = 0$$
$$\implies \tilde{a} * \tilde{b} - \lambda = 0 \implies \lambda = \tilde{a} * \tilde{b}.$$

Es gilt natürlich $\lambda = \cos\alpha$. Also:

$$\cos\alpha = \tilde{a} * \tilde{b} = \left(\frac{1}{|a|} \cdot a\right) * \left(\frac{1}{|b|} \cdot b\right) = \frac{a * b}{|a| \cdot |b|}. \qquad \square$$

Bemerkung. Will man nicht geometrisch argumentieren, so wird aus der Formel wieder eine Definition.

Definition. Es seien $a \neq 0 \neq b$ zwei Vektoren des $\mathbb{R}^n$. Der Winkel α zwischen a und b wird definiert durch:

$$\cos \alpha = \frac{a * b}{|a| \cdot |b|}.$$

Bemerkung.

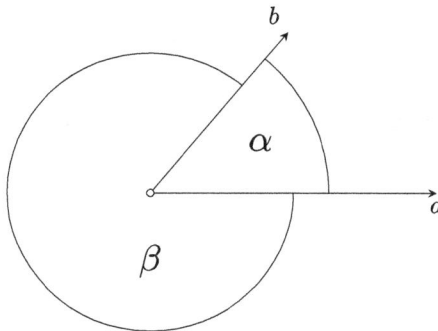

Zwischen den Pfeilen gibt es zwei Winkel, den kleineren α und den größeren $\beta = 360° - \alpha$. Die Formel für $\cos \alpha$ gilt für beide Winkel, da $\cos \alpha = \cos(360° - \alpha)$. Berechnet man mit arccos den Zwischenwinkel, so erhält man den kleineren der beiden.

Beispiel. Wir berechnen den Winkel zwischen

$$a = \begin{pmatrix} 1 \\ 2 \\ 3 \\ -1 \end{pmatrix} \quad \text{und} \quad b = \begin{pmatrix} 3 \\ 1 \\ 1 \\ 3 \end{pmatrix} :$$

$$|a| = \sqrt{1 + 4 + 9 + 1} = \sqrt{15},$$
$$|b| = \sqrt{9 + 1 + 1 + 9} = \sqrt{20},$$
$$a * b = 3 + 2 + 3 - 3 = 5,$$
$$\cos \alpha = \frac{5}{\sqrt{15} \cdot \sqrt{20}} = 0.2886\ldots,$$
$$\alpha \approx 73.22°.$$

Satz 2.4. Die Höhen eines Dreiecks schneiden sich in einem Punkt.

Beweis. Wir wollen den Satz nicht geometrisch, sondern rechnerisch mithilfe des Skalarprodukts beweisen.

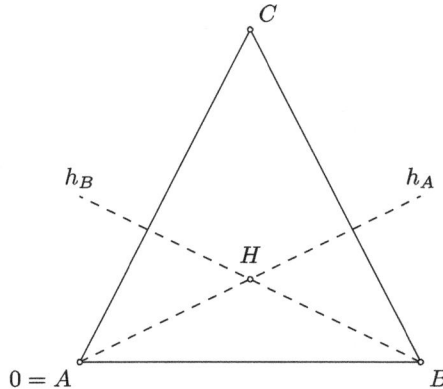

Wir starten mit dem Dreieck A, B, C und nehmen an, dass A der Nullvektor ist. Wir zeichnen die Höhen h_A und h_B. H sei der Schnittpunkt von h_A und h_B. Zu zeigen ist: Der Vektor von C nach H ist orthogonal zum Vektor von A nach B. Den rechten Winkel übersetzen wir als Skalarprodukt 0. Es gilt:

(1) $H * (B - C) = 0$,

(2) $C * (H - B) = 0$,

(1) $H * B - H * C = 0$,

(2) $C * H - C * B = 0$,

(1) + (2) $H * B - C * B = 0 \implies (H - C) * B = 0 \implies (H - C) \perp B$. □

Einschub: Verallgemeinerung des Skalarprodukts.

Es sei K ein beliebiger Körper. Im Vektorraum (K^n, K) definiert man:

$$\begin{pmatrix} a_1 \\ a_2 \\ \vdots \\ a_n \end{pmatrix} * \begin{pmatrix} b_1 \\ b_2 \\ \vdots \\ b_n \end{pmatrix} = a_1 b_1 + a_2 b_2 + \cdots + a_n b_n.$$

Dann haben wir auch hier ein Skalarprodukt. Natürlich gelten auch hier die drei Rechenregeln:

(1) $a * b = b * a$

(2) $\lambda \cdot (a * b) = (\lambda \cdot a) * b = a * (\lambda \cdot b)$ für alle $\lambda \in K$

(3) $a * (b + c) = a * b + a * c$ und $(b + c) * a = b * a + c * a$.

Man kann sogar noch weiter verallgemeinern: Sei K wieder ein beliebiger Körper und M eine beliebige, unendliche Menge. V sei die Menge aller Abbildungen von M nach K, die nur an endlich vielen Stellen einen Wert ungleich 0 annehmen. Dann ist (V, K) ein Vektorraum. Darauf kann man ein „Skalarprodukt" $*$ definieren:

$$f * g = \sum_{m \in M} f(m) \cdot g(m).$$

Man beachte, dass die Summe wohldefiniert ist, da nur endlich viele Summanden einen Wert $\neq 0$ haben. Auch für dieses Skalarprodukt gelten die oberen drei Rechenregeln. Allerdings hat dieses Skalarprodukt eine eigenartige Eigenschaft. Wählt man „zufällig" zwei Vektoren, also Funktionen f und g, aus, so ist die Wahrscheinlichkeit, dass $f * g = 0$ ist, 100 % (Die Wahrscheinlichkeit, dass sich die Stellen, an denen f und g einen Wert $\neq 0$ annehmen, überlappen, ist gleich 0).

Nun wollen wir noch kurz die Isomorphie von Vektorräumen mit Skalarprodukt betrachten. Seien also (V, K) und (W, K) zwei Vektorräume mit je einer zweistelligen Verknüpfung, also:

$$* : V \times V \to K \quad \text{und} \quad \circ : W \times W \to K.$$

$(V, K, *)$ und $(W, K, \circ)$ sind isomorph, wenn es eine bijektive Abbildung $\varphi : V \to W$ gibt, mit:
1.) $\varphi(a + b) = \varphi(a) + \varphi(b)$
2.) $\varphi(\lambda \cdot a) = \lambda \cdot \varphi(a)$
   Das heißt, φ ist ein Vektorraumisomorphismus.
3.) $a * b = \varphi(a) \circ \varphi(b)$.

In diesem Fall sind also $(V, K, *)$ und $(W, K, \circ)$ Darstellungen der gleichen Struktur. Ist nun $(W, K, *)$ ein Vektorraum mit Skalarprodukt und (W, K) ein zu (V, K) isomorpher Vektorraum und $\varphi : W \to V$ ein Vektorraumisomorphismus. Dann kann man auf W definieren:

$$a \circ b = \varphi(a) * \varphi(b).$$

Damit sind $(V, K, *)$ und $(W, K, \circ)$ isomorph (das Skalarprodukt $*$ wurde von V auf W übertragen).

Darstellung von Geraden

In der Ebene $\mathbb{R}^2$ und im Raum $\mathbb{R}^3$ können wir Geraden durch die sogenannte Parameterdarstellung angeben:

$$\text{Gerade } g = \{a + \lambda \cdot b : \lambda \in \mathbb{R}\}, \quad b \neq 0,$$

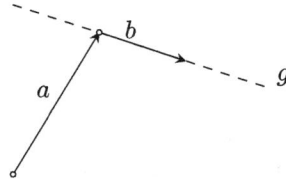

Der Aufpunkt der Geraden heißt a und der Richtungsvektor der Geraden b. Ferner ist λ der „Parameter". Andere Schreibweise: $g : a + \mathbb{R} \cdot b$.

Verallgemeinerung auf den $\mathbb{R}^n$: Im $\mathbb{R}^n$ definieren wir die Geraden durch die Parameterdarstellung. Seien $a, b \in \mathbb{R}^n$ und $b \neq 0$. Dann ist $\{a + \lambda \cdot b : \lambda \in \mathbb{R}\}$ eine Gerade.

Beispiel. Suche die Parameterdarstellung der Geraden durch die Punkte

$$a = \begin{pmatrix} 4 \\ 2 \\ 1 \\ 1 \end{pmatrix} \quad \text{und} \quad b = \begin{pmatrix} -2 \\ 3 \\ 4 \\ 5 \end{pmatrix}.$$

Als Aufpunkt wählen wir a und als Richtungsvektor $a - b$:

$$g : \begin{pmatrix} 4 \\ 2 \\ 1 \\ 1 \end{pmatrix} + \lambda \cdot \begin{pmatrix} 6 \\ -1 \\ -3 \\ -4 \end{pmatrix}.$$

Beispiel. Berechne den Schnittpunkt der Geraden g und h:

$$g : \begin{pmatrix} 1 \\ 2 \end{pmatrix} + \lambda \cdot \begin{pmatrix} 4 \\ -3 \end{pmatrix}, \quad h : \begin{pmatrix} 2 \\ 5 \end{pmatrix} + \mu \begin{pmatrix} -1 \\ 7 \end{pmatrix}.$$

Der Schnittpunkt liegt auf beiden Geraden. Für ihn gilt also:

$$\begin{pmatrix} 1 \\ 2 \end{pmatrix} + \lambda \cdot \begin{pmatrix} 4 \\ -3 \end{pmatrix} = \begin{pmatrix} 2 \\ 5 \end{pmatrix} + \mu \cdot \begin{pmatrix} -1 \\ 7 \end{pmatrix}.$$

Daraus folgen zwei Gleichungen:

$$(1) \quad 1 + 4\lambda = 2 - \mu,$$
$$(2) \quad 2 - 3\lambda = 5 + 7\mu.$$

Als Lösung berechnet man

$$\lambda = \frac{10}{25}, \quad \mu = -\frac{15}{25}.$$

Eingesetzt in g:

$$\binom{1}{2} + \frac{10}{25} \cdot \binom{4}{-3} = \binom{\frac{65}{25}}{\frac{20}{25}}.$$

In der Ebene $\mathbb{R}^2$ kann man eine Gerade auch durch eine Gleichung darstellen:

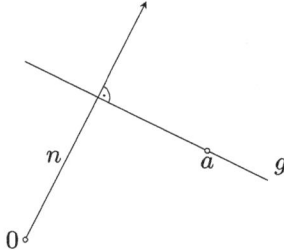

Sei also g eine Gerade im $\mathbb{R}^2$, a ein Punkt auf g und n ein Vektor orthogonal zu g. Wir folgern:

$$P \in g \iff (P - a) \perp n$$
$$\iff (P - n) * n = 0$$
$$\iff P * n - a * n = 0.$$

Ausgeschrieben ergibt sich mit $P = \binom{x}{y}$:

$$\binom{x}{y} * \binom{n_1}{n_2} - \binom{a_1}{a_2} * \binom{n_1}{n_2} = 0,$$
$$n_1 x + n_2 y \underbrace{-a_1 n_1 - a_2 n_2}_{\gamma} = 0.$$

Wir erhalten die *Geradengleichung* $n_1 x + n_2 y + \gamma = 0$. Also

$$g = \left\{ \binom{x}{y} : n_1 x + n_2 y + \gamma = 0 \right\}.$$

Jede Gerade des $\mathbb{R}^2$ kann durch eine Gleichung dargestellt werden. Da Multiplikation der Gleichung mit einer Zahl die Lösungsmenge nicht ändert, gibt es zu einer Geraden sogar viele Gleichungen. Aber bis auf einen Faktor ist die Gleichung eindeutig bestimmt. Umgekehrt gilt auch: Die Lösungsmenge einer Gleichung des Typs

$$n_1 x + n_2 y + \gamma = 0$$

ist eine Gerade. Aus der Gleichung kann man auch sofort einen *Normalenvektor* ablesen, nämlich $n = \binom{n_1}{n_2}$.

Beispiel. Wir suchen die Gleichung der Geraden durch die Punkte

$$a = \begin{pmatrix} 1 \\ 4 \end{pmatrix} \quad \text{und} \quad b = \begin{pmatrix} 2 \\ 3 \end{pmatrix}.$$

Wir suchen also α, β, γ für

$$g : \alpha x + \beta y + \gamma = 0.$$

Wir setzen die beiden Punkte in die Gleichung ein:
(1) $\alpha \cdot 1 + \beta \cdot 4 + \gamma = 0$
(2) $\alpha \cdot 2 + \beta \cdot 3 + \gamma = 0.$

Das sind nun zwei Gleichungen mit drei Unbekannten, also nicht eindeutig lösbar. Da aber die Gleichung nur bis auf einen Faktor eindeutig ist, können wir zum Beispiel $\gamma = -1$ wählen:
(1) $\alpha + 4\beta - 1 = 0$
(2) $2\alpha + 3\beta - 1 = 0.$

Es ergibt sich $\alpha = \frac{1}{5}$ und $\beta = \frac{1}{5}$. Damit ist die gesuchte Gleichung:

$$g : \frac{1}{5}x + \frac{1}{5}y - 1 = 0$$

oder auch $x + y - 5 = 0$. Als Normalenvektor liest man ab: $n = \begin{pmatrix} 1 \\ 1 \end{pmatrix}$.

Darstellung von Ebenen

Die Darstellung von Ebenen verläuft analog zur Darstellung von Geraden. Die Ebenen des $\mathbb{R}^3$ können wir durch eine Parameterdarstellung angeben.

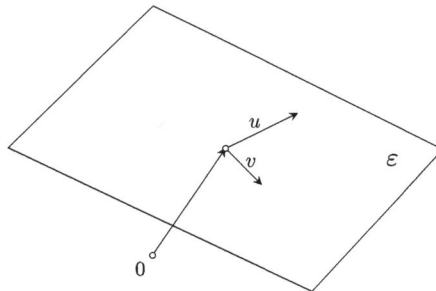

Ebene ε : $\{a + \lambda \cdot u + \mu \cdot v : \lambda, \mu \in \mathbb{R}\}$

mit $u, v \neq 0$ und u kein Vielfaches von v. Dabei heißen a Aufpunkt, u, v Richtungsvektoren, λ, μ Parameter. Diese Darstellung ist unmittelbar einleuchtend. Im $\mathbb{R}^n$ definieren wir die Ebenen einfach durch die Parameterdarstellung.

$$\varepsilon : \quad a + \lambda \cdot u + \mu \cdot v.$$

Jetzt aber $a, u, v \in \mathbb{R}^n$.

Beispiel. Welche Punkte haben im $\mathbb{R}^4$ die Ebenen E und F gemeinsam?

$$E : \begin{pmatrix} 1 \\ 0 \\ 1 \\ 1 \end{pmatrix} + \alpha \cdot \begin{pmatrix} 1 \\ 2 \\ 1 \\ 1 \end{pmatrix} + \beta \cdot \begin{pmatrix} 0 \\ 1 \\ 0 \\ 2 \end{pmatrix}, \quad F : \begin{pmatrix} 2 \\ 1 \\ 0 \\ 1 \end{pmatrix} + \gamma \cdot \begin{pmatrix} 1 \\ 1 \\ 2 \\ 1 \end{pmatrix} + \delta \cdot \begin{pmatrix} 1 \\ 3 \\ 1 \\ 0 \end{pmatrix}.$$

Durch Gleichsetzen erhält man vier Gleichungen:
(1) $1 + \alpha = 2 + \gamma + \delta$
(2) $2\alpha + \beta = 1 + \gamma + 3\delta$
(3) $1 + \alpha = 2\gamma + \delta$
(4) $1 + \alpha + 2\beta = 1 + \gamma$.

Löst man dieses Gleichungssystem, erhält man als einzige Lösung

$$\alpha = \frac{14}{3}, \quad \beta = -\frac{4}{3}, \quad \gamma = 2, \quad \delta = \frac{5}{3}.$$

Damit haben wir das „verblüffende" Ergebnis: Im $\mathbb{R}^4$ schneiden sich die beiden Ebenen in genau einem Punkt.

Analog zu den Geraden im $\mathbb{R}^2$ kann man im $\mathbb{R}^3$ Ebenen durch Gleichungen darstellen.

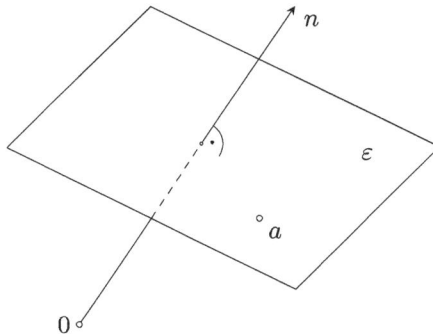

Gegeben ist eine Ebene ε, ein Normalenvektor zur Ebene n und ein Punkt auf der Ebene a,

$$\text{Punkt } P \in \varepsilon \iff (P - a) \perp n$$
$$\iff (P - a) * n = 0$$
$$\iff P * n - a * n = 0.$$

Ausführlich geschrieben:

$$\begin{pmatrix} x \\ y \\ z \end{pmatrix} * \begin{pmatrix} n_1 \\ n_2 \\ n_3 \end{pmatrix} - \begin{pmatrix} a_1 \\ a_2 \\ a_3 \end{pmatrix} * \begin{pmatrix} n_1 \\ n_2 \\ n_3 \end{pmatrix} = 0,$$

$$n_1 x + n_2 y + n_3 z \underbrace{-(a_1 n_1 + a_2 n_2 + a_3 n_3)}_{\gamma} = 0.$$

Wir erhalten also die *Ebenengleichung*:

$$n_1 x + n_2 y + n_3 z + \gamma = 0.$$

Multipliziert man die Gleichung mit einer Zahl, so stellt sie natürlich die gleiche Ebene dar. Bis auf einen Faktor ist die Gleichung aber eindeutig. Ist eine Ebenengleichung gegeben, so kann man daraus sofort einen Normalenvektor ablesen, nämlich

$$n = \begin{pmatrix} n_1 \\ n_2 \\ n_3 \end{pmatrix}.$$

Beispiel. Im $\mathbb{R}^3$ sind eine Gerade g und eine Ebene ε gegeben. Man berechne den Durchstoßpunkt D:

$$g : \begin{pmatrix} 2 \\ 1 \\ 1 \end{pmatrix} + \lambda \cdot \begin{pmatrix} 1 \\ -1 \\ 3 \end{pmatrix}, \quad \varepsilon : x + 2y - z + 2 = 0.$$

Wir „setzen g in ε" ein:

$$(2 + \lambda) + 2 \cdot (1 - \lambda) - (1 + 3\lambda) + 2 = 0.$$

Man berechnet $\lambda = \frac{5}{4}$. Also

$$D = \begin{pmatrix} 2 \\ 1 \\ 1 \end{pmatrix} + \frac{5}{4} \cdot \begin{pmatrix} 1 \\ -1 \\ 3 \end{pmatrix}.$$

Übungen zu Kapitel 2

1.) Wir beginnen mit dem Körper $(\mathbb{Z}_{13}, +, \cdot)$, rechnen also modulo 13. Wir bilden den Vektorraum $(\mathbb{Z}_{13}^2, \mathbb{Z}_{13})$. Darin sind durch zwei Gleichungen zwei Geraden gegeben.

I $3x + 2y + 6 = 0$

II $x + 4y + 9 = 0$.

Gesucht ist der Schnittpunkt $S = \binom{x}{y}$.

Dafür muss S beide Gleichungen erfüllen, somit müssen wir die Lösung des Gleichungssystems berechnen:

$$
\begin{aligned}
\text{I} - 3\text{II:} \quad 2y - 12y + 6 - 27 &= 0, \\
-10y - 21 &= 0, \\
3y + 5 &= 0 \quad (-10 = 3, -21 = 5), \\
\implies y &= 7, \\
\text{in I:} \quad 3x + 14 + 6 &= 0, \\
3x + 7 &= 0, \\
\implies x &= 2 \quad (3 \cdot 2 + 7 = 13 = 0).
\end{aligned}
$$

Also $S = \binom{2}{7}$.

2.) Man zeige, dass sich die Mittelsenkrechten eines Dreiecks in einem Punkt schneiden.

Beweis. Die Vektoren A, B, C seien die Eckpunkte des Dreiecks. Wir nehmen an, dass A der Nullvektor 0 ist.

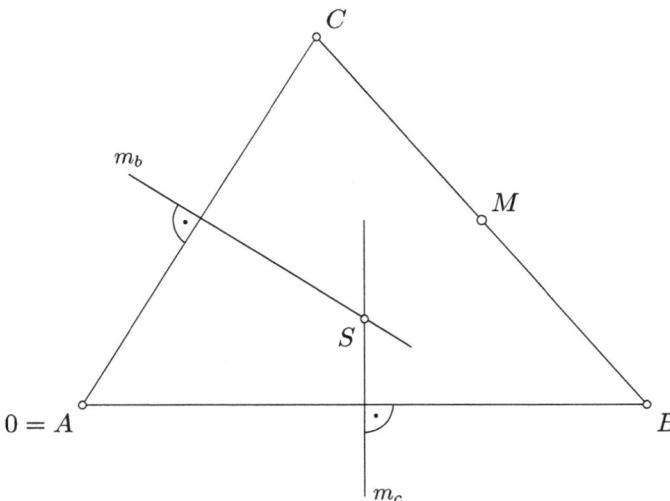

Sei S der Schnittpunkt der Mittelsenkrechten m_b und m_c. Zur Vereinfachung lassen wir das Zeichen $*$ für das Skalarprodukt einfach weg. Also schreiben wir etwa BC kurz für $B * C$. Die beiden Mittelsenkrechten ergeben zwei Gleichungen:

$$m_c : \quad \text{I:} \quad B\left(S - \frac{1}{2}B\right) = 0,$$

$$m_b : \quad \text{II:} \quad C\left(S - \frac{1}{2}C\right) = 0,$$

$$\implies \quad \text{I:} \quad BS - \frac{1}{2}BB = 0 \implies \frac{1}{2}BB = BS,$$

$$\text{II:} \quad CS - \frac{1}{2}CC = 0 \implies \frac{1}{2}CC = CS.$$

Sei M der Mittelpunkt der Strecke B, C:

$$M = B + \frac{1}{2}(C - B) = \frac{1}{2}B + \frac{1}{2}C.$$

Zu zeigen ist:

$$(M - S)(C - B) = 0 \quad \text{(rechter Winkel)}$$

$$\iff \left(\frac{1}{2}B + \frac{1}{2}C - S\right)(C - B) = 0$$

$$\iff \frac{1}{2}BC + \frac{1}{2}CC - SC - \frac{1}{2}BB - \frac{1}{2}CB + SB = 0$$

$$\iff \frac{1}{2}CC - SC - \frac{1}{2}BB + SB = 0$$

$$\iff CS - SC - BS + SB = 0.$$

Die letzte Zeile ist offensichtlich korrekt. $\qquad\square$

3.) Im $\mathbb{R}^3$ sind die Geraden g und f gegeben:

$$f : \begin{pmatrix} 1 \\ 1 \\ 1 \end{pmatrix} + \lambda \begin{pmatrix} -1 \\ 2 \\ 3 \end{pmatrix}, \quad g : \begin{pmatrix} 1 \\ 0 \\ 2 \end{pmatrix} + \mu \begin{pmatrix} 1 \\ 1 \\ 4 \end{pmatrix}.$$

Man berechne den Punkt P auf f und den Punkt Q auf g, sodass die Länge der Strecke PQ minimal wird. Hinweis: Die Strecke PQ ist orthogonal zu g und f,

$$P = \begin{pmatrix} 1 \\ 1 \\ 1 \end{pmatrix} + \lambda \begin{pmatrix} -1 \\ 2 \\ 3 \end{pmatrix}, \quad Q = \begin{pmatrix} 1 \\ 0 \\ 2 \end{pmatrix} + \mu \begin{pmatrix} 1 \\ 1 \\ 4 \end{pmatrix}.$$

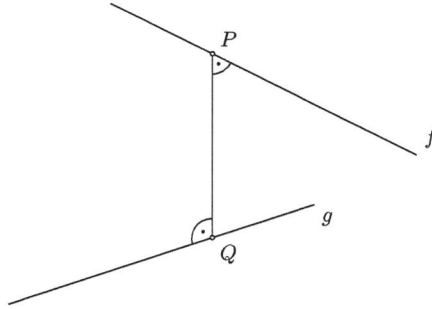

Die beiden rechten Winkel übersetzen wir als Skalarprodukt gleich 0.

$$\text{I:}\quad (P - Q) * \begin{pmatrix} -1 \\ 2 \\ 3 \end{pmatrix} = 0, \quad \text{II:}\quad (P - Q) * \begin{pmatrix} 1 \\ 1 \\ 4 \end{pmatrix} = 0,$$

$$P - Q = \begin{pmatrix} -\lambda - \mu \\ 1 + 2\lambda - \mu \\ -1 + 3\lambda - 4\mu \end{pmatrix},$$

$$\text{I:}\quad (-\lambda - \mu) \cdot (-1) + (1 + 2\lambda - \mu) \cdot 2 + (-1 + 3\lambda - 4\mu) \cdot 3 = 0,$$
$$14\lambda - 13\mu - 1 = 0,$$
$$\text{II:}\quad (-\lambda - \mu) \cdot 1 + (1 + 2\lambda - \mu) \cdot 1 + (-1 + 3\lambda - 4\mu) \cdot 4 = 0,$$
$$13\lambda - 18\mu - 3 = 0.$$

Aus den beiden Gleichungen berechnet man:

$$\mu = \frac{13}{83} \quad \text{und} \quad \lambda = \frac{252}{1162}.$$

Damit ergibt sich:

$$P = \begin{pmatrix} 1 \\ 1 \\ 1 \end{pmatrix} + \frac{252}{1162} \begin{pmatrix} -1 \\ 2 \\ 3 \end{pmatrix}, \quad Q = \begin{pmatrix} 1 \\ 0 \\ 2 \end{pmatrix} + \frac{13}{83} \begin{pmatrix} 1 \\ 1 \\ 4 \end{pmatrix}.$$

4.) Im $\mathbb{R}^4$ sind eine Ebene ε und ein Punkt P gegeben:

$$\varepsilon : \begin{pmatrix} 1 \\ 0 \\ 2 \\ 3 \end{pmatrix} + \lambda \cdot \begin{pmatrix} 1 \\ 1 \\ -1 \\ 2 \end{pmatrix} + \mu \cdot \begin{pmatrix} 0 \\ 1 \\ 0 \\ 3 \end{pmatrix}, \quad P = \begin{pmatrix} 1 \\ -1 \\ 1 \\ 2 \end{pmatrix}.$$

Von P aus fällt man das Lot l auf ε. Man berechne den Lotfußpunkt F,

$$(F - P) \perp \begin{pmatrix} 1 \\ 1 \\ -1 \\ 2 \end{pmatrix} \quad \text{und} \quad (F - P) \perp \begin{pmatrix} 0 \\ 1 \\ 0 \\ 3 \end{pmatrix},$$

$$F - P = \begin{pmatrix} 0 \\ 1 \\ 1 \\ 1 \end{pmatrix} + \lambda \begin{pmatrix} 1 \\ 1 \\ -1 \\ 2 \end{pmatrix} + \mu \begin{pmatrix} 0 \\ 1 \\ 0 \\ 3 \end{pmatrix},$$

$$(F - P) * \begin{pmatrix} 1 \\ 1 \\ -1 \\ 2 \end{pmatrix} = 0,$$

$$(F - P) * \begin{pmatrix} 0 \\ 1 \\ 0 \\ 3 \end{pmatrix} = 0,$$

$$\begin{pmatrix} \lambda \\ 1 + \lambda + \mu \\ 1 - \lambda \\ 1 + 2\lambda + 3\mu \end{pmatrix} * \begin{pmatrix} 1 \\ 1 \\ -1 \\ 2 \end{pmatrix} = 0 \implies 7\lambda + 7\mu + 2 = 0,$$

$$\begin{pmatrix} \lambda \\ 1 + \lambda + \mu \\ 1 - \lambda \\ 1 + 2\lambda + 3\mu \end{pmatrix} * \begin{pmatrix} 0 \\ 1 \\ 0 \\ 3 \end{pmatrix} = 0 \implies 7\lambda + 10\mu + 4 = 0.$$

Zu lösen ist also das Gleichungssystem:

(1) $7\lambda + 7\mu + 2 = 0$

(2) $7\lambda + 10\mu + 4 = 0.$

Als Lösung ergibt sich:

$$\lambda = \frac{8}{21} \quad \text{und} \quad \mu = -\frac{2}{3}.$$

Der Lotfußpunkt ist also:

$$F = \begin{pmatrix} 1 \\ 0 \\ 2 \\ 3 \end{pmatrix} + \frac{8}{21} \begin{pmatrix} 1 \\ 1 \\ -1 \\ 2 \end{pmatrix} - \frac{2}{3} \begin{pmatrix} 0 \\ 1 \\ 0 \\ 3 \end{pmatrix}.$$

3 Untervektorräume, lineare Unabhängigkeit, Basen

Definition. Eine Teilmenge U eines Vektorraums (V, K) heißt Untervektorraum, wenn gilt:

1.) $0 \in U$
2.) $a, b \in U \implies a + b \in U$
3.) $a \in U, \lambda \in K \implies \lambda \cdot a \in U$.

Bemerkung.

a) Wegen $-a = (-1) \cdot a$ ist $(U, +)$ eine Untergruppe von $(V, +)$.
b) (U, K) ist für sich ein Vektorraum.
c) $\{0\}$ und V sind die einfachsten (trivialen) Untervektorräume.

Beispiel. Untervektorräume des $(\mathbb{R}^3, \mathbb{R})$ sind:

1.) $\{0\}, \mathbb{R}^3$
2.) Geraden durch 0
3.) Ebenen durch 0.

Man beachte: Geraden und Ebenen, die nicht durch 0 gehen, sind keine Untervektorräume. Ohne Beweis stellen wir fest: Die angegebenen Untervektorräume sind alle Untervektorräume des $\mathbb{R}^3$.

Beispiel. Wir betrachten den Vektorraum der Zahlenfolgen, also $(\mathbb{R}^{\mathbb{N}}, \mathbb{R})$. Dann sind Untervektorräume:

a) Die Menge der Folgen, die nur an endlich vielen Stellen einen Wert ungleich 0 annehmen.
b) Die Menge der konvergenten Folgen.

Es sei (V, K) ein Vektorraum und U ein Untervektorraum. Da V kommutativ ist, ist $(U, +)$ ein Normalteiler von $(V, +)$ und wir können die Faktorgruppe V/U (V modulo U) bilden. [Die Äquivalenzrelation $\sim$: $a \sim b \iff a - b \in U$. Die Äquivalenzklassen (Nebenklassen) haben die Form $a + U$.] Man kann V/U zu einem Vektorraum vervollständigen, indem man eine skalare Multiplikation auf „natürliche Weise" definiert:

$$\lambda \cdot [a] = [\lambda \cdot a], \quad \lambda \in K, a \in V.$$

Zu zeigen ist natürlich, dass diese Multiplikation wohldefiniert ist. Zeige $[a] = [b] \implies [\lambda \cdot a] = [\lambda \cdot b]$:

$$a \sim b \implies a - b \in U \implies \lambda \cdot (a - b) \in U \implies \lambda \cdot a - \lambda \cdot b \in U \implies \lambda \cdot a \sim \lambda \cdot b.$$

Also kann man mit jedem Untervektorraum U den modulo-Vektorraum V/U bilden.

https://doi.org/10.1515/9783111382562-003

Beispiel. Wir betrachten den Vektorraum $(\mathbb{R}^3, \mathbb{R})$ und eine Gerade g durch 0, diese ist ein Untervektorraum. Die Nebenklassen von g sind die zu g parallelen Geraden. Diese bilden also den Faktorraum $\mathbb{R}^3/g$. Mit diesen Parallelen kann man nun rechnen, man kann sie addieren und mit einer reellen Zahl multiplizieren.

Beispiel. Wir betrachten den Vektorraum der reellen Zahlenfolgen $(\mathbb{R}^{\mathbb{N}}, \mathbb{R})$. Der Untervektorraum U sei die Menge aller Folgen, die nur an endlich vielen Stellen einen Wert ungleich 0 annehmen. Wir bilden den modulo-Vektorraum $\mathbb{R}^{\mathbb{N}}/U$. Wie sehen nun die Äquivalenzklassen aus? Zwei Folgen sind genau dann äquivalent (liegen in der gleichen Klasse), wenn $f - g \in U$ ist. Das heißt, wenn f und g nur an endlich vielen Stellen verschieden sind. Als Formel:

$$\{n \in \mathbb{N} : f(n) \neq g(n)\} \text{ ist endlich.}$$

Satz 3.1. Es seien U_1, U_2 Untervektorräume von (V, K). Dann ist auch

$$U_1 + U_2 = \{u_1 + u_2 : u_1 \in U_1, u_2 \in U_2\}$$

ein Untervektorraum.

Beweis.

$$(a_1 + a_2) + (b_1 + b_2) = (a_1 + b_1) + (a_2 + b_2) \in U_1 + U_2,$$
$$\lambda \cdot (a_1 + a_2) = \lambda \cdot a_1 + \lambda \cdot a_2 \in U_1 + U_2. \qquad \square$$

Satz 3.2. Der Durchschnitt beliebig vieler Untervektorräume von (V, K) ist wieder ein Untervektorraum.

Beweis. Es seien $U_i : i \in I$ die Untervektorräume, $U = \bigcap_{i \in I} U_i$:
1.) $0 \in U_i \quad \forall i \implies 0 \in U$
2.) $a, b \in U \implies a, b \in U_i \quad \forall i \implies a + b \in U_i \quad \forall i \implies a + b \in U$
3.) $a \in U \implies a \in U_i \quad \forall i \implies \lambda \cdot a \in U_i \quad \forall i \implies \lambda \cdot a \in U.$ $\qquad \square$

Definition. Es sei M eine Teilmenge eines Vektorraums V. $U_i, i \in I$ seien die Untervektorräume mit der Eigenschaft, dass $M \subset U_i$ ist:

$$\langle M \rangle = \bigcap_{i \in I} U_i.$$

Dann ist $\langle M \rangle$ ein Untervektorraum und man nennt ihn den von M erzeugten Untervektorraum. Natürlich ist $M \subset \langle M \rangle$. Damit ist $\langle M \rangle$ der kleinste Untervektorraum, der M als Teilmenge enthält. Das heißt: Ist W ein Untervektorraum mit $M \subset W$, so ist auch $\langle M \rangle \subset W$.

Bemerkung. Ist $M = \emptyset$, so ist $\langle M \rangle = \{0\}$.

Definition. Es seien $b_1, b_2, \ldots, b_k$ Vektoren,

$$\lambda_1 b_1 + \lambda_2 b_2 + \cdots + \lambda_k b_k$$

heißt dann eine *Linearkombination* von $b_1, b_2, \ldots, b_k$.

Satz 3.3. Es sei M eine Teilmenge des Vektorraums (V, K). Sei U die Menge der Linearkombinationen von Vektoren aus M. Dann ist U ein Untervektorraum.

Beweis. Wir zeigen exemplarisch nur Eigenschaft 2:

$$(\lambda_1 b_1 + \cdots + \lambda_k b_k) + (\mu_1 c_1 + \cdots + \mu_r c_r) = \lambda_1 b_1 + \cdots + \lambda_k b_k + \mu_1 c_1 + \cdots + \mu_r c_r \in U. \quad \square$$

Satz 3.4. Es sei (V, K) ein Vektorraum und $M \subset V$. Dann gilt:

$$\langle M \rangle = \text{Menge der Linearkombinationen von Vektoren aus } V.$$

Beweis. Folgt unmittelbar aus dem Obigen. $\quad \square$

Satz 3.5 (Austauschsatz). Es sei A eine Menge von Vektoren des Vektorraums (V, K). Weiter seien $x, y \in V$ mit $x, y \notin \langle A \rangle$ und $y \in \langle A \cup \{x\} \rangle$. Dann gilt:
1.) $x \in \langle A \cup \{y\} \rangle$
2.) $\langle A \cup \{x\} \rangle = \langle A \cup \{y\} \rangle$.

Beweis.

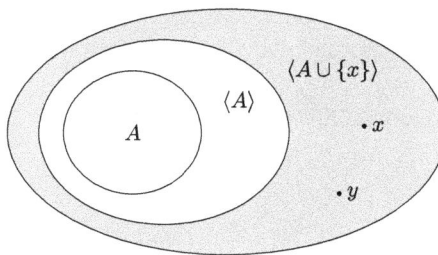

1.) $y = \lambda_1 a_1 + \cdots + \lambda_k a_k + \lambda \cdot x \; [a_i \in A, \lambda \neq 0]$,

$$\implies x = \frac{1}{\lambda} \cdot y - \frac{\lambda_1}{\lambda} \cdot a_1 - \cdots - \frac{\lambda_k}{\lambda} \cdot a_k$$
$$\implies x \in \langle A \cup \{y\} \rangle.$$

2.) Wir zeigen die Gleichheit durch „zweimal Teilmenge":

$$y \in \langle A \cup \{x\} \rangle \implies \langle A \cup \{y\} \rangle \subset \langle A \cup \{x\} \rangle,$$
$$x \in \langle A \cup \{y\} \rangle \implies \langle A \cup \{x\} \rangle \subset \langle A \cup \{y\} \rangle.$$

Also $\langle A \cup \{x\} \rangle = \langle A \cup \{y\} \rangle$.

Also: Wählt man aus dem grau hinterlegten Bereich ein beliebiges y, so darf man x durch y austauschen, das heißt, es gilt $\langle A \cup \{x\} \rangle = \langle A \cup \{y\} \rangle$. □

Definition. Es sei A eine Menge von Vektoren eines Vektorraums (V, K). Für A wollen wir die Eigenschaft *linear unabhängig* definieren (nicht linear unabhängig nennen wir dann linear *abhängig*).
1. Fall: $A = \{a\}$.
 – $a \neq 0$, dann ist A linear unabhängig.
 – $a = 0$, dann ist A linear abhängig.
2. Fall: A hat mehr als ein Element.
 Wir nennen A linear unabhängig, wenn sich kein Vektor b aus A aus anderen Vektoren aus A kombinieren lässt. Also

$$b = \lambda_1 a_1 + \cdots + \lambda_k a_k$$

mit $b, a_1, \ldots, a_k \in A$ und $b \neq a_i$ für $i = 1, \ldots, k$ ist *nicht* möglich.

Eine andere, äquivalente Formulierung ist: Aus $b, a_1, \ldots, a_k \in A$ und $b = \lambda_1 a_1 + \cdots + \lambda_k a_k$ folgt: Es gibt ein i mit $b = a_i$.

Bemerkung.
1.) Die lineare Unabhängigkeit ist für eine Menge von Vektoren definiert.
2.) Enthält die Menge A den Nullvektor, so ist A linear abhängig ($0 = 0 \cdot a$).
3.) Jede Teilmenge einer linear unabhängigen Menge ist linear unabhängig.

Beispiel. Im $\mathbb{R}^{\mathbb{N}}$, dem Vektorraum der Folgen, betrachten wir die Vektoren:

$$f_1 = (1, 0, 0, 0, \ldots) \quad [f(1) = 1, f(n) = 0 \text{ für } n \geq 2],$$
$$f_2 = (0, 1, 0, 0, \ldots),$$
$$f_3 = (0, 0, 1, 0, \ldots).$$

Dann ist $\{f_n : n \in \mathbb{N}\}$ linear unabhängig.

Satz 3.6. Es sei A eine Menge von Vektoren eines Vektorraums (V, K). Die Menge A ist genau dann linear unabhängig, wenn für jeden Vektor $a \in A$ gilt:

$$\langle A \backslash \{a\} \rangle \neq \langle A \rangle.$$

Beweis. Der Satz ist richtig, wenn A aus nur einem Vektor besteht. A bestehe also aus mehr als einem Vektor.

1.) Es gelte $\langle A\backslash\{a\}\rangle \neq \langle A\rangle$ für alle $a \in A$. Angenommen

$$b = \lambda_1 a_1 + \cdots + \lambda_k a_k$$

mit $b, a_1, \ldots, a_k \in A$ und $b \neq a_1, a_2, \ldots, a_k$. Dann gilt:

$$\langle A\backslash\{b\}\rangle = \langle A\rangle.$$

Das ist ein Widerspruch! Also ist A linear unabhängig.

2.) Sei A linear unabhängig. Angenommen

$$\langle A\backslash\{b\}\rangle = \langle A\rangle$$

für ein $b \in A$. Dann folgt: $b = \lambda_1 a_1 + \cdots + \lambda_k a_k$ mit $a_1, \ldots, a_k \in A$ und $a_i \neq b$ für $i = 1$ bis k. Widerspruch zu „A ist linear unabhängig". $\qquad\square$

Satz 3.7. Es sei A eine Menge von Vektoren eines Vektorraums (V, K). Die Menge A ist genau dann linear unabhängig, wenn Folgendes gilt: Sind $a_1, \ldots, a_k$ verschiedene Vektoren aus A und

$$\lambda_1 a_1 + \lambda_2 a_2 + \cdots + \lambda_k a_k = 0,$$

so folgt $\lambda_1 = \lambda_2 = \cdots = \lambda_k = 0$. Das heißt, den Nullvektor kann man nur *trivial* kombinieren.

Beweis. Der Satz ist richtig, wenn A aus nur einem Vektor besteht. A bestehe also aus mehr als einem Vektor.

1.) Es sei A linear unabhängig. Angenommen $a_1, a_2, \ldots, a_k \in A$ sind verschieden und

$$\lambda_1 a_1 + \cdots + \lambda_k a_k = 0 \quad \text{und z. B. } \lambda_1 \neq 0.$$

Dann folgt:

$$a_1 = -\frac{\lambda_2}{\lambda_1} a_2 - \cdots - \frac{\lambda_k}{\lambda_1} a_k.$$

Widerspruch zur linearen Unabhängigkeit von A.

2.) Aus $\lambda_1 a_1 + \cdots + \lambda_k a_k = 0$ [$a_i \in A$ verschieden] folgt

$$\lambda_1 = \lambda_2 = \cdots = \lambda_k = 0.$$

Angenommen A ist linear abhängig. Dann gibt es verschiedene $b, a_1, \ldots, a_k \in A$ mit $b = \lambda_1 a_1 + \cdots + \lambda_k a_k$. Es folgt:

$$\lambda_1 a_1 + \cdots + \lambda_k a_k - b = 0.$$

Widerspruch! □

Bemerkung. Der letzte Satz gibt das Standardverfahren an, mit dem man die lineare Unabhängigkeit einer Menge an Vektoren prüft.

Beispiel. Gegeben sind drei Vektoren aus $(\mathbb{R}^3, \mathbb{R})$:

$$a = \begin{pmatrix} 1 \\ 1 \\ 2 \end{pmatrix}, \quad b = \begin{pmatrix} 0 \\ 1 \\ 1 \end{pmatrix}, \quad c = \begin{pmatrix} 1 \\ 0 \\ 0 \end{pmatrix}.$$

Ist $\{a, b, c\}$ linear unabhängig?

$$\alpha \begin{pmatrix} 1 \\ 1 \\ 2 \end{pmatrix} + \beta \begin{pmatrix} 0 \\ 1 \\ 1 \end{pmatrix} + \gamma \begin{pmatrix} 1 \\ 0 \\ 0 \end{pmatrix} = \begin{pmatrix} 0 \\ 0 \\ 0 \end{pmatrix}.$$

Daraus ergibt sich das Gleichungssystem:
(1) $\alpha + \gamma = 0$
(2) $\alpha + \beta = 0$
(3) $2\alpha + \beta = 0.$

Die einzige Lösung des Systems ist $\alpha = \beta = \gamma = 0$. Also ist $\{a, b, c\}$ linear unabhängig.

Satz 3.8. Es sei A eine Menge von Vektoren mit $A \neq \{0\}$. A ist genau dann linear unabhängig, wenn Folgendes gilt: Jedes $x \in \langle A \rangle \backslash \{0\}$ lässt sich auf genau eine Weise als Linearkombination von verschiedenen Vektoren aus A darstellen. Das heißt,

$$x = \lambda_1 a_1 + \cdots + \lambda_k a_k$$

ist eindeutig, wobei $a_1, \ldots, a_k$ verschieden sind und kein λ_i gleich 0 ist.

Beweis. Der Satz ist richtig, falls $0 \in A$. Also gelte $0 \notin A$.
1.) Es sei A linear unabhängig. Angenommen $x \in \langle A \rangle \backslash \{0\}$ mit

$$x = \lambda_1 a_1 + \cdots + \lambda_k a_k$$

mit $a_1, \ldots, a_k \in A$ verschieden und $\lambda_1, \ldots, \lambda_k \neq 0$. Sei

$$x = \mu_1 b_1 + \cdots + \mu_r b_r$$

eine weitere Darstellung mit $b_1, \ldots, b_r \in A$ verschieden und $\mu_1, \ldots, \mu_r \neq 0$. Dann folgt zum Beispiel:

$$a_1 = \frac{\mu_1}{\lambda_1} b_1 + \cdots + \frac{\mu_r}{\lambda_1} b_r - \frac{\lambda_2}{\lambda_1} a_2 - \cdots - \frac{\lambda_k}{\lambda_1} a_k.$$

Da A linear unabhängig ist, muss es ein b_i geben mit $a_1 = b_i$. Dasselbe gilt für $a_2, \ldots, a_k$. Damit folgt

$$\{a_1, \ldots, a_k\} \subset \{b_1, \ldots, b_r\}.$$

Aber auch umgekehrt gilt:

$$\{b_1, \ldots, b_r\} \subset \{a_1, \ldots, a_k\}.$$

Damit gilt

$$\{b_1, \ldots, b_r\} = \{a_1, \ldots, a_k\} \text{ insbesondere ist } r = k.$$

Wir nehmen an $a_1 = b_1, \ldots, a_k = b_k$. Dann haben wir:

$$x = \lambda_1 a_1 + \cdots + \lambda_k a_k,$$
$$x = \mu_1 a_1 + \cdots + \mu_k a_k,$$
$$0 = x - x = (\lambda_1 - \mu_1)a_1 + \cdots + (\lambda_k - \mu_k)a_k.$$

Da A unabhängig ist, gilt:

$$\lambda_1 - \mu_1 = 0,$$
$$\vdots$$
$$\lambda_k - \mu_k = 0.$$

Also gilt $\lambda_1 = \mu_1, \ldots, \lambda_k = \mu_k$.

2.) Angenommen jedes $x \in \langle A \rangle \backslash \{0\}$ lässt sich eindeutig kombinieren.
Angenommen A ist linear abhängig. Dann gibt es $b, a_1, \ldots, a_k \in A$ (alle verschieden) mit

$$b = \lambda_1 a_1 + \cdots + \lambda_k a_k.$$

Also kann b auf zwei Arten kombiniert werden, nämlich als b und als $\lambda_1 a_1 + \cdots + \lambda_k a_k$. Widerspruch! $\qquad\square$

Beispiel.

$$e_1 = \begin{pmatrix} 1 \\ 0 \\ 0 \end{pmatrix}, \quad e_2 = \begin{pmatrix} 0 \\ 1 \\ 0 \end{pmatrix}, \quad e_3 = \begin{pmatrix} 0 \\ 0 \\ 1 \end{pmatrix},$$

$\{e_1, e_2, e_3\}$ ist ein linear unabhängiges *Erzeugendensystem* des $\mathbb{R}^3$. Jedes $x \neq 0 \in \mathbb{R}^3$ lässt sich auf genau eine Weise aus den drei Vektoren kombinieren:

$$\begin{pmatrix} \alpha \\ \beta \\ \gamma \end{pmatrix} = \alpha \cdot e_1 + \beta \cdot e_2 + \gamma \cdot e_3.$$

Beispiel. Wir betrachten $\mathbb{R}^{\mathbb{N}}$, den Vektorraum der reellen Zahlenfolgen. U sei der Untervektorraum der Folgen, die nur an endlich vielen Stellen einen Wert $\neq 0$ annehmen,

$$f_i = (0, \ldots, 1, 0, 0, \ldots) \quad i\text{-te Stelle 1, sonst 0}$$
$$[f_i(i) = 1 \quad f_i(n) = 0 \quad \forall n \neq i],$$

$\{f_i, i \in \mathbb{N}\}$ ist ein linear unabhängiges Erzeugendensystem von U. Also lässt sich jede Folge aus $U \setminus \{0\}$ auf genau eine Weise aus endlich vielen f_i kombinieren.

Satz 3.9. Es sei A eine linear unabhängige Menge von Vektoren und $x \notin \langle A \rangle$. Dann ist auch $A \cup \{x\}$ linear unabhängig.

Beweis. Sei $\lambda_1 a_1 + \cdots + \lambda_k a_k + \lambda \cdot x = 0$ mit $a_1, \ldots, a_k$ verschieden. Falls $\lambda = 0$, dann ist auch $\lambda_1 = \cdots = \lambda_k = 0$. Falls $\lambda \neq 0$, dann:

$$x = -\frac{\lambda_1}{\lambda} a_1 - \cdots - \frac{\lambda_k}{\lambda} a_k.$$

Also ist $x \in \langle A \rangle$. Widerspruch! Damit folgt $\lambda_1 = \cdots = \lambda_k = \lambda = 0$. Also ist $A \cup \{x\}$ linear unabhängig. □

Einschub über geordnete Mengen

Es sei M eine Menge mit einer Relation $\leq$ (kleiner-gleich). Die Menge heißt *geordnet*, wenn $\leq$ folgende Eigenschaften erfüllt:
1.) $a \leq a$ für alle $a \in M$ (reflexiv)
2.) $a \leq b$ und $b \leq a \implies a = b$
3.) $a \leq b$ und $b \leq c \implies a \leq c$ (transitiv).

Bemerkung. Es kann *nicht-vergleichbare* Elemente geben, also zum Beispiel weder $a \leq b$ noch $b \leq a$. Die Menge M heißt *total* geordnet oder *Kette*, wenn je zwei Elemente vergleichbar sind.

Definition. Es sei M eine geordnete Menge.
1.) Ein Element m heißt *maximal*, wenn gilt: Aus $m \leq x$ folgt $x = m$ („Es gibt kein größeres Element").

2.) Sei $A \subset M$. Ein Element $x \in M$ heißt obere Schranke von A, wenn für alle $a \in A$ gilt: $a \leq x$.

3.) Wir bezeichnen M als *induktiv* geordnet, wenn jede Kette aus M (total geordnete Teilmenge von M) eine obere Schranke in M hat.

Zorn'sches Lemma. *Es sei $(M, \leq)$ eine induktiv geordnete Menge. Dann gilt: Ist $x \in M$, dann gibt es ein maximales Element m mit $x \leq m$.*

Ohne Beweis, Satz der Mengenlehre.

Satz 3.10. Es sei M ein System von linear unabhängigen Teilmengen eines Vektorraums (V, K). Das heißt: Ist $A \in M$, so ist A eine Menge von linear unabhängigen Vektoren aus V. Ferner habe M die folgende Eigenschaft:

$$A, B \in M \implies A \subset B \text{ oder } B \subset A.$$

Dann gilt: $S = \bigcup M = \bigcup_{A_i \in M} A_i$ ist linear unabhängig.

Beweis. Es seien $x_1, x_2, \ldots, x_k \in S$ und alle x_i verschieden. Wir setzen an:

$$\lambda_1 x_1 + \cdots + \lambda_k x_k = 0.$$

Es gilt dann zum Beispiel: $x_1 \in A_1, x_2 \in A_2, \ldots, x_k \in A_k$. Dann gibt es ein A_i ($1 \leq i \leq k$) mit $x_1, \ldots, x_k \in A_i$. Da A_i linear unabhängig ist, folgt $\lambda_1 = \cdots = \lambda_k = 0$. Damit ist S linear unabhängig. $\qquad\square$

Satz 3.11. Es sei M das System aller linear unabhängigen Teilmengen eines Vektorraums V. Dann ist M bezüglich $\subset$ geordnet ($\subset$ entspricht $\leq$). Ist $\{A_i : i \in J\}$ eine Kette, so ist $S = \bigcup_{i \in J} A_i$ nach dem letzten Satz linear unabhängig, also $S \in M$. S ist somit eine obere Schranke der Kette. Damit können wir das Zorn'sche Lemma anwenden: Ist T eine linear unabhängige Menge, dann gibt es eine maximale linear unabhängige Menge Z, mit $T \subset Z$.

Beweis. Zorn'sches Lemma. $\qquad\square$

Definition. Es sei B eine Menge von Vektoren eines Vektorraums (V, K). B heißt *Basis* von V, wenn B ein linear unabhängiges Erzeugendensystem von V ist.

Beispiele.

1.) Wir betrachten den Vektorraum $(\mathbb{R}^n, \mathbb{R})$. Dann ist

$$\{e_1, e_2, \ldots, e_n\}$$

ein linear unabhängiges Erzeugendensystem, also eine Basis des $\mathbb{R}^n$.

2.) Im $\mathbb{R}^{\mathbb{N}}$ betrachten wir den Untervektorraum U der Folgen, die nur an endlich vielen Stellen $\neq 0$ sind:

$$f_1 = (1, 0, 0, 0, \ldots),$$
$$f_2 = (0, 1, 0, 0, \ldots),$$
$$f_3 = (1, 0, 1, 0, \ldots) \quad \text{usw.}$$

Dann ist $\{f_i : i \in \mathbb{N}\}$ eine Basis von U.

Satz 3.12. Es sei (V, K) ein Vektorraum. Die Basen von V sind genau die maximalen linear unabhängigen Teilmengen von V.

Beweis.
1.) Natürlich ist jede Basis eine maximale linear unabhängige Teilmenge von V.
2.) Es sei C eine maximale linear unabhängige Teilmenge. Zu zeigen ist $\langle C \rangle = V$. Angenommen es gibt ein $x \in V$ mit $x \notin \langle C \rangle$. Dann ist nach Satz 3.9 $C \cup \{x\}$ linear unabhängig. Das ist aber ein Widerspruch zur Maximalität von C. □

Satz 3.13. Es sei (V, K) ein Vektorraum und C eine linear unabhängige Teilmenge von V. Dann gibt es eine Basis B von V mit $C \subset B$. Das heißt, man kann C zu einer Basis von V ergänzen.

Beweis. Folgt aus den letzten beiden Sätzen. □

Bemerkung. Es sei $B = \{b_1, b_2, \ldots, b_n\}$ eine Basis des Vektorraums (V, K). Jeder Vektor x kann auf genau eine Weise als Linearkombination der Basisvektoren geschrieben werden:

$$x = \lambda_1 b_1 + \lambda_2 b_2 + \cdots + \lambda_n b_n.$$

Die Zahlen $\lambda_1, \ldots, \lambda_n$ heißen Koordinaten von x *bezüglich* der Basis B. Wir betrachten die folgende Abbildung

$$\varphi : (V, K) \to (K^n, K),$$

$$x \mapsto \begin{pmatrix} \lambda_1 \\ \vdots \\ \lambda_n \end{pmatrix}$$

mit den Koordinaten $\lambda_1, \ldots, \lambda_n$ von x. Dann ist φ bijektiv und es gilt:
1.) $\varphi(x + y) = \varphi(x) + \varphi(y)$
2.) $\varphi(\lambda \cdot x) = \lambda \cdot \varphi(x)$.

Damit ist φ ein Vektorraumisomorphismus. Die beiden Vektorräume (V, K) und (K^n, K) haben also die gleiche Struktur, sie unterscheiden sich nur in der Art der Darstellung.

Bemerkung. Es sei B eine unendliche Basis des Vektorraums (V, K). Jeder Vektor x kann auf genau eine Weise als Linearkombination von bestimmten Basisvektoren geschrieben werden:

$$x = \lambda_1 b_1 + \lambda_2 b_2 + \cdots + \lambda_n b_n \quad \text{mit } \lambda_i \neq 0.$$

Diese Darstellung von x bezeichnet man als seine Koordinatendarstellung. Wir betrachten nun die Abbildungen $f : B \to K$, die nur an endlich vielen Stellen einen Wert $\neq 0$ annehmen. Diese Abbildungen bilden einen Vektorraum E über K. Jeder solchen Abbildung entspricht die Koordinatendarstellung eines Vektors x aus V. Wir betrachten die Abbildung φ:

$$\varphi : V \to E,$$
$$x = \lambda_1 b_1 + \cdots + \lambda_n b_n \mapsto f \text{ mit } f(b_1) = \lambda_1, \ldots, f(b_n) = \lambda_n$$

und für alle anderen Basisvektoren b gilt $f(b) = 0$.

Dann ist φ bijektiv. Weiter gilt:
1.) $\varphi(x + y) = \varphi(x) + \varphi(y)$
2.) $\varphi(\lambda \cdot x) = \lambda \cdot \varphi(x)$.

Damit ist φ ein Isomorphismus und die beiden Vektorräume haben die gleiche Struktur.

Bemerkung. Wir wissen, dass der Vektorraum $(\mathbb{R}^{\mathbb{N}}, \mathbb{R})$, also der Vektorraum der Zahlenfolgen, eine Basis hat. Es ist aber schwierig, eine solche Basis konkret anzugeben.

Satz 3.14. Es sei $A = \{a_1, a_2, \ldots, a_n\}$, $|A| = n$, eine Basis von (V, K). Dann besteht *jede* Basis von V aus genau n Vektoren.

Beweis. Es sei auch $B = \{b_i : i \in J\}$, b_i verschieden, eine Basis von V. Wir nehmen an $|A| < |B|$. Wir verringern B um einen Basisvektor b_1. $\tilde{B} = B \setminus \{b_1\}$. Dann gibt es ein a_i, das nicht in $\langle \tilde{B} \rangle$ liegt. Wir ersetzen b_1 durch a_i (Austauschsatz). Dann ist $\{a_i, b_2, \ldots\}$ eine Basis von V. So machen wir weiter. Dann ergibt sich:

$$\{a_1, a_2, \ldots, a_n, b_j, b_k, \ldots\} \text{ ist eine Basis von } V.$$

Da aber $\{a_1, \ldots, a_n\}$ bereits eine Basis ist, kann es die $b_j, b_k, \ldots$ nicht geben. Das heißt also:

$$|A| = |B| = n. \qquad \square$$

Bemerkung. Allgemeiner gilt: Es sei (V, K) ein Vektorraum und B eine Basis (B darf jetzt auch unendlich sein). Dann hat jede Basis A von V die gleiche Mächtigkeit wie B, also $|A| = |B|$. Das heißt, es gibt eine bijektive Abbildung zwischen A und B.

Beweis. Es seien A und B zwei Basen von (V, K). Dann ist (V, K) isomorph zu:
1.) dem Vektorraum der Abbildungen von A nach K, die nur an endlich vielen Stellen $\neq 0$ sind;
2.) dem Vektorraum der Abbildungen von B nach K, die nur an endlich vielen Stellen $\neq 0$ sind.

Damit sind die beiden Vektorräume aus 1.) und 2.) isomorph. Insbesondere haben sie gleich viele Vektoren (gleiche Mächtigkeit). Das geht aber nur, wenn A und B gleichmächtig sind. $\qquad\square$

Definition. Es sei (V, K) ein Vektorraum und B eine Basis. Ist $|B| = n$, so heißt n die *Dimension* von V. $n = \dim V$. Ist B unendlich, so heißt die Mächtigkeit von B die Dimension von V. Für $V = \{0\}$ gilt: $\dim V = 0$.

Bemerkung. Ist U ein Untervektorraum von (V, K), so gilt natürlich $\dim U \leq \dim V$.

Bemerkung. Die Dimension von $(\mathbb{R}^n, \mathbb{R})$ ist natürlich n.

Bemerkung. Was für verschiedene Vektorräume über einem bestimmten, festen Körper K gibt es?
1.) $\dim V$ endlich: Die Vektorräume sind (K^n, K) (bis auf Isomorphie).
2.) $\dim V$ unendlich: Sei B eine unendliche Basis und (W, K) der Vektorraum der Abbildungen von B nach K, die nur an endlich vielen Stellen einen Wert $\neq 0$ annehmen. Dann ist (W, K) isomorph zu (V, K). Ersetzt man bei dieser Konstruktion die Basis B durch eine beliebige Menge M der gleichen Mächtigkeit, so entsteht ein isomorpher Vektorraum. Also gibt es, bis auf Isomorphie, zu jeder Mächtigkeit genau einen Vektorraum über K mit dieser Dimension.

Bemerkung. Jetzt betrachten wir Vektorräume mit „Skalarprodukt".

Es sei (V, K) ein Vektorraum und B eine Basis (endlich oder unendlich). (W, K) sei wieder der Vektorraum der Abbildungen von B nach K, die nur an endlich vielen Stellen einen Wert $\neq 0$ annehmen. Wir betrachten erneut den Isomorphismus

$$\varphi : V \to W,$$
$$x = \lambda_1 b_1 + \cdots + \lambda_n b_n \mapsto f : B \to K \text{ mit } f(b_1) = \lambda_1, \ldots, f(b_n) = \lambda_n$$
und für alle anderen Basisvektoren b gilt $f(b) = 0$.

Auf (W, K) haben wir das Skalarprodukt $*$:

$$f * g = \sum_{b_i \in B} f(b_i) \cdot g(b_i) \qquad \text{(das ist wohldefiniert!)}.$$

Wir haben also die Struktur $(W, K, *)$. Wählt man eine andere Basis als B, so erhält man natürlich eine isomorphe (gleiche) Struktur. Das Skalarprodukt $*$ können wir nun auf

(V, K) übertragen. Für $a, b \in V$ sei $a \circ b = \varphi(a) * \varphi(b)$. Die Strukturen $(V, K, \circ)$ und $(W, K, *)$ sind isomorph. Die Basis B ist bezüglich $\circ$ eine Orthonormalbasis. Das heißt, es gilt:

$$b \circ b = 1 \quad \forall b \in B,$$
$$b_1 \circ b_2 = 0 \quad \text{für } b_1 \neq b_2.$$

Wir wissen also: Ist K ein Körper und d eine „Mächtigkeit" (oder eine natürliche Zahl), dann gibt es dazu, bis auf Isomorphie, genau einen Vektorraum der Dimension d mit einem „natürlichen Skalarprodukt".

Bemerkung. Es sei $(V, \mathbb{R})$ ein reeller Vektorraum der Dimension n. $A = \{a_1, \ldots, a_n\}$ und $B = \{b_1, \ldots, b_n\}$ seien zwei Basen. Dann können wir bezüglich A und bezüglich B ein Skalarprodukt definieren:

$$\circ : V \times V \to \mathbb{R},$$
$$(\lambda_1 a_1 + \cdots + \lambda_n a_n) \circ (\mu_1 a_1 + \cdots + \mu_n a_n) = \lambda_1 \mu_1 + \cdots + \lambda_n \mu_n,$$
$$\square : V \times V \to \mathbb{R},$$
$$(\lambda_1 b_1 + \cdots + \lambda_n b_n) \square (\mu_1 b_1 + \cdots + \mu_n b_n) = \lambda_1 \mu_1 + \cdots + \lambda_n \mu_n.$$

- Bezüglich $\circ$ ist A eine Orthonormalbasis.
- Bezüglich $\square$ ist B eine Orthonormalbasis.

Sei nun G ein „geometrisches Objekt" in V. Je nachdem welches Skalarprodukt (welche Orthonormalbasis) man verwendet, sieht G aber immer anders aus. Stellen wir uns vor, ein Beobachter X verwendet A als Orthonormalbasis (Skalarprodukt $\circ$) und ein Beobachter Y verwendet B als Orthonormalbasis (Skalarprodukt $\square$). Dann sehen X und Y die „gleiche Welt" (das sind die Objekte im Vektorraum V) ganz verschieden.

Beispiel. Gegeben seien der Vektorraum $(\mathbb{R}^2, \mathbb{R})$ und zwei Punkte

$$P = \begin{pmatrix} 2 \\ 5 \end{pmatrix}, \quad Q = \begin{pmatrix} 6 \\ 3 \end{pmatrix}.$$

Weiter gegeben seien zwei Basen:

$$A = \{a_1, a_2\}, \quad a_1 = \begin{pmatrix} 2 \\ -1 \end{pmatrix}, \quad a_2 = \begin{pmatrix} 4 \\ 4 \end{pmatrix},$$
$$B = \{b_1, b_2\}, \quad b_1 = \begin{pmatrix} 3 \\ -3 \end{pmatrix}, \quad b_2 = \begin{pmatrix} 3 \\ 6 \end{pmatrix}.$$

Man berechne den Abstand von P und Q mit den beiden Skalarprodukten, die zu den Basen A und B gehören.

1.) Basis A: Jetzt ist A eine Orthonormalbasis:

$$P = (-1) \cdot a_1 + a_2 \rightsquigarrow \text{Koordinaten: } \begin{pmatrix} -1 \\ 1 \end{pmatrix},$$

$$Q = a_1 + a_2 \rightsquigarrow \text{Koordinaten: } \begin{pmatrix} 1 \\ 1 \end{pmatrix},$$

$$\begin{pmatrix} 1 \\ 1 \end{pmatrix} - \begin{pmatrix} -1 \\ 1 \end{pmatrix} = \begin{pmatrix} 2 \\ 0 \end{pmatrix},$$

$$\text{Abstand } = \sqrt{\begin{pmatrix} 2 \\ 0 \end{pmatrix} * \begin{pmatrix} 2 \\ 0 \end{pmatrix}} = \sqrt{4} = 2.$$

2.) Basis B: Jetzt ist B eine Orthonormalbasis:

$$P = -\frac{1}{9} \cdot b_1 + \frac{7}{9} \cdot b_2 \rightsquigarrow \text{Koordinaten: } \begin{pmatrix} -\frac{1}{9} \\ \frac{7}{9} \end{pmatrix},$$

$$Q = b_1 + b_2 \rightsquigarrow \text{Koordinaten: } \begin{pmatrix} 1 \\ 1 \end{pmatrix},$$

$$\begin{pmatrix} 1 \\ 1 \end{pmatrix} - \begin{pmatrix} -\frac{1}{9} \\ \frac{7}{9} \end{pmatrix} = \begin{pmatrix} \frac{10}{9} \\ \frac{2}{9} \end{pmatrix},$$

$$\text{Abstand } = \sqrt{\begin{pmatrix} \frac{10}{9} \\ \frac{2}{9} \end{pmatrix} * \begin{pmatrix} \frac{10}{9} \\ \frac{2}{9} \end{pmatrix}} = \sqrt{\frac{104}{81}} = 1.133\ldots.$$

Man kann jetzt fragen: Was ist nun eigentlich der wahre Abstand von P und Q? Dies ist eine irreführende Frage, da der Abstand ja nicht einfach da ist. Er wird erst durch ein Skalarprodukt definiert und je nach Skalarprodukt erhält man verschiedene Abstände. Wir sind dabei so vorgegangen: Man wählt eine Basis und sagt: „Das ist eine Orthonormalbasis." Die weiteren Rechnungen führt man in Koordinaten bezüglich dieser Basis aus und verwendet das „natürliche" Skalarprodukt.

Satz 3.15. Es sei (V, K) ein Vektorraum der Dimension n. Seien U_1 und U_2 zwei Untervektorräume. $U = \langle U_1 \cup U_2 \rangle$. Dann gilt:

$$\dim U = \dim U_1 + \dim U_2 - \dim U_1 \cap U_2.$$

Erinnerung: $U = U_1 + U_2 = \{u_1 + u_2 : u_1 \in U_1, u_2 \in U_2\}$.

Beweis.
1. Fall: $U_1 \cap U_2 = \{0\}$. Sei $\{a_1, \ldots, a_r\}$ eine Basis von U_1 und $\{b_1, \ldots, b_s\}$ eine Basis von U_2. Zeige, dass

$$\{a_1, \ldots, a_r, b_1, \ldots, b_s\}$$

linear unabhängig ist:

$$\lambda_1 a_1 + \cdots + \lambda_r a_r + \mu_1 b_1 + \cdots + \mu_s b_s = 0$$
$$\implies \quad \lambda_1 a_1 + \cdots + \lambda_r a_r = -\mu_1 b_1 - \cdots - \mu_s b_s$$
$$\implies \quad \lambda_1 a_1 + \cdots \lambda_r a_r = 0 \text{ und } -\mu_1 b_1 - \cdots - \mu_s b_s = 0$$
$$\implies \quad \lambda_1 = \cdots = \lambda_r = 0 \text{ und } \mu_1 = \cdots = \mu_s = 0.$$

Damit ist $\{a_1, \ldots, a_r, b_1, \ldots, b_s\}$ linear unabhängig.

2. Fall: $U_1 = U_2$ oder $U_1 \subset U_2$ oder $U_2 \subset U_1$. Dann ist die Formel richtig.

3. Fall:

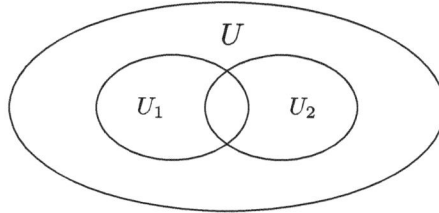

Es sei $S = U_1 \cap U_2$ und $C = \{c_1, \ldots, c_k\}$ eine Basis von S. C kann zu einer Basis von U_1 und zu einer Basis von U_2 erweitert werden:

$$\{c_1, \ldots, c_k, a_1, \ldots, a_r\} \quad \text{Basis von } U_1,$$
$$\{c_1, \ldots, c_k, b_1, \ldots, b_s\} \quad \text{Basis von } U_2.$$

Dann gilt natürlich $a_i \neq b_j$ für $i = 1, \ldots, r$ und $j = 1, \ldots, s$. Wir zeigen:

$$D = \{c_1, \ldots, c_k, a_1, \ldots, a_r, b_1, \ldots, b_s\} \text{ ist eine Basis von } U.$$

Natürlich ist D ein Erzeugendensystem von U. Noch zu zeigen ist die lineare Unabhängigkeit von D. Es sei a eine Kombination der a_i, b eine Kombination der b_i und c eine Kombination der c_i. Dann ist $\{a, b, c\}$ linear unabhängig (außer $a = b = c = 0$). Wir setzen an:

$$\underbrace{\gamma_1 c_1 + \cdots + \gamma_k c_k}_{c} + \underbrace{\alpha_1 a_1 + \cdots + \alpha_r a_r}_{a} + \underbrace{\beta_1 b_1 + \cdots + \beta_s b_s}_{b} = 0,$$

a, b, c müssen 0 sein, da man aus linear unabhängigen Vektoren durch Addition die 0 nicht erhält. Daraus folgt:

$$\gamma_1 = \cdots = \gamma_k = 0,$$
$$\alpha_1 = \cdots = \alpha_r = 0,$$
$$\beta_1 = \cdots = \beta_s = 0.$$

Also ist D linear unabhängig. $\qquad\qquad\qquad\qquad\qquad\qquad\qquad\qquad\qquad\qquad\square$

Übungen zu Kapitel 3

1.) Gegeben sind vier Vektoren des $\mathbb{R}^4$:

$$\begin{pmatrix} 1 \\ 3 \\ 0 \\ 4 \end{pmatrix}, \quad \begin{pmatrix} 0 \\ 1 \\ 1 \\ 2 \end{pmatrix}, \quad \begin{pmatrix} 3 \\ 1 \\ 1 \\ 1 \end{pmatrix}, \quad \begin{pmatrix} 11 \\ 8 \\ 2 \\ 9 \end{pmatrix}.$$

Sind die vier Vektoren linear unabhängig?

$$\alpha \cdot \begin{pmatrix} 1 \\ 3 \\ 0 \\ 4 \end{pmatrix} + \beta \cdot \begin{pmatrix} 0 \\ 1 \\ 1 \\ 2 \end{pmatrix} + \gamma \cdot \begin{pmatrix} 3 \\ 1 \\ 1 \\ 1 \end{pmatrix} + \delta \cdot \begin{pmatrix} 11 \\ 8 \\ 2 \\ 9 \end{pmatrix} = \begin{pmatrix} 0 \\ 0 \\ 0 \\ 0 \end{pmatrix},$$

$$(1): \quad \alpha + 0 + 3\gamma + 11\delta = 0,$$
$$(2): \quad 3\alpha + \beta + \gamma + 8\delta,$$
$$(3): \quad 0 + \beta + \gamma + 2\delta = 0,$$
$$(4): \quad 4\alpha + 2\beta + \gamma + 9\delta = 0.$$

Wir formen das Gleichungssystem in ein äquivalentes (gleiche Lösungsmenge) um:

$$(1): \quad \alpha + 0 + 3\gamma + 11\delta = 0,$$
$$(2): \quad 0 + \beta - 8\gamma - 25\delta = 0, \quad (2) - 3 \cdot (1),$$
$$(3): \quad 0 + \beta + \gamma + 2\delta = 0,$$
$$(4): \quad 4\alpha + 2\beta + \gamma + 9\delta = 0, \quad (4) - 4 \cdot (1),$$

$$(1): \quad \alpha + 0 + 3\gamma + 11\delta = 0,$$
$$(2): \quad 0 + \beta - 8\gamma - 25\delta = 0,$$
$$(3): \quad 0 + 0 + 9\gamma + 27\delta = 0, \quad (3) - (2),$$
$$(4): \quad 0 + 0 + 5\gamma + 15\delta = 0, \quad (4) - 2 \cdot (2),$$

$$(1): \quad \alpha + 0 + 3\gamma + 11\delta = 0,$$
$$(2): \quad 0 + \beta - 8\gamma - 25\delta = 0,$$
$$(3): \quad 0 + 0 + 9\gamma + 27\delta = 0,$$
$$(4): \quad 0 + 0 + 0 + 0 = 0, \quad (4) - \frac{5}{9} \cdot 3.$$

Wir geben eine Lösung des letzten Gleichungssystems an („von unten auflösen"). Wähle $\delta = 1$:

$$(3): \quad 9\gamma + 27 = 0 \implies \gamma = -3,$$

$$(2): \quad \beta + 24 - 25 = 0 \implies \beta = 1,$$

$$(1): \quad \alpha - 9 + 11 = 0 \implies \alpha = -2.$$

Damit gilt:

$$(-2) \cdot \begin{pmatrix} 1 \\ 3 \\ 0 \\ 4 \end{pmatrix} + 1 \cdot \begin{pmatrix} 0 \\ 1 \\ 1 \\ 2 \end{pmatrix} - 3 \cdot \begin{pmatrix} 3 \\ 1 \\ 1 \\ 1 \end{pmatrix} + 1 \cdot \begin{pmatrix} 11 \\ 8 \\ 2 \\ 9 \end{pmatrix} = 0.$$

Also sind die vier Vektoren linear abhängig.

2.) Die Vektoren $b_1 = \begin{pmatrix} 2 \\ 3 \end{pmatrix}$ und $b_2 = \begin{pmatrix} -1 \\ 4 \end{pmatrix}$ bilden eine Basis des $\mathbb{R}^2$. Man suche die Koordinaten von $\begin{pmatrix} 7 \\ -3 \end{pmatrix}$ bezüglich dieser Basis:

$$\alpha \cdot \begin{pmatrix} 2 \\ 3 \end{pmatrix} + \beta \cdot \begin{pmatrix} -1 \\ 4 \end{pmatrix} = \begin{pmatrix} 7 \\ -3 \end{pmatrix},$$

$$(1): \quad 2\alpha - \beta = 7,$$

$$(2): \quad 3\alpha + 4\beta = -3.$$

Als Lösung ergibt sich: $\alpha = \frac{25}{11}, \beta = -\frac{27}{11}$. Das sind die gesuchten Koordinaten.

3.) Im $\mathbb{R}^2$ seien zwei Basen $A = \{a_1, a_2\}$ und $B = \{b_1, b_2\}$ gegeben. Wir stellen uns die folgende Aufgabe: Gegeben sind Vektoren in Koordinaten bezüglich A. Wir suchen die Koordinaten bezüglich B. Dazu wollen wir eine „Umrechnungsformel" finden:

$$x = \alpha_1 a_1 + \alpha_2 a_2 \quad (\alpha_1 \text{ und } \alpha_2 \text{ gegeben}),$$

$$x = \beta_1 b_1 + \beta_2 b_2 \quad (\beta_1 \text{ und } \beta_2 \text{ gesucht}),$$

$$a_1 = \gamma_1 b_1 + \gamma_2 b_2 \quad (\text{berechne } \gamma_1 \text{ und } \gamma_2),$$

$$a_2 = \delta_1 b_1 + \delta_2 b_2 \quad (\text{berechne } \delta_1 \text{ und } \delta_2),$$

$$x = \alpha_1(\gamma_1 b_1 + \gamma_2 b_2) + \alpha_2(\delta_1 b_1 + \delta_2 b_2),$$

$$x = (\alpha_1 \gamma_1 + \alpha_2 \delta_1) \cdot b_1 + (\alpha_1 \gamma_2 + \alpha_2 \delta_2) \cdot b_2.$$

Damit haben wir die Umrechnungsformel (Koordinatentransformation):

$$\begin{pmatrix} \alpha_1 \\ \alpha_2 \end{pmatrix} \mapsto \begin{pmatrix} \alpha_1 \gamma_1 + \alpha_2 \delta_1 \\ \alpha_1 \gamma_2 + \alpha_2 \delta_2 \end{pmatrix}.$$

4.) Es seien a, b, c, d vier linear unabhängige Vektoren. Sind dann auch $a + b, c - d, b + c$, d linear unabhängig?

$$\alpha \cdot (a + b) + \beta \cdot (c - d) + \gamma \cdot (b + c) + \delta \cdot d = 0,$$
$$\alpha \cdot a + (\alpha + \gamma) \cdot b + (\beta + \gamma) \cdot c + (-\beta + \delta) \cdot d = 0.$$

Es folgt:

$$(1): \quad \alpha = 0,$$
$$(2): \quad \alpha + \gamma = 0 \quad \Longrightarrow \quad \gamma = 0,$$
$$(3): \quad \beta + \gamma = 0 \quad \Longrightarrow \quad \beta = 0,$$
$$(4): \quad -\beta + \delta = 0 \quad \Longrightarrow \quad \delta = 0.$$

Also sind die vier Vektoren linear unabhängig.

5.) Die Vektoren $b_1 = \binom{2}{1}$ und $b_2 = \binom{1}{3}$ sind eine Basis des $\mathbb{R}^2$. Einem Beobachter B erscheine diese Basis als Orthonormalbasis (Für ihn ist das eine Orthonormalbasis!). Man bestimme die Kurve im $\mathbb{R}^2$, die dem Beobachter B als Kreis mit Radius 1 um 0 erscheint.

Für einen Punkt $\binom{x}{y}$ müssen wir die Koordinaten bezüglich der Basis $\{b_1, b_2\}$ berechnen:

$$\binom{x}{y} = \lambda_1 b_1 + \lambda_2 b_2 = \lambda_1 \cdot \binom{2}{1} + \lambda_2 \cdot \binom{1}{3},$$
$$(1): \quad x = 2\lambda_1 + \lambda_2,$$
$$(2): \quad y = \lambda_1 + 3\lambda_2,$$
$$\Longrightarrow \lambda_1 = \frac{3x - y}{5} \quad \text{und} \quad \lambda_2 = \frac{2y - x}{5}.$$

Damit ergibt sich der Kreis des Beobachters B:

$$\lambda_1^2 + \lambda_2^2 = 1,$$
$$\left(\frac{3x - y}{5} \right)^2 + \left(\frac{2y - x}{5} \right)^2 = 1.$$

Das lösen wir auf:

$$(3x - y)^2 + (2y - x)^2 = 25,$$
$$5y^2 + 10x^2 - 10xy = 25,$$
$$y^2 + 2x^2 - 2xy = 5.$$

Die Lösungsmenge dieser Gleichung ist die gesuchte Kurve. Es handelt sich um eine Ellipse, die ungefähr so aussieht:

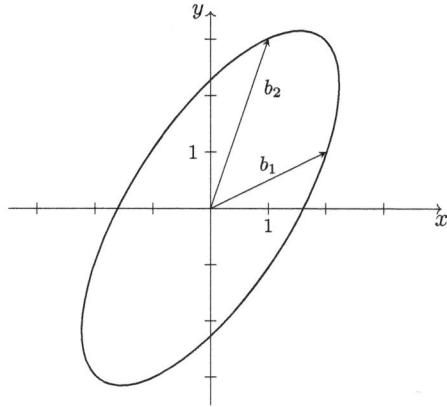

4 Lineare Abbildungen und Matrizen

Definition. Eine Abbildung φ von einem Vektorraum (V, K) in einen Vektorraum (W, K) (gleicher Körper) heißt *linear*, wenn gilt:

1.) $\varphi(a + b) = \varphi(a) + \varphi(b)$ für alle $a, b \in V$
2.) $\varphi(\lambda \cdot a) = \lambda \cdot \varphi(a)$ für alle $\lambda \in K$ und $a \in V$.

Für lineare Abbildungen folgt sofort:

$$\varphi(0) = \varphi(0 + 0) = \varphi(0) + \varphi(0) \implies \varphi(0),$$

$$\varphi(\alpha \cdot a + \beta \cdot b + \gamma \cdot c) = \alpha \cdot \varphi(a) + \beta \cdot \varphi(b) + \gamma \cdot \varphi(c).$$

Beispiel.

$$\varphi : \mathbb{R}^2 \to \mathbb{R}^2,$$

$$\begin{pmatrix} x \\ y \end{pmatrix} \mapsto \begin{pmatrix} 2x + y \\ x \end{pmatrix}.$$

Ist φ linear?

1.)

$$\varphi(a + b) = \varphi \begin{pmatrix} a_1 + b_1 \\ a_2 + b_2 \end{pmatrix} = \begin{pmatrix} 2 \cdot (a_1 + b_1) + a_2 + b_2 \\ a_1 + b_1 \end{pmatrix},$$

$$\varphi(a) + \varphi(b) = \begin{pmatrix} 2a_1 + a_2 \\ a_1 \end{pmatrix} + \begin{pmatrix} 2b_1 + b_2 \\ b_1 \end{pmatrix} = \begin{pmatrix} 2a_1 + a_2 + 2b_1 + b_2 \\ a_1 + b_1 \end{pmatrix}.$$

2.)

$$\varphi(\lambda \cdot a) = \varphi \begin{pmatrix} \lambda a_1 \\ \lambda a_2 \end{pmatrix} = \begin{pmatrix} 2\lambda a_1 + \lambda a_2 \\ \lambda a_1 \end{pmatrix},$$

$$\lambda \cdot \varphi(a) = \lambda \cdot \begin{pmatrix} 2a_1 + a_2 \\ a_1 \end{pmatrix} = \begin{pmatrix} 2\lambda a_1 + \lambda a_2 \\ \lambda a_1 \end{pmatrix}.$$

Also ist φ linear.

Beispiel.

$$\varphi : \mathbb{R}^2 \to \mathbb{R}^2,$$

$$\begin{pmatrix} x \\ y \end{pmatrix} \mapsto \begin{pmatrix} y + 1 \\ 2x \end{pmatrix},$$

$$\varphi(0) = \varphi \begin{pmatrix} 0 \\ 0 \end{pmatrix} = \begin{pmatrix} 1 \\ 0 \end{pmatrix} \neq \begin{pmatrix} 0 \\ 0 \end{pmatrix}.$$

Also ist φ nicht linear!

https://doi.org/10.1515/9783111382562-004

Beispiel. Drehung φ in der Ebene $\mathbb{R}^2$ mit Zentrum 0 und Drehwinkel α.

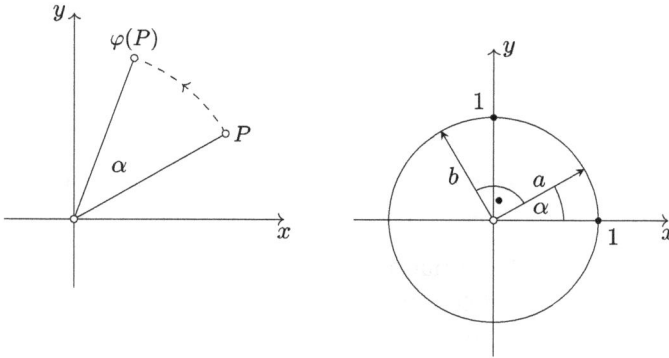

Der Punkt $P = \binom{x}{y}$ wird um den Winkel α gedreht. Dann hat er im Koordinatensystem a, b auch wieder die Koordinaten x, y. Also: $\varphi(P) = x \cdot a + y \cdot b$:

$$a = \begin{pmatrix} \cos\alpha \\ \sin\alpha \end{pmatrix}, \quad b = \begin{pmatrix} -\sin\alpha \\ \cos\alpha \end{pmatrix},$$

$$\varphi\begin{pmatrix} x \\ y \end{pmatrix} = x \cdot \begin{pmatrix} \cos\alpha \\ \sin\alpha \end{pmatrix} + y \cdot \begin{pmatrix} -\sin\alpha \\ \cos\alpha \end{pmatrix} = \begin{pmatrix} x\cos\alpha - y\sin\alpha \\ x\sin\alpha + y\cos\alpha \end{pmatrix}.$$

Damit haben wir eine formelmäßige Darstellung der Drehung gefunden. Man rechnet dann leicht nach, dass φ linear ist.

Bemerkung. Eine Drehung mit Zentrum $\neq 0$ ist nicht linear, da 0 nicht auf 0 abgebildet wird.

Satz 4.1.
1.) Sind $\varphi : V \to W$ und $\psi : W \to Z$ linear, so ist auch ihre Komposition $\psi \circ \varphi$ linear.
2.) Ist $\varphi : V \to W$ linear und bijektiv, so nennt man φ einen Isomorphismus. Die Umkehrabbildung φ^{-1} ist dann ebenfalls ein Isomorphismus.

Beweis. Einfaches Nachrechnen. □

Bemerkung. Gibt es zwischen zwei Vektorräumen einen Isomorphismus, so haben die beiden Vektorräume die gleiche „Vektorraumstruktur".

Beispiel. Es sei (V, K) ein n-dimensionaler Vektorraum und $\{b_1, \ldots, b_n\}$ eine Basis. Die folgende Abbildung ist dann ein Isomorphismus:

$$\varphi : V \to K^n,$$

$$\beta_1 b_1 + \cdots + \beta_n b_n \mapsto \begin{pmatrix} \beta_1 \\ \beta_2 \\ \vdots \\ \beta_n \end{pmatrix}.$$

Beweis. Die Abbildung φ bildet einen Vektor x auf seinen Koordinatenvektor ab. Natürlich ist φ bijektiv. Einfaches Nachrechnen zeigt die Linearität. $\square$

Beispiel. Es sei (V, K) ein Vektorraum und B eine Basis. Die Mächtigkeit von B sei unendlich. Sei W die Menge der Abbildungen von B nach K, die nur an endlich vielen Stellen einen Wert $\neq 0$ annehmen. Dann ist (W, K) ein zu (V, K) isomorpher Vektorraum. Der zugehörige Isomorphismus ist:

$$\varphi : V \to W,$$

$$\lambda_1 b_1 + \cdots + \lambda_n b_n \mapsto f : B \to K,$$

$$\text{mit } f(b_1) = \lambda_1, \ldots, f(b_n) = \lambda_n, \text{ sonst } f(b) = 0.$$

Beweis. Einfaches Nachrechnen. $\square$

Satz 4.2. Es sei (V, K) ein Vektorraum und G die Menge der Isomorphismen von V nach V. Auf G definieren wir als Verknüpfung die Komposition von Abbildungen. Dann ist $(G, \circ)$ eine Gruppe, die *Isomorphismengruppe* von V.

Beweis. Einfaches Nachrechnen. $\square$

Satz 4.3. Es sei $\varphi : V \to W$ eine lineare Abbildung. Dann gilt:
1.) Das Bild eines Untervektorraums ist wieder ein Untervektorraum.
2.) Das Urbild eines Untervektorraums (von W) ist wieder ein Untervektorraum.

Beweis.
1.) Sei also U ein Untervektorraum von V. Bild von U: $\varphi(U) = \{\varphi(x) : x \in U\}$. Seien $\varphi(a), \varphi(b) \in \varphi(U)$. Dann gilt: $\varphi(a) + \varphi(b) = \varphi(a + b) \in \varphi(U)$. Ferner gilt $\lambda \cdot \varphi(a) = \varphi(\lambda \cdot a) \in \varphi(U)$.
2.)

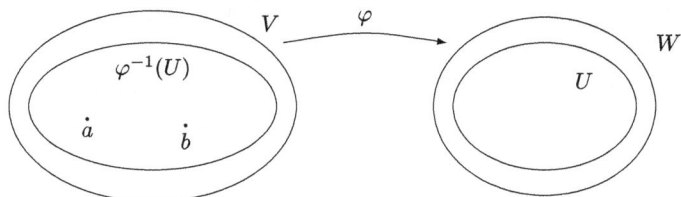

Sei also U ein Untervektorraum von W. Urbild von U: $\varphi^{-1}(U) = \{x \in V : \varphi(x) \in U\}$. Es seien $a, b \in \varphi^{-1}(U)$ und $\lambda \in K$. Zeige: $a + b \in \varphi^{-1}(U)$:

$$\varphi(a + b) = \varphi(a) + \varphi(b) \in U.$$

Zeige: $\lambda \cdot a \in \varphi^{-1}(U)$:

$$\varphi(\lambda \cdot a) = \lambda \cdot \varphi(a) \in U.$$

Natürlich ist $0 \in \varphi^{-1}(U)$. Damit ist $\varphi^{-1}(U)$ ein Untervektorraum. $\square$

Beispiel. Gegeben sei die lineare Abbildung

$$\varphi : \mathbb{R}^3 \to \mathbb{R}^2,$$

$$\begin{pmatrix} x \\ y \\ z \end{pmatrix} \mapsto \begin{pmatrix} x + 2y \\ 2x + 4y + z \end{pmatrix}.$$

Wir suchen die Bilder der Untervektorräume:

$$g : \lambda \cdot \begin{pmatrix} 2 \\ -1 \\ 0 \end{pmatrix} \quad \text{und} \quad h : \lambda \cdot \begin{pmatrix} 1 \\ 1 \\ 1 \end{pmatrix}.$$

Beides sind Geraden durch 0.

1.)

$$\varphi(g) = \varphi\left(\left\{\lambda \cdot \begin{pmatrix} 2 \\ -1 \\ 0 \end{pmatrix} : \lambda \in \mathbb{R}\right\}\right)$$

$$= \left\{\lambda \cdot \varphi\begin{pmatrix} 2 \\ -1 \\ 0 \end{pmatrix} : \lambda \in \mathbb{R}\right\}$$

$$= \left\{\lambda \cdot \begin{pmatrix} 0 \\ 0 \end{pmatrix} : \lambda \in \mathbb{R}\right\}$$

$$= \left\{\begin{pmatrix} 0 \\ 0 \end{pmatrix}\right\},$$

g wird also auf 0 abgebildet.

2.)

$$\varphi(h) = \varphi\left(\left\{\lambda \cdot \begin{pmatrix} 1 \\ 1 \\ 1 \end{pmatrix} : \lambda \in \mathbb{R}\right\}\right)$$

$$= \left\{ \lambda \cdot \varphi \begin{pmatrix} 1 \\ 1 \\ 1 \end{pmatrix} : \lambda \in \mathbb{R} \right\}$$

$$= \left\{ \lambda \cdot \begin{pmatrix} 3 \\ 7 \end{pmatrix} : \lambda \in \mathbb{R} \right\}.$$

Also wird h auf die Gerade $\lambda \cdot \begin{pmatrix} 3 \\ 7 \end{pmatrix}$ abgebildet.

Definition. Es sei $\varphi : V \to W$ eine lineare Abbildung. $\varphi^{-1}(\{0\})$ ist ein Untervektorraum von V und heißt der *Kern* von φ.

Beispiel. Gegeben ist die lineare Abbildung

$$\varphi : \mathbb{R}^2 \to \mathbb{R}^2,$$

$$\begin{pmatrix} x \\ y \end{pmatrix} \mapsto \begin{pmatrix} 2x + 3y \\ 4x + 6y \end{pmatrix}.$$

Suche den Kern von φ. Suche also alle $\begin{pmatrix} x \\ y \end{pmatrix}$ mit $\varphi\begin{pmatrix} x \\ y \end{pmatrix} = \begin{pmatrix} 0 \\ 0 \end{pmatrix}$.
1.) $2x + 3y = 0$
2.) $4x + 6y = 0$.

Die Lösungsmenge dieses Gleichungssystems ist der Kern von φ. Beide Gleichungen stellen dieselbe Gerade dar. Der Kern von φ ist also die Gerade durch 0 mit der Gleichung $2x + 3y = 0$.

Satz 4.4. Es sei $\varphi : V \to W$ eine lineare Abbildung. φ ist genau dann injektiv, wenn gilt: Kern $\varphi = \{0\}$.

Beweis.
1.) Es sei φ injektiv. Dann ist natürlich Kern $\varphi = \{0\}$.
2.) Es sei Kern $\varphi = \{0\}$:

$$\varphi(a) = \varphi(b) \implies \varphi(a) - \varphi(b) = 0$$
$$\implies \varphi(a - b) = 0$$
$$\implies a - b \in \text{Kern } \varphi$$
$$\implies a - b = 0$$
$$\implies a = b.$$

Also ist φ injektiv. $\qquad\qquad\square$

Satz 4.5. *Die Dimensionsformel*: Es sei $\varphi : V \to W$ eine lineare Abbildung und dim $V = n$. Dann gilt:

$$\dim V = \dim \varphi(V) + \dim \text{Kern } \varphi.$$

Beweis. Es sei $\{b_1, \ldots, b_k\}$ eine Basis von Kern φ (Bei Kern $\varphi = \{0\}$ ist das die leere Menge). Wir erweitern sie zu einer Basis von V:

$$\{b_1, \ldots, b_k, a_{k+1}, \ldots, a_n\}.$$

Wir zeigen: $\varphi(a_{k+1}), \ldots, \varphi(a_n)$ sind verschieden. Sei $i \neq j$:

$$\varphi(a_j) = \varphi(a_i) \implies \varphi(a_j - a_i) = 0 \implies a_j - a_i \in \text{Kern } \varphi \quad \text{Nicht möglich!}$$

Wir zeigen: $\{\varphi(a_{k+1}), \ldots, \varphi(a_n)\}$ ist linear unabhängig.

$$\lambda_{k+1}\varphi(a_{k+1}) + \cdots + \lambda_n\varphi(a_n) = 0 \implies \varphi(\lambda_{k+1}a_{k+1} + \cdots + \lambda_n a_n) = 0$$
$$\implies \lambda_{k+1}a_{k+1} + \cdots + \lambda_n a_n \in \text{Kern } \varphi.$$

Das ist aber nur möglich, wenn $\lambda_{k+1} = \cdots = \lambda_n = 0$.

Damit ist $\{\varphi(a_{k+1}), \ldots, \varphi(a_n)\}$ linear unabhängig. Und damit ist

$$\dim \varphi(V) = n - k.$$ $\square$

Satz 4.6. Es seien (V, K) und (W, K) Vektorräume und B eine Basis von V (endlich oder unendlich). φ sei eine beliebige Abbildung von B nach W. Dann gibt es genau eine lineare Abbildung $\tilde{\varphi}$ von V nach W mit $\tilde{\varphi}(b) = \varphi(b)$ für alle $b \in B$. Man nennt $\tilde{\varphi}$ die *lineare Fortsetzung* von φ.

Beweis.
1.) Eindeutigkeit: Es sei $\tilde{\varphi} : V \to W$ linear mit $\tilde{\varphi}(b) = \varphi(b)$ für alle $b \in B$. Dann gilt:

$$\tilde{\varphi}(x) = \tilde{\varphi}(\lambda_1 b_1 + \cdots + \lambda_n b_n)$$
$$= \lambda_1\tilde{\varphi}(b_1) + \cdots + \lambda_n\tilde{\varphi}(b_n)$$
$$= \lambda_1\varphi(b_1) + \cdots + \lambda_n\varphi(b_n).$$

2.) Existenz: Wir definieren eine Abbildung $\tilde{\varphi} : V \to W$ durch:

$$\tilde{\varphi}(x) = \tilde{\varphi}(\lambda_1 b_1 + \cdots + \lambda_n b_n) = \lambda_1\varphi(b_1) + \cdots + \lambda_n\varphi(b_n),$$

$\tilde{\varphi}$ ist wohldefiniert und es gilt $\tilde{\varphi}(b) = \varphi(b)$ für alle $b \in B$. Es ist noch zu zeigen, dass $\tilde{\varphi}$ linear ist. Das geschieht durch einfaches Nachrechnen. $\square$

Definition. Ein Rechteckschema bezeichnet man auch als *Matrix*. Schreibweise für Matrizen:

$$A = \begin{pmatrix} a_{11} & a_{12} & \cdots & a_{1m} \\ a_{21} & a_{22} & \cdots & a_{2m} \\ \vdots & \vdots & & \vdots \\ a_{n1} & a_{n2} & \cdots & a_{nm} \end{pmatrix}.$$

Die a_{ij} heißen Elemente der Matrix. A hat n Zeilen und m Spalten, ist also eine $n \times m$-Matrix. Das Element a_{ij} steht in Zeile i und Spalte j (erster Index Zeile, zweiter Spalte).

Satz 4.7. Es sei K ein Körper und A eine $n \times m$-Matrix aus Körperelementen („Zahlen" aus K). Dann beschreibt A eine lineare Abbildung von K^m nach K^n. Die Definition der Abbildung geschieht folgendermaßen:

$$\begin{pmatrix} a_{11} & a_{12} & \cdots & a_{1m} \\ a_{21} & a_{22} & \cdots & a_{2m} \\ \cdots & \vdots & & \vdots \\ a_{n1} & a_{n2} & \cdots & a_{nm} \end{pmatrix} \begin{pmatrix} x_1 \\ x_2 \\ \vdots \\ x_m \end{pmatrix} = \begin{pmatrix} a_{11}x_1 + a_{12}x_2 + \cdots + a_{1m}x_m \\ a_{21}x_1 + a_{22}x_2 + \cdots + a_{2m}x_m \\ \vdots \\ a_{n1}x_1 + a_{n2}x_2 + \cdots + a_{nm}x_m \end{pmatrix}.$$

Merkregel: *„Zeile mal Spalte"*.

Bemerkung. Matrix und Vektor müssen zusammenpassen – Anzahl der Spalten von A ist Anzahl der Komponenten von x. Die Linearität kann man leicht nachrechnen. Formelmäßige Beschreibung:

$$A \begin{pmatrix} x_1 \\ \vdots \\ x_m \end{pmatrix} = \begin{pmatrix} y_1 \\ \vdots \\ y_n \end{pmatrix}, \quad y_i = \sum_{j=1}^{m} a_{ij} \cdot x_j.$$

Beispiel.

$$\begin{pmatrix} 2 & 1 & 3 & 4 \\ 1 & 5 & 2 & 3 \\ 2 & 4 & 1 & 2 \end{pmatrix} \begin{pmatrix} 1 \\ 3 \\ 2 \\ 1 \end{pmatrix} = \begin{pmatrix} 2 \cdot 1 + 1 \cdot 3 + 3 \cdot 2 + 4 \cdot 1 \\ 1 \cdot 1 + 5 \cdot 3 + 2 \cdot 2 + 3 \cdot 1 \\ 2 \cdot 1 + 4 \cdot 3 + 1 \cdot 2 + 2 \cdot 1 \end{pmatrix} = \begin{pmatrix} 15 \\ 23 \\ 18 \end{pmatrix}.$$

Beispiel. Gegeben ist die folgende lineare Abbildung $\varphi : \mathbb{R}^4 \to \mathbb{R}^3$:

$$\varphi : \begin{pmatrix} x_1 \\ x_2 \\ x_3 \\ x_4 \end{pmatrix} \mapsto \begin{pmatrix} x_2 + 3x_4 \\ x_1 - x_2 + x_3 \\ x_2 - 3x_4 \end{pmatrix}.$$

Gesucht ist die Matrixdarstellung von φ. Die Matrixdarstellung ist nur eine andere, kompakte Darstellung der oben angegebenen Darstellung:

$$\begin{pmatrix} 0 & 1 & 0 & 3 \\ 1 & -1 & 1 & 0 \\ 0 & 1 & 0 & -3 \end{pmatrix} \begin{pmatrix} x_1 \\ x_2 \\ x_3 \\ x_4 \end{pmatrix} = \begin{pmatrix} x_2 + 3x_4 \\ x_1 - x_2 + x_3 \\ x_2 - 3x_4 \end{pmatrix}.$$

Beispiel.

$$\begin{pmatrix} 2 & 1 & 3 \\ 0 & 2 & 5 \\ 3 & 6 & 7 \end{pmatrix} \begin{pmatrix} 0 \\ 1 \\ 0 \end{pmatrix} = \begin{pmatrix} 1 \\ 2 \\ 6 \end{pmatrix} \qquad \text{2. Spalte der Matrix.}$$

Allgemein gilt: i-te Spalte von A ist Ae_i, das Bild des Einheitsvektors e_i.

Satz 4.8. Jede lineare Abbildung $\varphi : K^m \to K^n$ lässt sich durch eine Matrix darstellen.

Beweis. Es sei $\varphi : K^m \to K^n$ linear. Wir definieren eine $n \times m$-Matrix M durch: Spalte i von M ist $\varphi(e_i)$. Dann stellt M eine lineare Abbildung von $K^m \to K^n$ dar. Weiter gilt: $Me_i = \varphi(e_i)$. Auf der natürlichen Basis wirken also φ und M gleich. Damit folgt: $M = \varphi$. □

Beispiel. Drehung φ in der Ebene $\mathbb{R}^2$ mit Zentrum 0 und Drehwinkel α. Wir haben bereits früher eine Formel für die Drehung aufgestellt und wissen, dass φ linear ist. Die Matrix für φ können wir nun auch so berechnen:
1. Spalte: $\varphi\left(\begin{smallmatrix} 1 \\ 0 \end{smallmatrix}\right) = \left(\begin{smallmatrix} \cos\alpha \\ \sin\alpha \end{smallmatrix}\right)$
2. Spalte: $\varphi\left(\begin{smallmatrix} 0 \\ 1 \end{smallmatrix}\right) = \left(\begin{smallmatrix} -\sin\alpha \\ \cos\alpha \end{smallmatrix}\right)$

$$\implies \text{Drehmatrix } M = \begin{pmatrix} \cos\alpha & -\sin\alpha \\ \sin\alpha & \cos\alpha \end{pmatrix}.$$

Wir wollen nun die Darstellung einer linearen Abbildung durch eine Matrix verallgemeinern. Es seien nun (V, K) und (W, K) Vektorräume mit $\dim V = m$ und $\dim W = n$. Weiter sei $A = \{a_1, \ldots, a_m\}$ eine Basis von V und $B = \{b_1, \ldots, b_n\}$ eine Basis von W. M sei eine $n \times m$-Matrix. Mit M und den beiden Basen definieren wir eine Abbildung $\varphi : V \to W$. Es sei $x \in V$, $x = \lambda_1 a_1 + \cdots + \lambda_m a_m$. Wir berechnen:

$$M \begin{pmatrix} \lambda_1 \\ \vdots \\ \lambda_m \end{pmatrix} = \begin{pmatrix} \mu_1 \\ \vdots \\ \mu_n \end{pmatrix}.$$

Es sei $y = \mu_1 b_1 + \cdots + \mu_n b_n$. Es ist $y \in W$. Die zu $M[A,B]$ gehörende Abbildung ist dann: $\varphi(x) = y$. Natürlich ist φ linear. Ferner ist φ die zur Matrix M und den Basen A, B gehörende lineare Abbildung. Jetzt gehen wir umgekehrt vor. Gegeben ist jetzt keine Matrix, sonder eine lineare Abbildung $\varphi : V \to W$. Kann man nun φ durch eine Matrix bezüglich der Basen A und B darstellen? Wir betrachten folgendes Diagramm:

$$V \xrightarrow{\quad \varphi \quad} W$$

$$f_A \Big\downarrow \qquad\qquad \Big\downarrow f_B$$

$$K^m \xrightarrow{\quad \gamma \quad} K^n$$

f_A: Koordinatendarstellung bezüglich der Basis A:

$$x = \lambda_1 a_1 + \cdots + \lambda_m a_m,$$

$$f_A(x) = \begin{pmatrix} \lambda_1 \\ \vdots \\ \lambda_m \end{pmatrix}.$$

f_B: Koordinatendarstellung bezüglich der Basis B:

$$y = \mu_1 b_1 + \cdots + \mu_n b_n,$$

$$f_B(y) = \begin{pmatrix} \mu_1 \\ \vdots \\ \mu_n \end{pmatrix}.$$

Die Abbildungen f_A und f_B (und damit auch f_A^{-1} und f_B^{-1}) sind Isomorphismen. Die Abbildung $\gamma : K^m \to K^n$ definieren wir durch

$$\gamma = f_B \circ \varphi \circ f_A^{-1},$$

Damit ist γ als Komposition von linearen Abbildungen linear und kann somit durch eine Matrix dargestellt werden. $\gamma \leftrightarrow$ Matrix M. Also ist M unsere gesuchte Matrix, denn es gilt:

$$\varphi = f_B^{-1} \circ M \circ f_A.$$

Wie berechnet man nun die zu φ und den Basen A, B gehörende Matrix M? Wir starten mit dem Einheitsvektor $e_i \in K^m$. Die i-te Spalte von M ist $M e_i$. Zu e_i gehört in V der Basisvektor a_i:

$$\varphi(a_i) = \mu_1 b_1 + \cdots + \mu_n b_n = y,$$

$$f_B(y) = \begin{pmatrix} \mu_1 \\ \vdots \\ \mu_n \end{pmatrix}.$$

Also

$$Me_i = \begin{pmatrix} \mu_1 \\ \vdots \\ \mu_n \end{pmatrix}$$

ist die i-te Spalte von M. In anderen Worten: Die i-te Spalte von M ergibt sich folgendermaßen: Bilde den Basisvektor a_i ab, $y = \varphi(a_i)$. Drücke y im Koordinaten bezüglich B aus. Dieser Koordinatenvektor ist die gesuchte Spalte.

Bemerkung. Die ursprüngliche Matrixdarstellung für lineare Abbildungen $\varphi : K^m \to K^n$ (ohne Basen) fällt unter dieses Konzept, wenn man als Basen A und B die natürlichen Basen wählt.

Beispiel. Gegeben sei die lineare Abbildung $\varphi : \mathbb{R}^3 \to \mathbb{R}^2$ durch:

$$\begin{pmatrix} x_1 \\ x_2 \\ x_3 \end{pmatrix} \mapsto \begin{pmatrix} 1 & 1 & 2 \\ 0 & 2 & -1 \end{pmatrix} \begin{pmatrix} x_1 \\ x_2 \\ x_3 \end{pmatrix}.$$

Wir wählen Basen A von $\mathbb{R}^3$ und B von $\mathbb{R}^2$:

$$A: \quad a_1 = \begin{pmatrix} 1 \\ 1 \\ 0 \end{pmatrix}, \quad a_2 = \begin{pmatrix} 1 \\ 1 \\ 1 \end{pmatrix}, \quad a_3 = \begin{pmatrix} 2 \\ 0 \\ 1 \end{pmatrix},$$

$$B: \quad b_1 = \begin{pmatrix} 1 \\ 1 \end{pmatrix} \quad b_2 = \begin{pmatrix} 1 \\ 2 \end{pmatrix}.$$

Wie sieht die Matrix M für φ bezüglich der Basen A und B aus?

1. Spalte von M:

$$\varphi(a_1) = \begin{pmatrix} 1 & 1 & 2 \\ 0 & 2 & -1 \end{pmatrix} \begin{pmatrix} 1 \\ 1 \\ 0 \end{pmatrix} = \begin{pmatrix} 2 \\ 2 \end{pmatrix}.$$

In Koordinaten von B:

$$\begin{pmatrix} 2 \\ 2 \end{pmatrix} = \lambda_1 b_1 + \lambda_2 b_2 \implies \lambda_1 = 2, \lambda_2 = 0.$$

Also ist die erste Spalte $\begin{pmatrix} 2 \\ 0 \end{pmatrix}$.

2. Spalte analog: $\begin{pmatrix} 7 \\ -3 \end{pmatrix}$.
3. Spalte analog: $\begin{pmatrix} 9 \\ -5 \end{pmatrix}$.

Also ist $M = \begin{pmatrix} 2 & 7 & 9 \\ 0 & -3 & -5 \end{pmatrix}$.

Wir wollen unsere Berechnung prüfen.

$$\text{Sei} \quad x = 2a_1 + a_2 - 3a_3 = 2 \cdot \begin{pmatrix} 1 \\ 1 \\ 0 \end{pmatrix} + \begin{pmatrix} 1 \\ 1 \\ 1 \end{pmatrix} - 3 \cdot \begin{pmatrix} 2 \\ 0 \\ 1 \end{pmatrix} = \begin{pmatrix} -3 \\ 3 \\ -2 \end{pmatrix},$$

$$\varphi(x) = \begin{pmatrix} 1 & 1 & 2 \\ 0 & 2 & -1 \end{pmatrix} \begin{pmatrix} -3 \\ 3 \\ -2 \end{pmatrix} = \begin{pmatrix} -4 \\ 8 \end{pmatrix},$$

$$M \begin{pmatrix} 2 \\ 1 \\ -3 \end{pmatrix} = \begin{pmatrix} 2 & 7 & 9 \\ 0 & -3 & -5 \end{pmatrix} \begin{pmatrix} 2 \\ 1 \\ -3 \end{pmatrix} = \begin{pmatrix} -16 \\ 12 \end{pmatrix} \quad [\varphi(x) \text{ in Koordinaten von } B],$$

$$-16b_1 + 12b_2 = -16 \cdot \begin{pmatrix} 1 \\ 1 \end{pmatrix} + 12 \cdot \begin{pmatrix} 1 \\ 2 \end{pmatrix} = \begin{pmatrix} -4 \\ 8 \end{pmatrix}.$$

Damit ist der Test bestanden.

Beispiel. *Koordinatentransformation:* Gegeben sei der Vektorraum (V, K) der Dimension n. Weiterhin zwei Basen:

$$A = \{a_1, \ldots, a_n\} \quad \text{und} \quad B = \{b_1, \ldots, b_n\}.$$

Von einem Vektor kennen wir die Koordinaten bezüglich A. Gesucht sind die Koordinaten bezüglich B. Vorgehen: Wir stellen die identische Abbildung $\mathrm{id} : V \to V$ durch eine Matrix M bezüglich der Basen A und B dar. M ist dann die gesuchte Transformationsmatrix.

1. Spalte von M: a_1 in Koordinaten von B,
2. Spalte von M: a_2 in Koordinaten von B,

und so weiter.

Beispiel. Koordinatentransformation in $\mathbb{R}^2$:

$$\text{Basis } A = \{a_1, a_2\} = \left\{ \begin{pmatrix} 0 \\ 7 \end{pmatrix}, \begin{pmatrix} 3 \\ -1 \end{pmatrix} \right\},$$

$$\text{Basis } B = \{b_1, b_2\} = \left\{ \begin{pmatrix} 1 \\ 2 \end{pmatrix}, \begin{pmatrix} -2 \\ 3 \end{pmatrix} \right\}.$$

Transformation von Basis A in Basis B:

$$a_1 = 2b_1 + b_2,$$
$$a_2 = b_1 - b_2$$
$$\implies M = \begin{pmatrix} 2 & 1 \\ 1 & -1 \end{pmatrix}.$$

Test:

$$x = 5a_1 + 2a_2 = 5 \cdot \begin{pmatrix} 0 \\ 7 \end{pmatrix} + 2 \cdot \begin{pmatrix} 3 \\ -1 \end{pmatrix} = \begin{pmatrix} 6 \\ 33 \end{pmatrix},$$

$$M \begin{pmatrix} 5 \\ 2 \end{pmatrix} = \begin{pmatrix} 2 & 1 \\ 1 & 1 \end{pmatrix} \begin{pmatrix} 5 \\ 2 \end{pmatrix} = \begin{pmatrix} 12 \\ 3 \end{pmatrix},$$

$$12 \cdot b_1 + 3 \cdot b_2 = 12 \cdot \begin{pmatrix} 1 \\ 2 \end{pmatrix} + 3 \cdot \begin{pmatrix} -2 \\ 3 \end{pmatrix} = \begin{pmatrix} 6 \\ 33 \end{pmatrix} = x.$$

Test bestanden!

Das Rechnen mit Matrizen

Die Elemente der vorkommenden Matrizen seien Elemente eines beliebigen Körpers K.

1.) *Addition von Matrizen:* Die Addition erfolgt komponentenweise. Beispiel:

$$\begin{pmatrix} 2 & 1 & -3 \\ 4 & 2 & 5 \end{pmatrix} + \begin{pmatrix} 7 & 3 & 1 \\ 2 & 4 & 2 \end{pmatrix} = \begin{pmatrix} 2+7 & 1+3 & -3+1 \\ 4+2 & 2+4 & 5+2 \end{pmatrix} = \begin{pmatrix} 9 & 4 & -2 \\ 6 & 6 & 7 \end{pmatrix}.$$

Um die Addition durchführen zu können, müssen die beiden Matrizen natürlich die gleiche Form haben.

2.) *Multiplikation Skalar und Matrix:* Die Multiplikation erfolgt komponentenweise:

$$\lambda \cdot \begin{pmatrix} 3 & 1 & 4 \\ 2 & 2 & 5 \end{pmatrix} = \begin{pmatrix} 3\lambda & \lambda & 4\lambda \\ 2\lambda & 2\lambda & 5\lambda \end{pmatrix}.$$

3.) *Die Matrixmultiplikation:* $A \cdot B = C$. Dabei müssen A und B von der Form zusammenpassen, das soll heißen:

$$\text{Anzahl der Spalten von } A = \text{ Anzahl der Zeilen von } B.$$

Wir geben die Definition anhand eines Beispiels an:

$$\begin{pmatrix} 2 & 1 \\ 4 & -3 \\ 1 & 2 \end{pmatrix} \cdot \begin{pmatrix} 4 & 1 & 2 \\ -2 & 3 & -1 \end{pmatrix} = \begin{pmatrix} 2 \cdot 4 - 1 \cdot 2, & 2 \cdot 1 + 1 \cdot 3, & 2 \cdot 2 - 1 \cdot 1 \\ 4 \cdot 4 + 3 \cdot 2, & 4 \cdot 1 - 3 \cdot 3, & 4 \cdot 2 + 3 \cdot 1 \\ 1 \cdot 4 - 2 \cdot 2, & 1 \cdot 1 + 2 \cdot 3, & 1 \cdot 2 - 2 \cdot 1 \end{pmatrix}$$

$$= \begin{pmatrix} 6 & 5 & 3 \\ 22 & -5 & 11 \\ 0 & 7 & 0 \end{pmatrix}.$$

Merkregel: *„Zeile mal Spalte".*

$$A \quad \cdot \quad B \quad = \quad C$$

$$n \times m \qquad m \times k \qquad n \times k$$

Matrix \qquad Matrix \qquad Matrix

Die genaue Formel lautet:

$$c_{i,j} = \sum_{t=1}^{m} a_{i,t} \cdot b_{t,j} \quad \text{für } 1 \le i \le n \text{ und } 1 \le j \le k.$$

Am folgenden Beispiel sieht man, dass die Matrixmultiplikation *nicht* kommutativ ist:

$$\begin{pmatrix} 2 & 3 \\ 4 & 1 \end{pmatrix} \cdot \begin{pmatrix} 5 & 2 \\ 3 & -1 \end{pmatrix} = \begin{pmatrix} 19 & 1 \\ 23 & 7 \end{pmatrix},$$

$$\begin{pmatrix} 5 & 2 \\ 3 & -1 \end{pmatrix} \cdot \begin{pmatrix} 2 & 3 \\ 4 & 1 \end{pmatrix} = \begin{pmatrix} 18 & 17 \\ 2 & 8 \end{pmatrix}.$$

Für das Rechnen mit Matrizen gelten die folgenden Regeln (dabei werden die Matrizen A, B, C mit „passender" Form angenommen):

1.) $(A \cdot B) \cdot C = A \cdot (B \cdot C)$ *assoziativ*
2.) $\lambda \cdot (A \cdot B) = (\lambda \cdot A) \cdot B = A \cdot (\lambda \cdot B)$
3.) $A \cdot (B + C) = A \cdot B + A \cdot C$ *distributiv*
   $(A + B) \cdot C = A \cdot C + B \cdot C.$

Beweis. Einfaches Nachrechnen. □

Bemerkung. Die Anwendung einer Matrix auf einen Vektor kann man auch als Matrixmultiplikation auffassen. Der Vektor ist dann eine Matrix mit nur einer Spalte.

Definition. Eine quadratische Matrix, die in der Hauptdiagonalen (von links oben nach rechts unten) mit Einsen besetzt ist und sonst nur aus Nullen besteht, heißt Einheitsmatrix und wird mit E bezeichnet. Ist E die $n \times n$-Einheitsmatrix, so gilt für jede $n \times n$-Matrix A:

$$E \cdot A = A \cdot E = A.$$

Beispiel.

$$\begin{pmatrix} 1 & 0 \\ 0 & 1 \end{pmatrix} \cdot \begin{pmatrix} a & b \\ c & d \end{pmatrix} = \begin{pmatrix} a & b \\ c & d \end{pmatrix},$$

$$\begin{pmatrix} \lambda & 0 \\ 0 & \mu \end{pmatrix} \cdot \begin{pmatrix} a & b \\ c & d \end{pmatrix} = \begin{pmatrix} \lambda \cdot a & \lambda \cdot b \\ \mu \cdot c & \mu \cdot d \end{pmatrix},$$

$$\begin{pmatrix} a & b \\ c & d \end{pmatrix} \cdot \begin{pmatrix} \lambda & 0 \\ 0 & \mu \end{pmatrix} = \begin{pmatrix} \lambda \cdot a & \mu \cdot b \\ \lambda \cdot c & \mu \cdot d \end{pmatrix}.$$

Satz 4.9. Es seien V, W, Z endlich-dimensionale Vektorräume mit den Basen A, B, C. Die Abbildungen $\varphi : V \to W$ und $\psi : W \to Z$ seien linear. Bezüglich der gegebenen Basen werde φ durch die Matrix M und ψ durch die Matrix N dargestellt. Die Komposition $\psi \circ \varphi$ wird dann bezüglich der Basen A und C durch die Matrix $N \cdot M$ dargestellt.

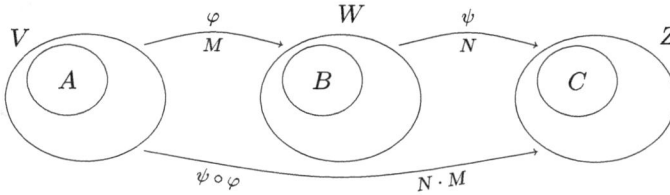

Die Matrixmultiplikation entspricht also der Komposition der zugehörigen linearen Abbildungen.

Beweis.

$$N \cdot \left(M \cdot \begin{pmatrix} x_1 \\ \vdots \\ x_k \end{pmatrix} \right) = (N \cdot M) \cdot \begin{pmatrix} x_1 \\ \vdots \\ x_k \end{pmatrix},$$

$\cdot$ ist assoziativ! $\qquad\qquad\square$

Bemerkung.
1.) Der Addition $A + B$ zweier Matrizen entspricht natürlich die Addition der entsprechenden linearen Abbildungen.
2.) Der skalaren Multiplikation $\lambda \cdot A$ eines Skalars und einer Matrix entspricht natürlich die Multiplikation $\lambda \cdot \varphi_A$ von λ mit der entsprechenden linearen Abbildung φ_A.
3.) Die $n \times n$-Einheitsmatrix stellt die identische Abbildung dar:

$$E \sim \mathrm{id} : K^n \to K^n,$$
$$x \mapsto x.$$

Definition. Es seien A und B quadratische $n \times n$-Matrizen mit $A \cdot B = B \cdot A = E$. Dann heißt A *invers* zu B und umgekehrt.

Bemerkung.
1.) Nicht jede quadratische Matrix hat eine Inverse. Wenn aber A eine Inverse hat, dann ist diese eindeutig bestimmt und wird mit A^{-1} bezeichnet. Matrizen, die eine Inverse haben, nennt man *regulär*, die anderen *singulär*.
2.) Seien A, B zwei quadratische $n \times n$-Matrizen mit $A \cdot B = E$. Dann gilt auch $B \cdot A = E$.
3.) Die Inverse A^{-1} entspricht der Umkehrabbildung von A. Genau die Matrizen, die eine bijektive Abbildung darstellen, besitzen eine Inverse.
4.) Es sei (V, K) ein Vektorraum der Dimension n. Sei G die Menge der regulären $n \times n$-Matrizen. Die Matrizenmultiplikation $\cdot$ ist eine Verknüpfung in G. Dann ist $(G, \cdot)$ eine Gruppe, die natürlich isomorph zur Gruppe der bijektiven linearen Abbildungen (Isomorphismen) von V nach V ist.

Beispiel. Wir suchen die Inverse von $\left(\begin{smallmatrix} 1 & 2 \\ 0 & 1 \end{smallmatrix}\right)$:

$$\begin{pmatrix} 1 & 2 \\ 0 & 1 \end{pmatrix} \cdot \begin{pmatrix} a & b \\ c & d \end{pmatrix} = \begin{pmatrix} 1 & 0 \\ 0 & 1 \end{pmatrix},$$

1.) $a + 2c = 1$
2.) $b + 2d = 0$
3.) $c = 0$
4.) $d = 1$.

Als einzige Lösung ergibt sich: $a = 1$, $b = -2$, $c = 0$, $d = 1$. Wir testen mit umgekehrter Reihenfolge:

$$\begin{pmatrix} 1 & -2 \\ 0 & 1 \end{pmatrix} \cdot \begin{pmatrix} 1 & 2 \\ 0 & 1 \end{pmatrix} = \begin{pmatrix} 1 & 0 \\ 0 & 1 \end{pmatrix}.$$

Bemerkung. Die Inverse einer Matrix zu berechnen, ist aufwendig. Man bekommt ein lineares Gleichungssystem mit $n \cdot n$ Gleichungen und $n \cdot n$ Unbekannten.

Definition. Eine quadratische Matrix heißt *orthogonal*, wenn ihre Spalten ein Ortho*normal*system bilden. Das heißt:
1.) Je zwei Spalten sind orthogonal. $s_i * s_j = 0$ mit dem Skalarprodukt $*$ und $i \neq j$.
2.) Jede Spalte hat Länge 1. $s_i * s_i = 1$.

Beispiel. Die Drehmatrix $\left(\begin{smallmatrix} \cos \alpha & -\sin \alpha \\ \sin \alpha & \cos \alpha \end{smallmatrix}\right)$ ist orthogonal:

$$\begin{pmatrix} \cos \alpha \\ \sin \alpha \end{pmatrix} * \begin{pmatrix} -\sin \alpha \\ \cos \alpha \end{pmatrix} = -\cos \alpha \sin \alpha + \sin \alpha \cos \alpha = 0,$$

$$\begin{pmatrix} \cos \alpha \\ \sin \alpha \end{pmatrix} * \begin{pmatrix} \cos \alpha \\ \sin \alpha \end{pmatrix} = \cos^2 \alpha + \sin^2 \alpha = 1.$$

Definition. Vertauscht man in einer Matrix A Zeilen und Spalten, so erhält man die *transponierte* Matrix $B = A^t$. Genauer: A ist eine $n \times m$-Matrix, dann ist $B = A^t$ eine $m \times n$-Matrix mit $b_{i,j} = a_{j,i}$.

Beispiel.

$$A = \begin{pmatrix} 2 & 1 & 3 \\ 5 & 4 & 0 \end{pmatrix}, \quad A^t = \begin{pmatrix} 2 & 5 \\ 1 & 4 \\ 3 & 0 \end{pmatrix}.$$

Es gilt natürlich $(A^t)^t = A$.

Bemerkung. Ist A eine $n \times m$-Matrix und B eine $m \times k$-Matrix, so gilt:

$$(A \cdot B)^t = B^t \cdot A^t.$$

Beispiel.

$$\left[\begin{pmatrix} 3 & 1 & 2 \\ 1 & 4 & 1 \end{pmatrix} \cdot \begin{pmatrix} 4 & 0 \\ 5 & 3 \\ 2 & 1 \end{pmatrix} \right]^t = \begin{pmatrix} 21 & 5 \\ 26 & 13 \end{pmatrix}^t = \begin{pmatrix} 21 & 26 \\ 5 & 13 \end{pmatrix},$$

$$\begin{pmatrix} 4 & 0 \\ 5 & 3 \\ 2 & 1 \end{pmatrix}^t \cdot \begin{pmatrix} 3 & 1 & 2 \\ 1 & 4 & 1 \end{pmatrix}^t = \begin{pmatrix} 4 & 5 & 2 \\ 0 & 3 & 1 \end{pmatrix} \cdot \begin{pmatrix} 3 & 1 \\ 1 & 4 \\ 2 & 1 \end{pmatrix} = \begin{pmatrix} 21 & 26 \\ 5 & 13 \end{pmatrix}.$$

Bemerkung. Das Skalarprodukt kann man auch als Matrizenmultiplikation schreiben:

$$\begin{pmatrix} 3 \\ 4 \\ 2 \end{pmatrix} * \begin{pmatrix} 7 \\ 5 \\ 6 \end{pmatrix} = \begin{pmatrix} 3 & 4 & 2 \end{pmatrix} \cdot \begin{pmatrix} 7 \\ 5 \\ 6 \end{pmatrix}.$$

Allgemein: $a * b = a^t \cdot b$.

Satz 4.10. Eine quadratische Matrix M ist genau dann orthogonal, wenn gilt $M^t = M^{-1}$.

Beweis. Seien $s_1, s_2, \ldots, s_n$ die Spalten von M.

1.) Es sei M orthogonal:

$$M^t \cdot M = \begin{pmatrix} & s_1 & \\ & \vdots & \\ & s_n & \end{pmatrix} \cdot (s_1 \quad s_2 \quad \cdots \quad s_n) = \begin{pmatrix} 1 & 0 & 0 & \ldots & 0 \\ 0 & 1 & 0 & \ldots & 0 \\ 0 & 0 & 1 & \ldots & 0 \\ \vdots & \vdots & \vdots & \ddots & \vdots \\ 0 & 0 & 0 & \ldots & 1 \end{pmatrix} = E.$$

Also ist $M^t = M^{-1}$.

2.) Es sei $M^t = M^{-1}$:

$$E = M^t \cdot M = \begin{pmatrix} s_1 \\ s_2 \\ \vdots \\ s_n \end{pmatrix} \cdot \begin{pmatrix} s_1 & s_2 & \cdots & s_n \end{pmatrix}.$$

Also bilden die Spalten von M ein Orthonormalsystem. $\square$

Folgerung. Ist M orthogonal, dann auch M^t.

Beweis. M orthogonal $\implies$ M hat Inverse und $M^t = M^{-1}$:

$$(M^t)^t = (M^{-1})^{-1} \implies (M^t)^t = (M^t)^{-1}.$$

Also ist M^t orthogonal. $\square$

Also sind äquivalent:
- Die Spalten von M bilden ein Orthonormalsystem.
- Die Zeilen von M bilden ein Orthonormalsystem.

Beispiel. Bei der Drehmatrix $\begin{pmatrix} \cos a & -\sin a \\ \sin a & \cos a \end{pmatrix}$ bilden auch die Zeilen ein Orthonormalsystem.

Beispiel. Koordinatentransformation:

Es sei $A = \{a_1, \ldots, a_n\}$ eine Orthonormalbasis des Vektorraums (K^n, K). Gesucht ist die Matrix M der Koordinatentransformation von der natürlichen Basis $e_1, e_2, \ldots, e_n$ in die Basis A. Gegeben:

$$x = \begin{pmatrix} x_1 \\ \vdots \\ x_n \end{pmatrix} = x_1 e_1 + x_2 e_2 + \cdots + x_n e_n.$$

Gesucht:

$$x = y_1 a_1 + y_2 a_2 + \cdots + y_n a_n.$$

Die Transformationsmatrix M liefert:

$$M \begin{pmatrix} x_1 \\ \vdots \\ x_n \end{pmatrix} = \begin{pmatrix} y_1 \\ \vdots \\ y_n \end{pmatrix}.$$

Wir berechnen zuerst die Inverse M^{-1}, also die Transformationsmatrix von der Basis A in die natürliche Basis. Es gilt: $M^{-1} = (a_1 \quad a_2 \quad \cdots \quad a_n)$. Dann ist M^{-1} orthogonal, also ist $M = (M^{-1})^{-1} = (M^{-1})^t$:

$$M = \begin{pmatrix} a_1 \\ a_2 \\ \vdots \\ a_n \end{pmatrix} \qquad \text{„Die Basisvektoren werden die Zeilen der Matrix.“}$$

Es ist nicht notwendig, die Transformationsmatrix M zu berechnen, man kann sie einfach „hinschreiben“.

Einschub zum Skalarprodukt

Wir betrachten den Vektorraum (K^n, K). Darin haben wir das natürliche Skalarprodukt $*$. Sei nun $B = \{b_1, \ldots, b_n\}$ eine Basis des K^n. Dann können wir das Skalarprodukt $\circ$ definieren:

$$x \circ y = \underbrace{(\lambda_1 b_1 + \cdots + \lambda_n b_n)}_{x} \circ \underbrace{(\mu_1 b_1 + \cdots + \mu_n b_n)}_{y} = \lambda_1 \mu_1 + \cdots + \lambda_n \mu_n.$$

Wir wissen, dass $(K^n, K, *)$ und $(K^n, K, \circ)$ isomorph, also „praktisch gleich“ sind. Das Skalarprodukt $\circ$ können wir nun auch folgendermaßen berechnen: Sei M die Transformationsmatrix von der natürlichen Basis in die Basis B. Dann gilt

$$x \circ y = (Mx) * (My) = (Mx)^t \cdot (My) = x^t \cdot M^t \cdot M \cdot y = x^t \cdot N \cdot y,$$

also $x \circ y = x^t \cdot N \cdot y$.

Bemerkung.
1.) $(M^t \cdot M)^t = M^t \cdot (M^t)^t = M^t \cdot M$. Also ist $N = M^t \cdot M$ *symmetrisch*.
2.) Wir stellen uns die Frage: Wann ist das neue Skalarprodukt $\circ$ gleich dem alten $*$? Das ist natürlich genau dann der Fall, wenn $N = E$ ist, also $M^t \cdot M = E$, was erfüllt ist, wenn M orthogonal ist. Das heißt, B ist eine Orthonormalbasis. Also:

$$\circ = * \iff B \text{ ist eine Orthonormalbasis.}$$

Wir beginnen wieder mit dem Vektorraum (K^n, K). Es sei φ eine lineare Abbildung von $K^n \to K^n$ und M die zu φ gehörende Matrix. Dann gilt: φ erhält genau dann das Skalarprodukt, das heißt $a * b = \varphi(a) * \varphi(b)$, wenn M orthogonal ist.

Beweis.

1.) Es sei M orthogonal:

$$\varphi(a) * \varphi(b) = (Ma)^t \cdot (Mb) = a^t M^t Mb = a^t Eb = a^t \cdot b = a * b.$$

2.) Es sei $\varphi(a) * \varphi(b) = a * b$ für alle $a, b \in K^n$:

$$a^t \cdot b = a * b = \varphi(a) * \varphi(b) = (Ma)^t \cdot (Mb) = a^t M^t Mb.$$

Also: $a^t \cdot b = a^t M^t Mb$ für alle a, b. Das ist genau dann richtig, wenn $M^t \cdot M = E$ ist, also wenn M orthogonal ist. $\qquad\square$

Folgerung. Wir betrachten den Vektorraum $(\mathbb{R}^n, \mathbb{R})$. φ sei eine bijektive, lineare Abbildung von $\mathbb{R}^n$ nach $\mathbb{R}^n$ und M die zu φ gehörende Matrix. Wir stellen uns die Frage: Wann ist φ eine *Kongruenzabbildung*, also eine Abbildung, die alle Maße (Abstände, Winkel) erhält? Da alle Maße über das Skalarprodukt definiert sind, ist das natürlich genau dann der Fall, wenn φ das Skalarprodukt erhält. Das heißt aber: M ist orthogonal. Es gilt: Die Kongruenzabbildungen, welche den Nullpunkt nicht verändern, werden durch die orthogonalen Matrizen dargestellt.

Der Rang einer Matrix

Definition. Es sei M eine Matrix mit Elementen aus einem Körper K. Die maximale Anzahl linear unabhängiger Spalten heißt *Spaltenrang* von M. Die maximale Anzahl linear unabhängiger Zeilen heißt *Zeilenrang* von M.

Beispiel.

$$M = \begin{pmatrix} 1 & 2 & -4 \\ 4 & 2 & 2 \\ -1 & 3 & -11 \end{pmatrix}.$$

Es gilt:

$$2 \cdot \begin{pmatrix} 1 \\ 4 \\ -1 \end{pmatrix} - 3 \cdot \begin{pmatrix} 2 \\ 2 \\ 3 \end{pmatrix} = \begin{pmatrix} -4 \\ 2 \\ -11 \end{pmatrix}.$$

Also ist der Spaltenrang von M gleich 2. Was ist nun der Zeilenrang? Es gilt:

$$\frac{14}{6} \cdot (1 \quad 2 \quad -4) - \frac{5}{6} \cdot (4 \quad 2 \quad 2) = (-1 \quad 3 \quad -11).$$

Also ist der Zeilenrang von M *auch* gleich 2.

Satz 4.11. Der Spaltenrang und der Zeilenrang einer Matrix sind gleich. Man spricht deshalb einfach vom *Rang* einer Matrix.

Ohne Beweis.

Satz 4.12. Es seien (V, K) und (W, K) Vektorräume mit dim $V = m$ und dim $W = n$. Sei φ eine lineare Abbildung von V nach W. Bezüglich der Basen A von V und B von W werde φ durch die $n \times m$-Matrix M dargestellt. Dann gilt:

$$\dim(\varphi(V)) = \operatorname{Rang} M.$$

Beweis. Die Matrix M stellt eine Abbildung von K^m nach K^n dar. Zu zeigen ist:

$$\dim(M(K^m)) = \operatorname{Rang} M,$$

$U = M(K^m)$ ist ein Untervektorraum von K^n. Die Spalten von M, also $Me_1, \ldots, Me_m$ bilden ein Erzeugendensystem von U. Aus den Spalten wählen wir eine Basis von U aus. Die Anzahl der Basisvektoren ($=$ dim U) ist gleich der maximalen Anzahl linear unabhängiger Spalten von M. □

Bemerkung. Es sei $\varphi : (V, K) \to (W, K)$ linear und dim $V =$ dim $W = n$. Sei M eine zu φ gehörende Matrix (bezüglich beliebiger Basen A und B). Die Abbildung φ ist genau dann bijektiv, wenn M den Rang n hat, d. h., wenn M *vollen* Rang hat.

Definition. Unter elementaren Matrixumformungen versteht man:
1.) Vertauschung zweier Zeilen,
2.) Multiplikation einer Zeile mit einem Skalar $\lambda \neq 0$,
3.) Addition einer Zeile zu einer anderen,
4.) die entsprechenden Umformungen mit Spalten.

Satz 4.13. Elementare Matrixumformungen ändern den Rang einer Matrix nicht.

Ohne Beweis.

Beispiel. Wir wollen den Rang einer Matrix M berechnen. Dazu formen wir M mit elementaren Umformungen so lange um, bis wir den Rang *direkt ablesen* können.

$$M = \begin{pmatrix} 1 & 4 & 5 \\ 2 & 3 & 1 \\ -1 & 3 & 2 \end{pmatrix}$$

$$\xrightarrow[\text{3. Zeile} + \text{1. Zeile}]{\text{2. Zeile} - 2\,\text{mal 1. Zeile}} \begin{pmatrix} 1 & 4 & 5 \\ 0 & -5 & -9 \\ 0 & 7 & 7 \end{pmatrix}$$

$$\xrightarrow{\text{3. Zeile} + \frac{7}{5} \text{ mal 2. Zeile}} \begin{pmatrix} 1 & 4 & 5 \\ 0 & -5 & -9 \\ 0 & 0 & -\frac{28}{5} \end{pmatrix}.$$

Aus der letzten Matrix liest man ab: Rang $M = 3$.

Übungen zu Kapitel 4

1.) Gegeben ist eine lineare Abbildung $\varphi : \mathbb{R}^2 \to \mathbb{R}^2$. Bezüglich der Basis $A = \{a_1 = \left(\begin{smallmatrix} 1 \\ 1 \end{smallmatrix}\right), a_2 = \left(\begin{smallmatrix} -3 \\ 2 \end{smallmatrix}\right)\}$ hat φ die Matrixdarstellung $\left(\begin{smallmatrix} 1 & -1 \\ 2 & 3 \end{smallmatrix}\right)$. Wie sieht die zu φ gehörende Matrix M bezüglich der Basis $B = \{b_1 = \left(\begin{smallmatrix} -2 \\ 3 \end{smallmatrix}\right), b_2 = \left(\begin{smallmatrix} 4 \\ -1 \end{smallmatrix}\right)\}$ aus?
Wir berechnen die Spalten von M.
1. Spalte: $\varphi(b_1)$ in Koordinaten bezüglich B, $b_1 = a_1 + a_2$,

$$\begin{pmatrix} 1 & -1 \\ 2 & 3 \end{pmatrix}\begin{pmatrix} 1 \\ 1 \end{pmatrix} = \begin{pmatrix} 0 \\ 5 \end{pmatrix},$$

$$\varphi(b_1) = 0 \cdot a_1 + 5 \cdot a_2 = 5 \cdot \begin{pmatrix} -3 \\ 2 \end{pmatrix} = \begin{pmatrix} -15 \\ 10 \end{pmatrix},$$

$$\begin{pmatrix} -15 \\ 10 \end{pmatrix} = \beta_1 b_1 + \beta_2 b_2 = \beta_1 \begin{pmatrix} -2 \\ 3 \end{pmatrix} + \beta_2 \begin{pmatrix} 4 \\ -1 \end{pmatrix}.$$

Es ergibt sich: $\beta_1 = 2.5$ und $\beta_2 = -2.5$. Also ist die erste Spalte von M: $\left(\begin{smallmatrix} 2.5 \\ -2.5 \end{smallmatrix}\right)$.
2. Die zweite Spalte von M berechnet man analog zu der ersten. Es ergibt sich $\left(\begin{smallmatrix} 0.5 \\ 1.5 \end{smallmatrix}\right)$ als zweite Spalte.
Damit ist die gesuchte Matrix $M = \left(\begin{smallmatrix} 2.5 & 0.5 \\ -2.5 & 1.5 \end{smallmatrix}\right)$.
Wir geben noch einen zweiten Lösungsweg an: T sei die Transformationsmatrix von der Basis B in die Basis A. Dann ist T^{-1} die „Rücktransformation" von der Basis B in die Basis A. Die gesuchte Matrix M ist dann: $M = T^{-1} \cdot \left(\begin{smallmatrix} 1 & 1 \\ 2 & 3 \end{smallmatrix}\right) \cdot T$. Wir müssen also T und T^{-1} berechnen. Berechnung von T:

$$(1): \quad b_1 = a_1 + a_2 \quad (2): \quad b_2 = a_1 - a_2$$

$$\implies T = \begin{pmatrix} 1 & 1 \\ 1 & -1 \end{pmatrix},$$

T^{-1} kann man als Inverse von T berechnen, oder durch Umformung der Gleichungen (1) und (2):

$$(1) + (2): \quad b_1 + b_2 = 2a_1 \implies a_1 = \frac{1}{2}b_1 + \frac{1}{2}b_2,$$

$$\text{in } (1): \quad \frac{1}{2}b_1 + \frac{1}{2}b_2 + a_2 = b_1 \implies a_2 = \frac{1}{2}b_1 - \frac{1}{2}b_2.$$

Also ist $T^{-1} = \begin{pmatrix} \frac{1}{2} & \frac{1}{2} \\ \frac{1}{2} & -\frac{1}{2} \end{pmatrix}$,

$$M = \begin{pmatrix} 0.5 & 0.5 \\ 0.5 & -0.5 \end{pmatrix} \begin{pmatrix} 1 & -1 \\ 2 & 3 \end{pmatrix} \begin{pmatrix} 1 & 1 \\ 1 & -1 \end{pmatrix} = \begin{pmatrix} 2.5 & 0.5 \\ -2.5 & 1.5 \end{pmatrix}.$$

2.) In der Ebene sei d eine Drehung um 90° (Drehzentrum 0) und s eine Spiegelung an der Geraden durch 0 mit dem Steigungswinkel 60°.
   a) Man gebe für beide Abbildungen die Matrixdarstellung an (beide sind linear).
   b) Wie sieht die zu $s \circ d$ gehörende Matrix aus? Was ist $s \circ d$ geometrisch betrachtet?
   Lösung:
   a)

$$d = \begin{pmatrix} \cos 90° & -\sin 90° \\ \sin 90° & \cos 90° \end{pmatrix} = \begin{pmatrix} 0 & -1 \\ 1 & 0 \end{pmatrix}.$$

Man bestimmt die Spiegelung, indem man zuerst um −60° dreht, dann an der x-Achse spiegelt und dann um 60° zurückdreht. Spiegelung an der x-Achse:

$$\begin{pmatrix} 1 & 0 \\ 0 & -1 \end{pmatrix} \quad \text{Die Spalten sind die Bilder von } e_1 \text{ und } e_2,$$

$$\begin{pmatrix} \cos 60° & -\sin 60° \\ \sin 60° & \cos 60° \end{pmatrix} \cdot \begin{pmatrix} 1 & 0 \\ 0 & -1 \end{pmatrix} \cdot \begin{pmatrix} \cos -60° & -\sin -60° \\ \sin -60° & \cos -60° \end{pmatrix}$$

$$= \begin{pmatrix} \cos 60° & \sin 60° \\ \sin 60° & -\cos 60° \end{pmatrix} \cdot \begin{pmatrix} \cos 60° & \sin 60° \\ -\sin 60° & \cos 60° \end{pmatrix}$$

$$= \begin{pmatrix} \cos^2 60° - \sin^2 60° & 2\cos 60° \cdot \sin 60° \\ 2\cos 60° \cdot \sin 60° & \sin^2 60° - \cos^2 60° \end{pmatrix} \approx \begin{pmatrix} -0.5 & 0.866 \\ 0.866 & 0.5 \end{pmatrix}.$$

   b)

$$s \circ d \approx \begin{pmatrix} -0.5 & 0.866 \\ 0.866 & 0.5 \end{pmatrix} \cdot \begin{pmatrix} 0 & -1 \\ 1 & 0 \end{pmatrix} = \begin{pmatrix} 0.866 & 0.5 \\ 0.5 & -0.866 \end{pmatrix}.$$

Eine Drehung mit Zentrum Z und eine Spiegelung an einer Geraden durch Z ergeben zusammen eine Spiegelung an einer Geraden durch Z.

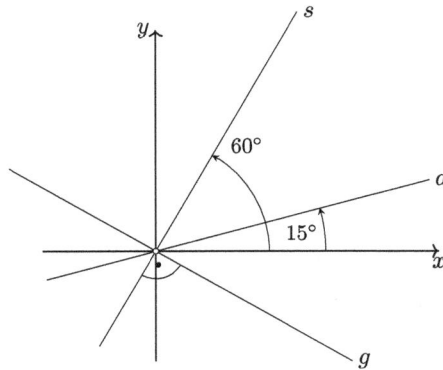

Die Spiegelachse a erhalten wir folgendermaßen: Zeichne die Gerade g (siehe Skizze). Es gilt: $(s \circ d)(g) = s$. Die gesuchte Spiegelachse a muss die Winkelhalbierende von g und s sein. Der Steigungswinkel von a beträgt also 15°. Zur Sicherheit wollen wir dieses Ergebnis noch testen: Die Punkte der Spiegelachse a müssen Fixpunkte der Abbildung $s \circ d$ sein:

$$\text{Achse } a: \quad \lambda \cdot \begin{pmatrix} 1 \\ \tan 15° \end{pmatrix} \approx \lambda \cdot \begin{pmatrix} 1 \\ 0.268 \end{pmatrix},$$

$$(s \circ d)\left(\lambda \cdot \begin{pmatrix} 1 \\ 0.268 \end{pmatrix} \right) = \lambda \cdot (s \circ d) \begin{pmatrix} 1 \\ 0.268 \end{pmatrix}$$

$$= \lambda \cdot \begin{pmatrix} 0.866 & 0.5 \\ 0.5 & -0.866 \end{pmatrix} \begin{pmatrix} 1 \\ 0.268 \end{pmatrix}$$

$$= \lambda \cdot \begin{pmatrix} 1 \\ 0.268 \end{pmatrix}.$$

Damit ist der Test bestanden.

3.) Es sei $B = \{b_1, \ldots, b_n\}$ eine Orthonormalbasis des $\mathbb{R}^n$ bezüglich des üblichen Skalarprodukts $*$. $\circ$ sei das Skalarprodukt bezüglich der Basis B. Man zeige: Für alle $x, y \in \mathbb{R}^n$ gilt:

$$x * y = x \circ y.$$

Beweis:

$$x * y = (\lambda_1 b_1 + \cdots + \lambda_n b_n) * (\mu_1 b_1 + \cdots + \mu_n b_n)$$

$$= \lambda_1 \mu_1 + \lambda_2 \mu_2 + \cdots + \lambda_n \mu_n$$

$$= x \circ y.$$

Dabei haben wir ausgenutzt, dass $b_i * b_j = 0$ ist für $i \neq j$, und $b_i * b_i = 1$ ist.

4.) Es ist $b_1 = \begin{pmatrix} 1 \\ 2 \end{pmatrix}$, $b_2 = \begin{pmatrix} 3 \\ -1 \end{pmatrix}$ eine Basis des $\mathbb{R}^2$.

a) Man gebe das zugehörige allgemeine Skalarprodukt $\circ$ an. Bemerkung: Für einen Beobachter, der dieses Skalarprodukt verwendet, ist b_1, b_2 eine Orthonormalbasis.

b) Man berechne den Winkel zwischen den Geraden g und h bezüglich des Skalarprodukts $\circ$,

$$g: \lambda \cdot \begin{pmatrix} 5 \\ 2 \end{pmatrix}, \quad h: \mu \cdot \begin{pmatrix} 3 \\ -4 \end{pmatrix}.$$

Lösung:

a) Wir benötigen die Transformationsmatrix M von der natürlichen Basis in die Basis b_1, b_2:

$$e_1 = \lambda \cdot \begin{pmatrix} 1 \\ 2 \end{pmatrix} + \mu \cdot \begin{pmatrix} 3 \\ -1 \end{pmatrix} \implies \lambda = \frac{1}{7}, \mu = \frac{2}{7} \implies 1. \text{ Spalte: } \begin{pmatrix} \frac{1}{7} \\ \frac{2}{7} \end{pmatrix},$$

$$e_2 = \lambda \cdot \begin{pmatrix} 1 \\ 2 \end{pmatrix} + \mu \cdot \begin{pmatrix} 3 \\ -1 \end{pmatrix} \implies \lambda = \frac{3}{7}, \mu = -\frac{1}{7} \implies 2. \text{ Spalte: } \begin{pmatrix} \frac{3}{7} \\ -\frac{1}{7} \end{pmatrix}.$$

Also ist $M = \begin{pmatrix} \frac{1}{7} & \frac{3}{7} \\ \frac{2}{7} & -\frac{1}{7} \end{pmatrix}$.

Ferner gilt $x \circ y = (Mx) * (My) = (Mx)^t \cdot (My) = x^t M^t M y$,

$$M^t M = \begin{pmatrix} \frac{1}{7} & \frac{2}{7} \\ \frac{3}{7} & -\frac{1}{7} \end{pmatrix} \cdot \begin{pmatrix} \frac{1}{7} & \frac{3}{7} \\ \frac{2}{7} & -\frac{1}{7} \end{pmatrix} = \begin{pmatrix} \frac{5}{49} & \frac{1}{49} \\ \frac{1}{49} & \frac{10}{49} \end{pmatrix}.$$

Also:

$$\begin{pmatrix} x_1 \\ x_2 \end{pmatrix} \circ \begin{pmatrix} y_1 \\ y_2 \end{pmatrix} = (x_1 \quad x_2) \cdot \begin{pmatrix} \frac{5}{49} & \frac{1}{49} \\ \frac{1}{49} & \frac{10}{49} \end{pmatrix} \cdot \begin{pmatrix} y_1 \\ y_2 \end{pmatrix}.$$

b) Der Winkel zwischen $\begin{pmatrix} 5 \\ 2 \end{pmatrix}$ und $\begin{pmatrix} 3 \\ -4 \end{pmatrix}$ ist α:

$$\cos \alpha = \frac{\begin{pmatrix} 5 \\ 2 \end{pmatrix} \circ \begin{pmatrix} 3 \\ -4 \end{pmatrix}}{|\begin{pmatrix} 5 \\ 2 \end{pmatrix}| \cdot |\begin{pmatrix} 3 \\ -4 \end{pmatrix}|},$$

$$\begin{pmatrix} 5 \\ 2 \end{pmatrix} \circ \begin{pmatrix} 3 \\ -4 \end{pmatrix} = -\frac{19}{49},$$

$$\left| \begin{pmatrix} 5 \\ 2 \end{pmatrix} \right| = \sqrt{\begin{pmatrix} 5 \\ 2 \end{pmatrix} \circ \begin{pmatrix} 5 \\ 2 \end{pmatrix}} = \frac{1}{7} \sqrt{185},$$

$$\left| \begin{pmatrix} 3 \\ -4 \end{pmatrix} \right| = \sqrt{\begin{pmatrix} 3 \\ -4 \end{pmatrix} \circ \begin{pmatrix} 3 \\ -4 \end{pmatrix}} = \frac{1}{7} \sqrt{181},$$

$$\cos \alpha = \frac{-\frac{19}{49}}{\frac{1}{7} \cdot \sqrt{185} \cdot \frac{1}{7} \cdot \sqrt{181}} \approx -0.1038.$$

Also ist $\alpha \approx 95.9°$.

5 Lineare Gleichungssysteme

Wir betrachten Gleichungssysteme über einem beliebigen Körper K. Die auftretenden „Zahlen" sind also Elemente von K.

Definition eines linearen Gleichungssystems.

$$a_{11}x_1 + a_{12}x_2 + \cdots + a_{1m}x_m = b_1,$$
$$a_{21}x_1 + a_{22}x_2 + \cdots + a_{2m}x_m = b_2,$$
$$\vdots$$
$$a_{n1}x_1 + a_{n2}x_2 + \cdots + a_{nm}x_m = b_n.$$

Dabei sind $x_1, x_2, \ldots, x_m$ Variablen (Unbekannte). Die Koeffizienten a_{ij} sind „feste" Körperelemente. Die $b_1, b_2, \ldots, b_n$, die „rechte Seite", sind feste Körperelemente.

Wir haben ein System mit n Gleichungen und m Unbekannten. Wir wollen folgende Fragen beantworten:
1.) Hat das Gleichungssystem überhaupt eine Lösung?
2.) Wie sieht die Lösungsmenge im Prinzip aus?
3.) Wie berechnet man die Lösungsmenge?

Wir schreiben das Gleichungssystem in Matrixform:

$$\underbrace{\begin{pmatrix} a_{11} & a_{12} & \cdots & a_{1m} \\ a_{21} & a_{22} & \cdots & a_{2m} \\ & & \vdots & \\ a_{n1} & a_{n2} & \cdots & a_{nm} \end{pmatrix}}_{\text{Koeffizientenmatrix}} \begin{pmatrix} x_1 \\ x_2 \\ \vdots \\ x_m \end{pmatrix} = \underbrace{\begin{pmatrix} b_1 \\ b_2 \\ \vdots \\ b_n \end{pmatrix}}_{\text{rechte Seite}}.$$

In Kurzform: $Ax = b$. Wir fassen A als Abbildung von K^m nach K^n auf. Der Vektor x ist genau dann eine Lösung des Systems, wenn A den Vektor x auf b abbildet. Damit folgt:

$$\text{Es gibt eine Lösung} \iff b \text{ liegt im Bild von } A \iff b \in A(K^m),$$

$A(K^m)$ wird aufgespannt von: $Ae_1, Ae_2, \ldots, Ae_m$. Das sind die Spalten von A. Damit gilt:

$$\text{Es gibt eine Lösung} \iff b \text{ lässt sich aus den Spalten von } A \text{ kombinieren.}$$

Die Matrix

https://doi.org/10.1515/9783111382562-005

$$\begin{pmatrix} a_{11} & a_{12} & \cdots & a_{1m} & b_1 \\ a_{21} & a_{22} & \cdots & a_{2m} & b_2 \\ & \vdots & & & \vdots \\ a_{n1} & a_{n2} & \cdots & a_{nm} & b_n \end{pmatrix} = (Ab)$$

heißt *erweiterte Koeffizientenmatrix.*

Also gilt: Es gibt eine Lösung $\Longleftrightarrow$ Rang A = Rang(Ab).

Oder ausführlich: Rang der Koeffizientenmatrix ist gleich dem Rang der *erweiterten* Koeffizientenmatrix. Damit haben wir die erste Frage beantwortet. Nun zur zweiten Frage:

Definition. Ein lineares Gleichungssystem (LGS) heißt *homogen*, wenn b der Nullvektor ist.

Wir untersuchen zunächst die Lösungsmenge eines homogenen Systems. Sei also $Ax = 0$. Die Lösungsmenge L_h ist der Kern von A, also ein Untervektorraum des K^m. Die Dimension des Kerns bestimmen wir mit dem Dimensionssatz:

$$A : K^m \to K^n,$$
$$m = \dim \text{Bild}\, A + \dim \text{Kern}\, A,$$
$$m = \text{Rang}\, A + \dim L_h,$$
$$\dim L_h = \text{Anzahl der Unbekannten} - \text{Rang}\, A.$$

Damit haben wir die Frage, wie die Lösungsmenge im Prinzip aussieht, für homogene Systeme beantwortet. Sei nun $Ax = b$ ein inhomogenes ($b \neq 0$) LGS. Die Lösungsmenge L hat dann folgende Form: Es sei L_h die Lösungsmenge des zugehörigen homogenen Systems $Ax = 0$ und c irgendeine Lösung des inhomogenen Systems $Ax = b$. Dann gilt:

$$L = c + L_h = \{c + l : l \in L_h\},$$

L ist *kein* Untervektorraum, sondern ein „verschobener" Untervektorraum, ein sogenannter *affiner* Unterraum. Das ist zum Beispiel im $\mathbb{R}^3$ eine Ebene, die nicht durch 0 geht.

Beweis.

1.) Wir zeigen, dass jeder Vektor aus $c + L_h$ eine Lösung ist. Sei $d \in L_h$:

$$A(c + d) = Ac + Ad = b + 0 = b.$$

2.) Sei nun y eine Lösung von $Ax = b$. Wir zeigen: Es gibt ein $d \in L_h$ mit $y = c + d$. Sei $d = y - c \implies y = d + c$:

$$b = Ay = A(d + c) = Ad + Ac = Ad + b \implies Ad = 0 \implies d \in L_h. \qquad \square$$

Damit haben wir die zweite Frage beantwortet: Die Lösungsmenge ist ein affiner Unterraum.

Der Gauß-Algorithmus zum Lösen eines LGS

Wir formen das LGS mithilfe von elementaren Matrixumformungen in ein „leichteres" um, das genau die gleiche Lösungsmenge hat.

Bemerkung. Elementare Matrixumformungen ändern den Rang einer Matrix nicht.

Als elementare Matrixumformungen benutzen wir, übersetzt in Gleichungen:
- das Vertauschen von Gleichungen,
- das Multiplizieren Gleichung mit einer „Zahl" $\lambda \neq 0$,
- das Addieren einer Gleichung zu einer anderen.

Diese elementaren Umformungen ändern die Lösungsmenge nicht! Wir erklären das Vorgehen anhand eines Beispiels (dabei sei $K = \mathbb{R}$):

$$x_1 + 2x_2 - x_3 + x_4 = -3,$$
$$2x_1 + x_2 + x_3 - x_4 = 3,$$
$$x_1 - x_2 - x_3 + 2x_4 = 1,$$
$$4x_1 + 2x_2 - x_3 + 2x_4 = 1.$$

In Matrixform (erweiterte Koeffizientenmatrix):

$$\begin{pmatrix} 1 & 2 & -1 & 1 & -3 \\ 2 & 1 & 1 & -1 & 3 \\ 1 & -1 & -1 & 2 & 1 \\ 4 & 2 & -1 & 2 & 1 \end{pmatrix} \quad \text{Zeilen} \leftrightarrow \text{Gleichungen}$$

$$\Big\downarrow \text{2.Zeile - 2 mal 1.Zeile usw.}$$

$$\begin{pmatrix} 1 & 2 & -1 & 1 & -3 \\ 0 & -3 & 3 & -3 & 9 \\ 0 & -3 & 0 & 1 & 4 \\ 0 & -6 & 3 & -2 & 13 \end{pmatrix}$$

$$\Big\downarrow \text{3.Zeile - 2.Zeile}$$

$$\begin{pmatrix} 1 & 2 & -1 & 1 & -3 \\ 0 & -3 & 3 & -3 & 9 \\ 0 & 0 & -3 & 4 & -5 \\ 0 & 0 & -3 & 4 & -5 \end{pmatrix}$$

$$\Big\downarrow \text{4.Zeile - 3.Zeile}$$

$$\begin{pmatrix} 1 & 2 & -1 & 1 & -3 \\ 0 & -3 & 3 & -3 & 9 \\ 0 & 0 & -3 & 4 & -5 \\ 0 & 0 & 0 & 0 & 0 \end{pmatrix}$$

Merkregel: Spaltenweise Nullen produzieren. Jetzt haben wir das äquivalente, leichtere System, das wir lösen wollen. Als erstes stellen wir fest, dass das System lösbar ist, da Rang A = Rang Ab = 3. Jetzt wollen wir die Lösungsmenge L_h des zugehörigen homogenen Systems berechnen. Wir erkennen: dim L_h = 4 – Rang A = 1. Also brauchen wir *eine* Lösung. Wäre dim L_h = 2, so würden wir zwei linear unabhängige Lösungen brauchen. Wir lösen das Gleichungssystem von unten her auf:

(4) $x_4 = 1$ (beliebig gewählt, aber $\neq 0$)

(3) $-3x_3 + 4 = 0 \implies x_3 = \frac{4}{3}$

(2) $-3x_2 + 3 \cdot \frac{4}{3} - 3 = 0 \implies x_1 = \frac{1}{3}$

(1) $x_1 + \frac{2}{3} - \frac{4}{3} + 1 = 0 \implies x_1 = -\frac{1}{3}$.

Damit erhalten wir eine Lösung:

$$\begin{pmatrix} x_1 \\ x_2 \\ x_3 \\ x_4 \end{pmatrix} = \begin{pmatrix} -\frac{1}{3} \\ \frac{1}{3} \\ \frac{4}{3} \\ 1 \end{pmatrix}.$$

Also:

$$L_h = \lambda \cdot \begin{pmatrix} -\frac{1}{3} \\ \frac{1}{3} \\ \frac{4}{3} \\ 1 \end{pmatrix} \text{ oder auch } L_h = \lambda \cdot \begin{pmatrix} -1 \\ 1 \\ 4 \\ 3 \end{pmatrix}.$$

Jetzt benötigen wir noch eine Lösung c des inhomogenen Systems.

(4) $x_4 = 1$ (beliebig gewählt)

(3) $-3x_3 + 4 = -5 \implies x_3 = 3$

(2) $-3x_2 + 9 - 3 = 0 \implies x_1 = -1$

(1) $x_1 - 2 - 3 + 1 = -3 \implies x_1 = 1.$

Also Lösung:

$$c = \begin{pmatrix} 1 \\ -1 \\ 3 \\ 1 \end{pmatrix}.$$

Damit haben wir die Gesamtlösung L:

$$L = \begin{pmatrix} 1 \\ -1 \\ 3 \\ 1 \end{pmatrix} + L_h = \begin{pmatrix} 1 \\ -1 \\ 3 \\ 1 \end{pmatrix} + \lambda \begin{pmatrix} -1 \\ 1 \\ 4 \\ 3 \end{pmatrix}.$$

Test auf Rechenfehler: Wähle für λ einen Wert und berechne eine konkrete Lösung. Setze diese in das ursprüngliche Gleichungssystem ein.

Überbestimmte lineare Gleichungssysteme

In diesem Abschnitt betrachten wir Gleichungssysteme über den reellen Zahlen. Es sei nun das System $Ax = b$ nicht lösbar. Wir fassen das Gleichungssystem als lineare Abbildung $A : \mathbb{R}^m \to \mathbb{R}^n$ auf. Nicht lösbar heißt, kein $x \in \mathbb{R}^m$ wird auf b abgebildet. Wir suchen nun die „beste Näherungslösung". Wir suchen ein $x \in \mathbb{R}^m$, sodass Ax „möglichst nahe" bei b liegt. Wir verwenden den üblichen geometrischen Abstand, also $|Ax - b|$ soll minimal werden. Das erinnert an eine Extremwertaufgabe und kann auch so gelöst werden. Wir suchen die Lösung anders, und zwar durch einen anschaulichen geometrischen Ansatz. $A : \mathbb{R}^m \to \mathbb{R}^n$. Wir zeichnen in $\mathbb{R}^n$.

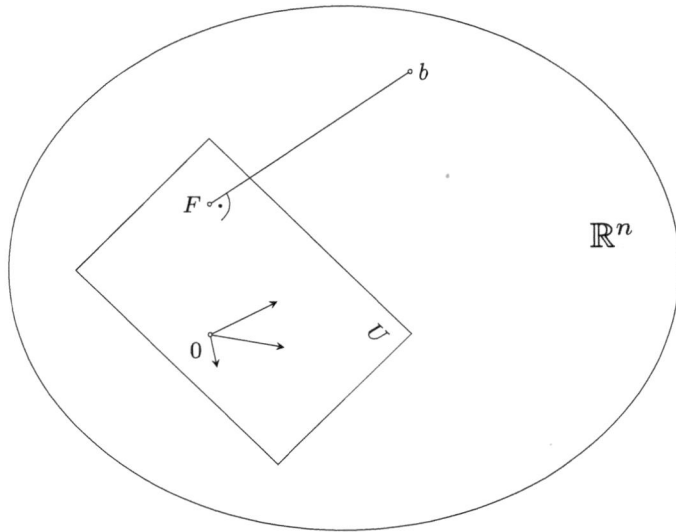

$$U = \{Ax : x \in \mathbb{R}^m\},$$

U ist ein Untervektorraum des $\mathbb{R}^n$, das Bild von A. Natürlich gilt $b \notin U$. U wird aufgespannt von $Ae_1, \ldots, Ae_m$. Das sind die Spalten $s_1, \ldots, s_m$ von A. Wir fällen von b aus das Lot auf U. Der Lotfußpunkt F ist eindeutig bestimmt. F ist der Punkt aus U, der minimalen Abstand zu b hat (anschaulich klar). Wir erhalten F durch folgenden Ansatz:

$$(F - b)\perp s_1 \iff (F - b) * s_1 = 0$$

$$\vdots$$

$$(F - b)\perp s_m \iff (F - b) * s_m = 0.$$

Das ist äquivalent zu

$$s_1^t \cdot (F - b) = 0$$

$$\vdots$$

$$s_m^t \cdot (F - b) = 0,$$

wobei $\cdot$ die Matrixmultiplikation ist. Zusammengefasst: $A^t \cdot (F - b) = 0$. Da F in U liegt, gibt es ein $x \in \mathbb{R}^m$ mit $Ax = F$. Ist A injektiv, dann ist x eindeutig bestimmt, sonst gibt es mehrere Lösungen. x ist unsere gesuchte Lösung. Wir setzen ein:

$$A^t \cdot (F - b) = 0$$

$$\iff \quad A^t \cdot (Ax - b) = 0$$

$$\iff \quad A^t x - A^t b = 0$$

$$\Longleftrightarrow \quad A^t x = A^t b \quad \text{Normalengleichungen.}$$

Mit den Normalengleichungen kann die beste Näherungslösung gefunden werden.

Beispiel.

$$x_1 + x_2 = 4,$$
$$x_1 - x_2 = 1,$$
$$2x_1 + x_2 = 4.$$

Das Gleichungssystem ist nicht lösbar:

$$\begin{pmatrix} 1 & 1 \\ 1 & -1 \\ 2 & 1 \end{pmatrix} \begin{pmatrix} x_1 \\ x_2 \end{pmatrix} = \begin{pmatrix} 4 \\ 1 \\ 4 \end{pmatrix} \leftrightarrow Ax = b,$$

$$A^t A = \begin{pmatrix} 1 & 1 & 2 \\ 1 & -1 & 1 \end{pmatrix} \begin{pmatrix} 1 & 1 \\ 1 & -1 \\ 2 & 1 \end{pmatrix} = \begin{pmatrix} 6 & 2 \\ 2 & 3 \end{pmatrix}.$$

Bemerkung. Die Matrix $A^t A$ ist symmetrisch zur Hauptdiagonalen, wegen $(A^t A)^t = A^t A$:

$$A^t b = \begin{pmatrix} 1 & 1 & 2 \\ 1 & -1 & 1 \end{pmatrix} \begin{pmatrix} 4 \\ 1 \\ 4 \end{pmatrix} = \begin{pmatrix} 13 \\ 7 \end{pmatrix}.$$

Löse die Normalengleichungen $A^t A x = A^t b$:

$$\begin{pmatrix} 6 & 2 \\ 2 & 3 \end{pmatrix} \begin{pmatrix} x_1 \\ x_2 \end{pmatrix} = \begin{pmatrix} 13 \\ 7 \end{pmatrix}$$

Es ergibt sich $x_1 = \frac{25}{14}$, $x_2 = \frac{16}{14}$, was die beste Näherungslösung darstellt. Wir berechnen noch den Lotfußpunkt F:

$$F = Ax = \begin{pmatrix} 1 & 1 \\ 1 & -1 \\ 2 & 1 \end{pmatrix} \begin{pmatrix} \frac{25}{14} \\ \frac{16}{14} \end{pmatrix} = \begin{pmatrix} 2.93 \\ 0.64 \\ 4.71 \end{pmatrix}.$$

Abstand von F und b:

$$|b - F| = \left| \begin{pmatrix} 4 \\ 1 \\ 2 \end{pmatrix} - \begin{pmatrix} 2.93 \\ 0.64 \\ 4.71 \end{pmatrix} \right| = 1.33.$$

„Näher an b kann man nicht herankommen."

Beispiel: Ausgleichsgerade

In der Ebene $\mathbb{R}^2$ seien n Punkte gegeben. Wir suchen eine Gerade, die „möglichst gut zu den Punkten passt". Als Beispiel geben wir uns vier Punkte vor:

$$P = \begin{pmatrix} 1 \\ 1 \end{pmatrix}, \quad Q = \begin{pmatrix} 3 \\ 1.5 \end{pmatrix}, \quad R = \begin{pmatrix} 4 \\ 4 \end{pmatrix}, \quad S = \begin{pmatrix} 6 \\ 3 \end{pmatrix}.$$

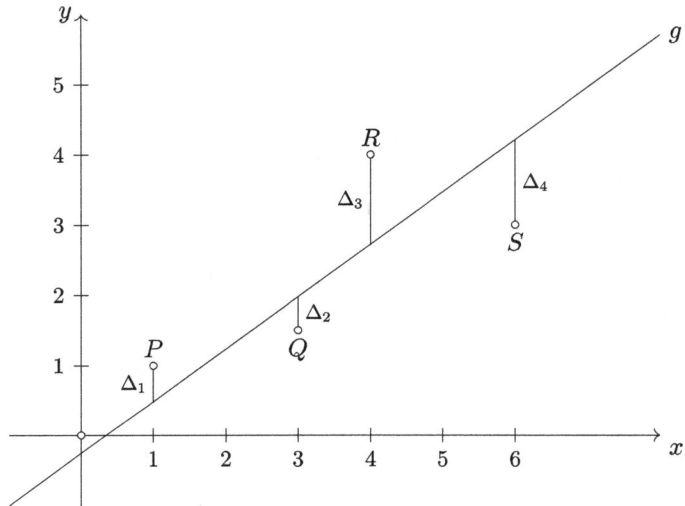

Eine ideale Lösung wäre eine Gerade, die durch alle vier Punkte geht, was aber natürlich nicht möglich ist. Diesen Wunsch können wir aber als überbestimmtes LGS formulieren. Gerade $g : y = ax + c$ (unbekannt sind a und c). Das Einsetzen der Punkte liefert vier Gleichungen:

P: $a + c = 1$
Q: $3a + c = 1.5$
R: $4a + c = 4$
S: $6a + c = 3.$

Was für eine Gerade erhalten wir, wenn wir das überbestimmte LGS mit der vorher diskutierten Methode lösen? Gleichungssystem in Matrizenform:

$$\begin{pmatrix} 1 & 1 \\ 3 & 1 \\ 4 & 1 \\ 6 & 1 \end{pmatrix} \begin{pmatrix} a \\ c \end{pmatrix} = \begin{pmatrix} 1 \\ 1.5 \\ 4 \\ 3 \end{pmatrix}, \quad \text{Kurz: } A \begin{pmatrix} a \\ c \end{pmatrix} = b.$$

Der Abstand von $A\begin{pmatrix} a \\ c \end{pmatrix}$ und b wird minimal:

$$\left| \begin{pmatrix} 1 & 1 \\ 3 & 1 \\ 4 & 1 \\ 6 & 1 \end{pmatrix} \begin{pmatrix} a \\ c \end{pmatrix} - \begin{pmatrix} 1 \\ 1.5 \\ 4 \\ 3 \end{pmatrix} \right|$$

$$= \left| \begin{pmatrix} a + c - 1 \\ 3a + c - 1.5 \\ 4a + c - 4 \\ 6a + c - 3 \end{pmatrix} \right|$$

$$= \sqrt{(a + c - 1)^2 + (3a + c - 1.5)^2 + (4a + c - 4)^2 + (6a + c - 3)^2}$$

$$= \sqrt{(g(1) - 1)^2 + (g(3) - 1.5)^2 + (g(4) - 4)^2 + (g(6) - 3)^2}.$$

Wir haben minimiert: $\Delta_1^2 + \Delta_2^2 + \Delta_3^2 + \Delta_4^2$. Das Verfahren, die beste Näherungsgerade so zu berechnen, heißt deshalb Methode der minimalen Summe der Fehlerquadrate. Interessant ist, dass nicht $|\Delta_1| + |\Delta_2| + |\Delta_3| + |\Delta_4|$ minimiert wird, sondern deren Quadrate. Der Grund dafür ist die geometrische Vorgehensweise mit dem Begriff „Abstand zweier Punkte im Raum", bei dessen Berechnung diese Quadrate auftreten. Jetzt sollen noch a und c berechnet werden:

$$A^t A \begin{pmatrix} a \\ c \end{pmatrix} = A^t b,$$

$$\begin{pmatrix} 1 & 3 & 4 & 6 \\ 1 & 1 & 1 & 1 \end{pmatrix} \begin{pmatrix} 1 & 1 \\ 3 & 1 \\ 4 & 1 \\ 6 & 1 \end{pmatrix} = \begin{pmatrix} 62 & 14 \\ 14 & 4 \end{pmatrix},$$

$$\begin{pmatrix} 1 & 3 & 4 & 6 \\ 1 & 1 & 1 & 1 \end{pmatrix} \begin{pmatrix} 1 \\ 1.5 \\ 4 \\ 3 \end{pmatrix} = \begin{pmatrix} 39.5 \\ 9.5 \end{pmatrix},$$

$$\text{Löse:} \begin{pmatrix} 62 & 14 \\ 14 & 4 \end{pmatrix} \begin{pmatrix} a \\ c \end{pmatrix} = \begin{pmatrix} 39.5 \\ 9.5 \end{pmatrix}.$$

Es ergibt sich $a = 0.48$, $c = 0.69$. Die Ausgleichsgerade ist also:

$$g: \quad y = 0.48x + 0.69.$$

Übungen zu Kapitel 5

1.) Man löse das angegebene lineare Gleichungssystem.

$$x_1 - x_2 - x_3 + 2x_4 + x_5 = 9,$$

$$3x_1 + x_2 - x_3 - x_4 + 2x_5 = 6,$$

$$x_1 + x_2 + 2x_3 + 2x_4 + x_5 = 8,$$

$$4x_1 + 0x_2 - 2x_3 + x_4 + 3x_5 = 15,$$

$$3x_1 + x_2 + 3x_3 + 6x_4 + 3x_5 = 25.$$

Das Gleichungssystem in Matrixform:

$$\begin{pmatrix} 1 & -1 & -1 & 2 & 1 & 9 \\ 3 & 1 & -1 & -1 & 2 & 6 \\ 1 & 1 & 2 & 2 & 1 & 8 \\ 4 & 0 & -2 & 1 & 3 & 15 \\ 3 & 1 & 3 & 6 & 3 & 25 \end{pmatrix}$$

$$\downarrow$$

$$\begin{pmatrix} 1 & -1 & -1 & 2 & 1 & 9 \\ 0 & 4 & 2 & -7 & -1 & -21 \\ 0 & 2 & 3 & 0 & 0 & -1 \\ 0 & 4 & 2 & -7 & -1 & -21 \\ 0 & 4 & 6 & 0 & 0 & -2 \end{pmatrix}$$

$$\downarrow \text{ Vertausche Zeile 2 und 3}$$

$$\begin{pmatrix} 1 & -1 & -1 & 2 & 1 & 9 \\ 0 & 2 & 3 & 0 & 0 & -1 \\ 0 & 4 & 2 & -7 & -1 & -21 \\ 0 & 4 & 2 & -7 & -1 & -21 \\ 0 & 4 & 6 & 0 & 0 & -2 \end{pmatrix}$$

$$\downarrow$$

$$\begin{pmatrix} 1 & -1 & -1 & 2 & 1 & 9 \\ 0 & 2 & 3 & 0 & 0 & -1 \\ 0 & 0 & -4 & -7 & -1 & -19 \\ 0 & 0 & -4 & -7 & -1 & -19 \\ 0 & 0 & 0 & 0 & 0 & 0 \end{pmatrix}$$

$$\downarrow$$

$$\begin{pmatrix} 1 & -1 & -1 & 2 & 1 & 9 \\ 0 & 2 & 3 & 0 & 0 & -1 \\ 0 & 0 & -4 & -7 & -1 & -19 \\ 0 & 0 & 0 & 0 & 0 & 0 \\ 0 & 0 & 0 & 0 & 0 & 0 \end{pmatrix}.$$

Lösungsmenge L_h des zugehörigen homogenen Systems:

$$\dim L_h = 5 - \operatorname{Rang} A = 5 - 3 = 2.$$

Wir suchen also zwei linear unabhängige Lösungen.

1. Lösung: Wähle $x_5 = 0, x_4 = 1$:

$$(3): \quad -4x_3 - 7 = 0 \implies x_3 = -\frac{7}{4},$$

$$(2): \quad 2x_2 - \frac{21}{4} = 0 \implies x_2 = \frac{21}{8},$$

$$(1): \quad x_1 - \frac{21}{8} + \frac{7}{4} + 2 = 0 \implies x_1 = -\frac{9}{8}.$$

Erste Lösung:

$$\begin{pmatrix} -\frac{9}{8} \\ \frac{21}{8} \\ -\frac{7}{4} \\ 1 \\ 0 \end{pmatrix} \text{ oder auch } \begin{pmatrix} -9 \\ 21 \\ -14 \\ 8 \\ 0 \end{pmatrix}.$$

2. Lösung: Wähle $x_5 = 1, x_4 = 0$:

$$(3): \quad -4x_3 - 1 = 0 \implies x_3 = -\frac{1}{4},$$

$$(2): \quad 2x_2 - \frac{3}{4} = 0 \implies x_2 = \frac{3}{8},$$

$$(1): \quad x_1 - \frac{3}{8} + \frac{1}{4} + 1 = 0 \implies x_1 = -\frac{7}{8}.$$

Zweite Lösung:

$$\begin{pmatrix} -\frac{7}{8} \\ \frac{3}{8} \\ -\frac{1}{4} \\ 0 \\ 1 \end{pmatrix} \text{ oder auch } \begin{pmatrix} -7 \\ 3 \\ -2 \\ 0 \\ 8 \end{pmatrix}.$$

Damit ergibt sich:

$$L_h = \lambda \cdot \begin{pmatrix} -9 \\ 21 \\ -14 \\ 8 \\ 0 \end{pmatrix} + \mu \cdot \begin{pmatrix} -7 \\ 3 \\ -2 \\ 0 \\ 8 \end{pmatrix}.$$

Als Nächstes berechnen wir eine spezielle Lösung des inhomogenen Systems und wählen dafür $x_4 = 2$, $x_5 = 1$:

$$(3): \quad -4x_3 - 14 - 1 = -19 \implies x_3 = 1,$$
$$(2): \quad 2x_2 + 3 = -1 \implies x_2 = -2,$$
$$(1): \quad x_1 + 2 - 1 + 4 + 1 = 9 \implies x_1 = 3.$$

Also ist eine spezielle Lösung:

$$\begin{pmatrix} 3 \\ -2 \\ 1 \\ 2 \\ 1 \end{pmatrix}.$$

Gesamtlösung des Systems:

$$L = \begin{pmatrix} 3 \\ -2 \\ 1 \\ 2 \\ 1 \end{pmatrix} + \lambda \cdot \begin{pmatrix} -9 \\ 21 \\ -14 \\ 8 \\ 0 \end{pmatrix} + \mu \cdot \begin{pmatrix} -7 \\ 3 \\ -2 \\ 0 \\ 8 \end{pmatrix}.$$

2.) Im xy-Koordinatensystem sind vier Punkte und eine Funktion gegeben:

$$P = \begin{pmatrix} -1 \\ -1 \end{pmatrix}, \quad Q = \begin{pmatrix} 1 \\ 1 \end{pmatrix}, \quad R = \begin{pmatrix} 2 \\ 0 \end{pmatrix}, \quad S = \begin{pmatrix} 3 \\ -2 \end{pmatrix},$$
$$f(x) = ax^2 + bx + c.$$

Bestimme a, b, c, sodass die Parabel $f(x)$ „möglichst gut" zu den Punkten passt (Methode der kleinsten Summe der Fehlerquadrate). Wir setzen dazu die Punkte in die quadratische Funktion ein:

(P) $a \cdot (-1)^2 + b \cdot (-1) + c = -1$
(Q) $a \cdot 1^2 + b \cdot 1 + c = 1$
(R) $a \cdot 2^2 + b \cdot 2 + c = 0$
(S) $a \cdot 3^2 + b \cdot 3 + c = -2.$

Überbestimmtes lineares Gleichungssystem in Matrixform:

$$\begin{pmatrix} 1 & -1 & 1 \\ 1 & 1 & 1 \\ 4 & 2 & 1 \\ 9 & 3 & 1 \end{pmatrix} \begin{pmatrix} a \\ b \\ c \end{pmatrix} = \begin{pmatrix} -1 \\ 1 \\ 0 \\ -2 \end{pmatrix}.$$

Lösung mithilfe der Normalengleichungen:

$$A^t A = \begin{pmatrix} 1 & 1 & 4 & 9 \\ -1 & 1 & 2 & 3 \\ 1 & 1 & 1 & 1 \end{pmatrix} \begin{pmatrix} 1 & -1 & 1 \\ 1 & 1 & 1 \\ 4 & 2 & 1 \\ 9 & 3 & 1 \end{pmatrix} = \begin{pmatrix} 99 & 35 & 15 \\ 35 & 15 & 5 \\ 15 & 5 & 4 \end{pmatrix},$$

$$A^t b = \begin{pmatrix} 1 & 1 & 4 & 9 \\ -1 & 1 & 2 & 3 \\ 1 & 1 & 1 & 1 \end{pmatrix} \begin{pmatrix} -1 \\ 1 \\ 0 \\ -2 \end{pmatrix} = \begin{pmatrix} -18 \\ -4 \\ -2 \end{pmatrix},$$

$$\text{Löse: } \begin{pmatrix} 99 & 35 & 15 \\ 35 & 15 & 5 \\ 15 & 5 & 4 \end{pmatrix} \begin{pmatrix} a \\ b \\ c \end{pmatrix} = \begin{pmatrix} -18 \\ -4 \\ -2 \end{pmatrix}.$$

Man berechnet $a = -0.61$, $b = 0.97$, $c = 0.59$:

$$\implies f(x) = -0.61x^2 + 0.97x + 0.59.$$

Im nächsten Schritt stellen wir f durch die „Scheitelform" graphisch dar:

$$\begin{aligned} f(x) &= -0.61(x - r)^2 + s \\ &= 0.61(x^2 - 2xr + r^2) + s \\ &= -0.61x^2 + 1.21rx - 0.61r^2 + s \\ \implies \quad & 1.21r = 0.97 \implies r = 0.801 \\ & -0.61 \cdot 0.801^2 + s = 0.59 \implies s = 0.981. \end{aligned}$$

Also: $f(x) = -0.61 \cdot (x - 0.80)^2 + 0.98$. Der Scheitel der Parabel ist bei $(0.80, 0.98)$.

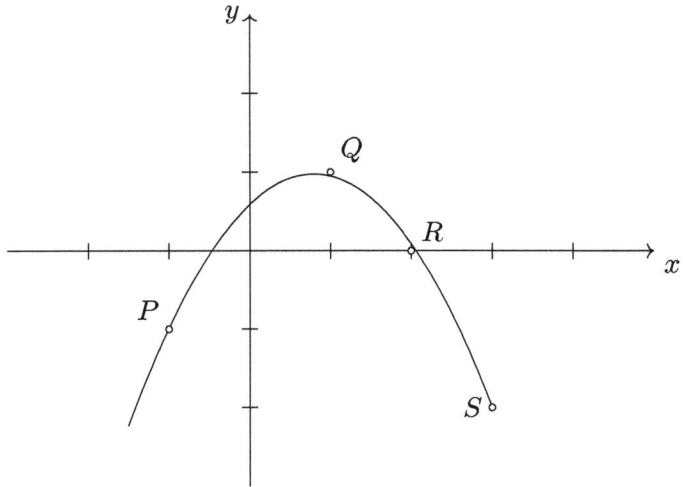

Zum Schluss berechnen wir noch die Summe der Fehlerquadrate:

x	-1	1	2	3
$f(x)$	-0.99	0.95	0.09	-1.99
y	-1	1	0	-2

Summe der Fehlerquadrate =

$$(-1 + 0.95)^2 + (1 - 0.95)^2 + (0 - 0.09)^2 + (-2 + 1.99)^2 = 0.011.$$

6 Abzählungen und Permutationen

Wir beginnen mit einer sehr einfachen Frage. Es sei M die Menge der natürlichen Zahlen von 1 bis n. Auf wie viele verschiedene Arten kann man diese Zahlen nebeneinander schreiben also anordnen? Zum Beispiel $M = \{1, 2, 3\}$:

$$(1, 2, 3), (1, 3, 2), (2, 1, 3), (2, 3, 1), (3, 1, 2), (3, 2, 1).$$

Das sind sechs Möglichkeiten. Allgemein bei n Zahlen:

1. Stelle besetzen: n Möglichkeiten.
2. Stelle besetzen: $n - 1$ Möglichkeiten.
3. Stelle besetzen: $n - 2$ Möglichkeiten.

   $\vdots$

n. Stelle besetzen: eine Möglichkeit.

Das ergibt insgesamt $1 \cdot 2 \cdot 3 \cdots (n - 1) \cdot n = n!$ Möglichkeiten. $n!$ nennt man n *Fakultät*.

Nun ein anderes Problem: Gegeben sei die Menge $M = \{1, 2, \ldots, n\}$. Die Potenzmenge von M ist definiert durch $\mathfrak{P}(M) = \{T : T \subset M\}$. Man beachte: Auch $\emptyset$ und M sind Teilmengen von M. Wie viele Elemente hat nun $\mathfrak{P}(M)$? Wir arbeiten mit einem Trick. Wir zählen nicht $\mathfrak{P}(M)$, sondern eine andere Menge, die genau gleich viele Elemente hat. Betrachte die Abbildungen $\varphi : M \to \{0, 1\}$. Diese Abbildungen entsprechen genau den Teilmengen von M. φ entspricht $\{x \in M : \varphi(x) = 1\}$. Insbesondere:

$$\varphi(x) = 0 \quad \text{für alle } x \leftrightarrow \emptyset,$$
$$\varphi(x) = 1 \quad \text{für alle } x \leftrightarrow M.$$

Jedes x aus M kann auf zwei Werte abgebildet werden. Deshalb gibt es $2 \cdot 2 \cdots 2 = 2^n$ verschiedene Abbildungen. Also $|\mathfrak{P}(M)| = 2^n$.

Wir betrachten nun weitere Abzählungen. Es sei $M = \{1, 2, \ldots, n\}$.

1.) Wie viele k-Tupel kann man aus den Zahlen von M bilden? Wir haben $n \cdot n \cdots n = n^k$ Möglichkeiten, ein k-Tupel zu bilden. Also gibt es n^k Tupel.
2.) Wie viele k-Tupel ohne Wiederholungen gibt es? Natürlich muss jetzt $k \leq n$ sein. Es gibt $n \cdot (n - 1) \cdot (n - 2) \cdots (n - k + 1)$ Möglichkeiten, ein solches Tupel zu bilden. Also gibt es $n \cdot (n - 1) \cdot (n - 2) \cdots (n - k + 1)$ solche Tupel.
3.) Wie viele Teilmengen mit genau k Elementen hat M? Anstelle von Teilmengen kann man auch bestimmte Tupel zählen, und zwar die k-Tupel ohne Wiederholungen, die der Größe nach geordnet sind:

$$\{7, 5, 8, 3\} \leftrightarrow (3, 5, 7, 8).$$

Wir wählen ein Beispiel: $M = \{1, 2, 3, 4\}$, $k = 2$:

https://doi.org/10.1515/9783111382562-006

$$\{1,2\}, \{1,3\}, \{1,4\}, \{2,3\}, \{2,4\}, \{3,4\}.$$

Das sind sechs Teilmengen. Allgemein bezeichnen wir die gesuchte Anzahl mit $\binom{n}{k}$ (n über k, Binomialkoeffizient). Unmittelbar ergibt sich:

$$\binom{n}{0} = 1 \quad \text{Die leere Menge ist Teilmenge von } M,$$

$$\binom{n}{n} = 1 \quad M \text{ ist Teilmenge von } M,$$

$$\binom{n}{1} = n \quad \text{und} \quad \binom{n}{n-1} = n,$$

$$\binom{n}{k} = \binom{n}{n-k}.$$

Satz 6.1. Es gilt die Rekursionsformel

$$\binom{n}{k} = \binom{n-1}{k} + \binom{n-1}{k-1}.$$

Beweis. Wir zählen die Teilmengen, die n enthalten, $\binom{n-1}{k-1}$, sowie die Teilmengen, die n nicht enthalten, $\binom{n-1}{k}$. Damit folgt:

$$\binom{n}{k} = \binom{n-1}{k} + \binom{n-1}{k-1}. \qquad \square$$

Beispiel. Wir berechnen $\binom{6}{3}$ rekursiv.

$$\binom{6}{3} = \binom{5}{3} + \binom{5}{2} = 2 \cdot \binom{5}{2},$$

$$\binom{5}{2} = \binom{4}{2} + \binom{4}{1},$$

$$\binom{4}{2} = \binom{3}{2} + \binom{3}{1} = 2 \cdot \binom{3}{1} = 2 \cdot 3 = 6.$$

Dann setzen wir von unten ein:

$$\binom{5}{2} = 6 + 4 = 10,$$

$$\binom{6}{3} = 2 \cdot 10 = 20.$$

Wir wollen nun eine explizite Formel für $\binom{n}{k}$ herleiten.

Satz 6.2. Es gilt:

$$\binom{n}{k} = \frac{n!}{k! \cdot (n-k)!}.$$

Bemerkung. Man definiert $0! = 1$.

Beweis. Sei $M = \{1, 2, \ldots, n\}$. Die Anzahl der k-Tupel ohne Wiederholungen aus M ist $n \cdot (n-1) \cdot (n-2) \cdots (n-k+1)$,

$$\Longrightarrow \binom{n}{k} = \frac{n \cdot (n-1) \cdots (n-k+1)}{k!} = \frac{n!}{k! \cdot (n-k)!}. \qquad \square$$

Beispiel.

$$\binom{10}{4} = \frac{10!}{4! \cdot 6!} = \frac{10 \cdot 9 \cdot 8 \cdot 7}{1 \cdot 2 \cdot 3 \cdot 4} = 210.$$

Zum Binomialkoeffizienten gibt es zwei bekannte Beispiele:

1.) *Lotto 6 aus 49*: In einer Trommel sind 49 nummerierte Kugeln. Daraus wird 6-mal, ohne Rücklegen, eine Kugel gezogen. Die „6 Richtigen" werden dann der Größe nach geordnet und bekannt gegeben. Die Reihenfolge der Ziehung spielt also keine Rolle. Wie viele Möglichkeiten gibt es? Wir fragen nach der Anzahl der 6-elementigen Teilmengen aus der Menge $\{1, 2, 3, \ldots, 49\}$.

$$\text{Das sind } \binom{49}{6} = \frac{49 \cdot 48 \cdot 47 \cdot 46 \cdot 45 \cdot 44}{1 \cdot 2 \cdot 3 \cdot 4 \cdot 5 \cdot 6}.$$

2.) *Die binomische Formel*: a, b aus einem Körper K

$$(a+b)^n = \sum_{k=0}^{n} \binom{n}{k} \cdot a^k \cdot b^{n-k}.$$

Vor dem Beweis ein Beispiel:

$$\begin{aligned}
(a+b)^3 &= \sum_{k=0}^{3} \binom{3}{k} \cdot a^k \cdot b^{3-k} \\
&= \binom{3}{0} \cdot a^0 \cdot b^3 + \binom{3}{1} \cdot a^1 \cdot b^2 + \binom{3}{2} \cdot a^2 \cdot b^1 + \binom{3}{3} a^3 \cdot b^0 \\
&= b^3 + 3ab^2 + 3a^2b + a^3.
\end{aligned}$$

Beweis.

$$(a+b)^n = (a+b) \cdot (a+b) \cdots (a+b) = a \cdot b \cdot a \cdots b + b \cdot b \cdot a \cdots b + a \cdot a \cdot b \cdots b + \cdots.$$

Wenn wir aus jeder Klammer ein a und b auswählen, ergibt dies n Buchstaben pro Summand. Alle Möglichkeiten auszuführen, ergibt 2^n Summanden. Die Summanden, in denen a genau k-mal vorkommt, fassen wir zusammen:

$$a^k \cdot b^{n-k} \text{ gibt es genau } \binom{n}{k}\text{-mal.} \qquad \square$$

Einfache Folgerungen:

1.) $2^n = (1+1)^n = \sum_{k=0}^{n} \binom{n}{k}$

2.) $0 = (1-1)^n = \sum_{k=0}^{n} \binom{n}{k} \cdot (-1)^k$.

Satz 6.3. *Die Siebformel.* Es seien $A_1, A_2, \ldots, A_n$ endliche Mengen. Dann gilt:

$$|A_1 \cup A_2 \cup \cdots \cup A_n| = a_1 - a_2 + a_3 - \cdots + (-1)^{n+1} a_n.$$

Wobei die a_i folgendermaßen berechnet werden: Alle Durchschnitte von i verschiedenen Mengen werden gebildet. Die Mächtigkeiten dieser Durchschnitte wird berechnet. Die Mächtigkeiten werden danach aufaddiert.

Vor dem Beweis ein Beispiel:

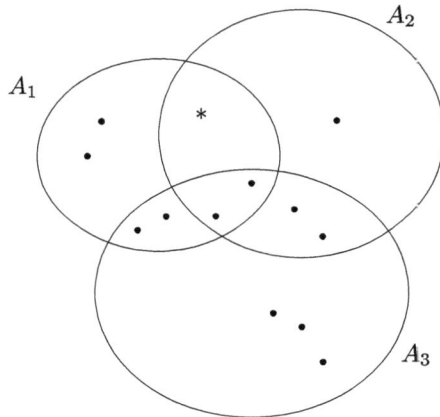

$|A_1 \cup A_2 \cup A_3| = 13$,

$$a_1 = |A_1| + |A_2| + |A_3| = 7 + 6 + 9 = 22,$$
$$a_2 = |A_1 \cap A_2| + |A_1 \cap A_3| + |A_2 \cap A_3| = 3 + 4 + 4 = 11,$$
$$a_3 = |A_1 \cap A_2 \cap A_3| = 2,$$
$$a_1 - a_2 + a_3 = 22 - 11 + 2 = 13 \quad \text{„stimmt"}.$$

Wir verfolgen das Element $*$ in der Formel:

- in a_1: 2 mal $\to$ +2,
- in a_2: 1 mal $\to$ −1,
- in a_3: 0 mal $\to$ 0.

Der Beitrag von $*$ zur Summe ist also +1.

Beweis. Wir zeigen, dass der Beitrag eines jeden Elements zur Summe gleich +1 ist. Sei also x ein beliebiges Element der Vereinigung. Wir können annehmen:

$$x \in A_1, A_2, \ldots, A_r \quad \text{und} \quad x \notin A_{r+1}, \ldots, A_n.$$

Beitrag von x zu:

a_1 : r +

a_2 : $\binom{r}{2}$ −

a_3 : $\binom{r}{3}$ +

$\vdots$

a_r : $\binom{r}{r}$ $(-1)^{r-1}$

a_r bis a_n: 0

Insgesamt:

$$\sum_{k=1}^{r} \binom{r}{k} \cdot (-1)^{k-1} = -\sum_{k=1}^{r} \binom{r}{k} \cdot (-1)^{k} = 1 - \sum_{k=0}^{r} \binom{r}{k} \cdot (-1)^{k} = 1 - 0 = 1$$

(Folgerung 2). □

Permutationen

Es sei M eine Menge mit n Elementen. Jede Anordnung der n Elemente heißt *Permutation*. Wir wissen, dass es davon $n!$ gibt. Wir wollen nun Permutationen etwas mathematischer definieren.

Definition. Eine bijektive Abbildung einer endlichen Menge auf sich selbst heißt Permutation. Als Menge verwendet man meist $\{1, 2, \ldots, n\}$.

Beispiel. $M = \{1, 2, 3, 4, 5, 6\}$.

$$
\begin{array}{ccccccc}
\tau : & 1 & 2 & 3 & 4 & 5 & 6 \\
& \updownarrow & \updownarrow & \updownarrow & \updownarrow & \updownarrow & \updownarrow \\
& 4 & 5 & 1 & 3 & 6 & 2
\end{array}
$$

Man sieht, dass die erste und zweite Definition einer Permutation genau das Gleiche liefern. Bijektive Abbildungen haben eine Umkehrfunktion. Etwa können wir τ^{-1} leicht angeben (Pfeile rückwärts).

$$\tau^{-1}:\qquad
\begin{array}{cccccc}
1 & 2 & 3 & 4 & 5 & 6 \\
\downarrow & \downarrow & \downarrow & \downarrow & \downarrow & \downarrow \\
3 & 6 & 4 & 1 & 2 & 5
\end{array}$$

Wählt man eine zweite Permutation σ, so kann man τ und σ hintereinanderschalten.

$$\sigma:\quad
\begin{array}{cccccc}
1 & 2 & 3 & 4 & 5 & 6 \\
\downarrow & \downarrow & \downarrow & \downarrow & \downarrow & \downarrow \\
2 & 6 & 1 & 5 & 4 & 3
\end{array}
\qquad
\sigma \circ \tau:\quad
\begin{array}{cccccc}
1 & 2 & 3 & 4 & 5 & 6 \\
\downarrow & \downarrow & \downarrow & \downarrow & \downarrow & \downarrow \\
5 & 4 & 2 & 1 & 3 & 6
\end{array}$$

„Erst τ, dann σ".

Beispiel (aus der Kryptographie). Wir wollen einen Text mithilfe einer Blockverschlüsslung verschlüsseln. Dazu teilen wir den Text in Blöcke gleicher Länge n ein. Anschließend wird jeder Block mit einem bestimmten Verfahren verschlüsselt. Es einfaches solches Verfahren ist die *Permutationschiffre*. Die Buchstaben eines Blocks werden in einer anderen Reihenfolge (Permutation) aufgeschrieben. Der geheime Schlüssel ist dann die Permutation τ. Klartextblock: $a = (a_1, a_2, \ldots, a_n)$ mit den Buchstaben a_i. Der verschlüsselte Block ist dann $c = (c_1, c_2, \ldots, c_n)$ mit $c_i = a_{\tau(i)}$.

Beispiel. Blocklänge $n = 10$.

$$\tau:\quad
\begin{array}{cccccccccc}
1 & 2 & 3 & 4 & 5 & 6 & 7 & 8 & 9 & 10 \\
\downarrow & \downarrow & \downarrow & \downarrow & \downarrow & \downarrow & \downarrow & \downarrow & \downarrow & \downarrow \\
3 & 4 & 10 & 1 & 2 & 7 & 8 & 5 & 6 & 9
\end{array}$$

Klartext: $a = (B, C, A, R, R, T, C, A, E, C)$,

$c_1 = a_{\tau(1)} = a_3 = A$

$c_2 = a_{\tau(2)} = a_4 = R$

$c_3 = a_{\tau(3)} = a_{10} = C$ usw.

Damit folgt $c = (A, R, C, B, C, C, A, R, T, E)$.

Wie entschlüsselt man nur c? Das heißt, wie erhält man aus c wieder a? Wir benutzen die Verschlüsslungsformel:

$$c_{\tau^{-1}(i)} = a_{\tau(\tau^{-1}(i))} = a_i,$$

also $a_i = c_{\tau^{-1}(i)}$.

Zur Entschlüsslung benötigen wir folglich die Umkehrfunktion τ^{-1}.

$$\tau^{-1}: \quad \begin{array}{cccccccccc} 1 & 2 & 3 & 4 & 5 & 6 & 7 & 8 & 9 & 10 \\ \updownarrow & \updownarrow & \updownarrow & \updownarrow & \updownarrow & \updownarrow & \updownarrow & \updownarrow & \updownarrow & \updownarrow \\ 4 & 5 & 1 & 2 & 8 & 9 & 6 & 7 & 10 & 3 \end{array}$$

$a_1 = c_{\tau^{-1}(1)} = c_4 = B$

$a_2 = c_{\tau^{-1}(2)} = c_5 = C$

$a_3 = c_{\tau^{-1}(3)} = c_1 = A$ usw.

Es ergibt sich $a = (B, C, A, R, R, T, C, A, E, C)$.

Definition. Eine Permutation π hat den *Fixpunkt* x, wenn $\pi(x) = x$.

Satz 6.4. Die Anzahl $a(n)$ der Permutationen ohne Fixpunkt einer Menge mit n Elementen ist:

$$a(n) = n! - \frac{n!}{1!} + \frac{n!}{2!} - \frac{n!}{3!} + \cdots + (-1)^n \cdot \frac{n!}{n!}.$$

Beweis. $M = \{1, 2, \ldots, n\}$.

A: Menge der Permutationen von M. Es ist $|A| = n!$.

A_i: Menge der Permutationen, die i als Fixpunkt haben. Es ist $|A_i| = (n-1)!$.

$$a(n) = |A| - |A_1 \cup A_2 \cup \cdots \cup A_n|.$$

Wir berechnen $|A_1 \cup A_2 \cup \cdots \cup A_n|$ mit der Siebformel,

$$|A_1 \cap A_2 \cap \cdots \cap A_i| = (n-i)!$$

Es gibt $\binom{n}{i}$ solcher Durchschnitte,

$$\Longrightarrow a_i = \binom{n}{i} \cdot (n-i)! = \frac{n!}{i!(n-i)!} \cdot (n-i)! = \frac{n!}{i!}$$

$$\Longrightarrow |A_1 \cup A_2 \cup \cdots \cup A_n| = a_1 - a_2 + a_3 - \cdots + (-1)^{n-1} \cdot a_n$$

$$= \frac{n!}{1!} - \frac{n!}{2!} + \frac{n!}{3!} - \cdots + (-1)^{n-1} \cdot \frac{n!}{n!}$$

$$\Longrightarrow a(n) = n! - \frac{n!}{1!} + \frac{n!}{2!} - \frac{n!}{3!} + \cdots + (-1)^n \cdot \frac{n!}{n!}. \qquad \square$$

Beispiel. Sei $n = 6$. Es gibt $6! = 720$ Permutationen. Permutationen ohne Fixpunkt gibt es:

$$a(6) = 6! - \frac{6!}{1!} + \frac{6!}{2!} - \frac{6!}{3!} + \frac{6!}{4!} - \frac{6!}{5!} + \frac{6!}{6!} = 265.$$

Also:

- Permutationen ohne Fixpunkt: 265
- Permutationen mit Fixpunkt: 455.

Bemerkung. Die Formel für $a(n)$ kann man durch einen einfacheren Ausdruck annähern.

$$\text{Die Exponentialreihe:} \quad e^x = \sum_{k=0}^{\infty} \frac{x^k}{k!}.$$

Für $x = -1$ ergibt sich $e^{-1} = \sum_{k=0}^{\infty} \frac{(-1)^k}{k!} = 1 - 1 + \frac{1}{2!} - \frac{1}{3!} + \frac{1}{4!} - \frac{1}{5!} + \cdots$,

$$a(n) = n! \cdot \left(1 - 1 + \frac{1}{2!} - \frac{1}{3!} + \cdots + (-1)^n \cdot \frac{1}{n!}\right).$$

Die Klammer ist der Anfang der Exponentialreihe für $x = -1$. Also gilt:

$$a(n) \approx n! \cdot e^{-1} = \frac{n!}{e}.$$

Für $n = 6$: $a(6) \approx \frac{6!}{e} = 264.87\ldots$

Beispiel. Wir betrachten die Permutationen der Zahlen 1 bis n. Jede Permutation schreiben wir auf einen Zettel und legen diese in eine Kiste. Dann wird zufällig ein Zettel aus der Kiste gezogen. Wie groß ist die Wahrscheinlichkeit, dass diese Permutation keinen Fixpunkt hat? Es handelt sich hier um ein sogenanntes *Laplace*-Experiment. Das heißt, das Zufallsexperiment hat endlich viele Ausgänge und jeder Ausgang hat die gleiche Wahrscheinlichkeit. Die Wahrscheinlichkeit eines Ereignisses A ergibt sich dann zu:

$$P(A) = \frac{\text{Anzahl der Elemente von } A}{\text{Anzahl aller Ausgänge}} = \frac{\text{Anzahl günstiger Fälle}}{\text{Anzahl aller Fälle}}.$$

In unserem Beispiel: Alle Fälle: $n!$, günstige Fälle: $a(n) \approx \frac{n!}{e}$. Also:

$$P(\text{kein Fixpunkt}) = \frac{a(n)}{n!} = \frac{n!}{n! \cdot e} = \frac{1}{e}.$$

Bemerkenswert ist, dass diese Wahrscheinlichkeit fast unabhängig von n ist.

Definition. Wir betrachten die Permutationen der Zahlen 1 bis n. Ein *Zykel* σ ist nun eine Permutation der folgenden Art: Wähle aus den Zahlen von 1 bis n k verschiedene Zahlen $a_1, a_2, \ldots, a_k$ aus. Der Zykel $\sigma = (a_1, a_2, \ldots, a_k)$ ist nun definiert durch:

$$\sigma(a_1) = a_2, \quad \sigma(a_2) = a_3, \quad \ldots, \quad \sigma(a_{k-1}) = a_k, \quad \sigma(a_k) = a_1.$$

Alle anderen Zahlen sind Fixpunkte.

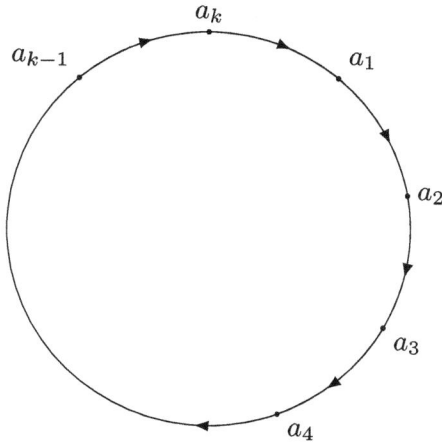

Der kleinste Zykel ist ein Zweierzykel (a_1, a_2) und heißt *Transposition*. Er vertauscht a_1 und a_2 und lässt alle anderen Zahlen fest.

Beispiel. $n = 6$, $\sigma = (4, 1, 5)$.

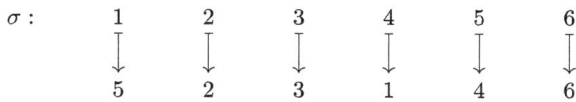

$$
\begin{array}{ccccccc}
\sigma: & 1 & 2 & 3 & 4 & 5 & 6 \\
 & \downarrow & \downarrow & \downarrow & \downarrow & \downarrow & \downarrow \\
 & 5 & 2 & 3 & 1 & 4 & 6
\end{array}
$$

Satz 6.5. Jede Permutation kann man in disjunkte Zykel zerlegen.

Beweis. Anhand eines Beispiels, Permutation π:

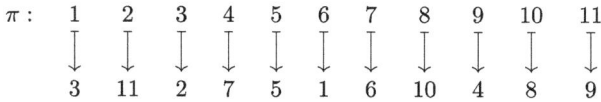

$$
\begin{array}{cccccccccccc}
\pi: & 1 & 2 & 3 & 4 & 5 & 6 & 7 & 8 & 9 & 10 & 11 \\
 & \downarrow & \downarrow & \downarrow & \downarrow & \downarrow & \downarrow & \downarrow & \downarrow & \downarrow & \downarrow & \downarrow \\
 & 3 & 11 & 2 & 7 & 5 & 1 & 6 & 10 & 4 & 8 & 9
\end{array}
$$

$$\sigma : (1, 3, 2, 11, 9, 4, 7, 6), \quad \delta : (8, 10),$$

$$\pi = \sigma \circ \delta = \delta \circ \sigma \quad \text{(kommutativ, da die Zykel disjunkt sind).} \qquad \square$$

Satz 6.6. Einen Zykel kann man in zwei kleinere zerlegen:

$$(a_1, \ldots, a_i, a_j, \ldots, a_k) = (a_1, \ldots, a_i) \circ (a_i, a_j, \ldots, a_k).$$

Beweis. Wir berechnen die Komposition der zwei kleineren Zykel („erst rechts, dann links"):

$$\pi: \quad a_1 \quad a_2 \quad \cdots \quad a_i \quad a_j \quad a_{j+1} \quad \cdots \quad a_{k-1} \quad a_k$$
$$\downarrow \quad \downarrow \qquad \downarrow \quad \downarrow \quad \downarrow \qquad \downarrow \quad \downarrow$$
$$a_2 \quad a_3 \qquad a_j \quad a_{j+1} \quad a_{j+2} \qquad a_k \quad a_1$$

Das ist genau der Ausgangszykel! □

Folgerungen:

1.) Man kann jeden Zykel in Transpositionen zerlegen.

2.) Man kann jede Permutation in Transpositionen zerlegen.

Beispiel. Man zerlege π in Transpositionen.

$$\pi: \quad 1 \quad 2 \quad 3 \quad 4 \quad 5 \quad 6 \quad 7$$
$$\downarrow \quad \downarrow \quad \downarrow \quad \downarrow \quad \downarrow \quad \downarrow \quad \downarrow$$
$$4 \quad 7 \quad 6 \quad 2 \quad 3 \quad 5 \quad 1$$

$$\pi = (1, 4, 2, 7) \circ (3, 6, 5) = (1, 4) \circ (4, 2) \circ (2, 7) \circ (3, 6) \circ (6, 5).$$

Definition. Es sei $M = \{1, 2, \ldots, n\}$ und σ eine Permutation von M. Das *Vorzeichen* von σ (signum σ, sign σ) wird definiert durch:

$$\text{sign}\,\sigma = \prod_{1 \leq i \leq j \leq n} \frac{\sigma(i) - \sigma(j)}{i - j} = \prod_{\substack{\text{alle Zweiermengen} \\ \{i,j\} \text{ aus } M}} \frac{\sigma(i) - \sigma(j)}{i - j}.$$

Das Produkt besteht aus $\binom{n}{2}$ Faktoren.

Beispiel. $M = \{1, 2, 3, 4\}$.

$$\sigma: \quad 1 \quad 2 \quad 3 \quad 4$$
$$\downarrow \quad \downarrow \quad \downarrow \quad \downarrow$$
$$2 \quad 4 \quad 1 \quad 3$$

$$\text{sign}\,\sigma = \frac{\sigma(1) - \sigma(2)}{1 - 2} \cdot \frac{\sigma(1) - \sigma(3)}{1 - 3} \cdot \frac{\sigma(1) - \sigma(4)}{1 - 4}$$
$$\cdot \frac{\sigma(2) - \sigma(3)}{2 - 3} \cdot \frac{\sigma(2) - \sigma(4)}{2 - 4} \cdot \frac{\sigma(3) - \sigma(4)}{3 - 4}$$
$$= \frac{2 - 4}{1 - 2} \cdot \frac{2 - 1}{1 - 3} \cdot \frac{2 - 3}{1 - 4} \cdot \frac{4 - 1}{2 - 3} \cdot \frac{4 - 3}{2 - 4} \cdot \frac{1 - 3}{3 - 4}.$$

Im Zähler stehen auch alle Zweiermengen von M als Differenzen. Die zwei Zahlen einer Differenz können aber vertauscht sein. Das Ergebnis muss also +1 oder −1 sein. Hier ergibt sich sign $\sigma = -1$.

Satz 6.7. Das Vorzeichen einer Permutation ist +1 oder −1.

Beweis. Es sei $M = \{1, 2, \ldots, n\}$. $M_2 = \{\{x, y\} : x, y \in M \text{ und } x \neq y\}$ ist die Menge aller Zweiermengen von M,

$$\text{sign}\,\sigma = \prod_{\{i,j\}\in M_2} \frac{\sigma(i) - \sigma(j)}{i - j}.$$

Wir betrachten folgende Abbildung:

$$\hat{\sigma} : M_2 \to M_2,$$

$$\{x,y\} \mapsto \{\sigma(x), \sigma(y)\},$$

$\hat{\sigma}$ ist natürlich bijektiv. Damit stehen im Nenner und Zähler alle Zweiermengen als Differenzen. Die zwei Zahlen einer Differenz können aber im Zähler und Nenner verschiedene Reihenfolge haben (z. B. 2 − 7 oder 7 − 2). Das Ergebnis ist damit +1 oder −1. □

Satz 6.8. Es sei $M = \{1, 2, \ldots, n\}$. Weiterhin seien σ und τ zwei Permutationen von M, dann gilt:

$$\text{sign}(\tau \circ \sigma) = \text{sign}\,\tau \cdot \text{sign}\,\sigma.$$

Beweis.

$$\begin{aligned}
\text{sign}(\tau \circ \sigma) &= \prod_{\{i,j\}\in M_2} \frac{(\tau \circ \sigma)(i) - (\tau \circ \sigma)(j)}{i - j} \\
&= \prod_{\{i,j\}\in M_2} \frac{\tau(\sigma(i)) - \tau(\sigma(j))}{\sigma(i) - \sigma(j)} \cdot \frac{\sigma(i) - \sigma(j)}{i - j} \\
&= \prod_{\{i,j\}\in M_2} \frac{\tau(\sigma(i)) - \tau(\sigma(j))}{\sigma(i) - \sigma(j)} \cdot \prod_{\{i,j\}\in M_2} \frac{\sigma(i) - \sigma(j)}{i - j} \\
&= \text{sign}\,\tau \cdot \text{sign}\,\sigma.
\end{aligned}$$

□

Satz 6.9. Das Vorzeichen einer Transposition ist −1.

Beweis. $M = \{1, 2, \ldots, n\}$.
a) $\tau = (1, 2)$:

$$\text{sign}\,\tau = \frac{2-1}{1-2} \cdot \frac{2-3}{1-3} \cdots \frac{2-n}{1-n} \cdot \frac{1-3}{2-3} \cdot \frac{1-4}{2-4} \cdots \frac{1-n}{2-n} \cdot \frac{3-4}{3-4} \cdot \frac{3-5}{3-5} \cdots.$$

Der erste Faktor ergibt −1, alle anderen Faktoren sind positiv. Also sign $\tau = -1$.
b) $\tau = (1, i)$ mit $i \geq 3$:

$$(1, i) = (2, i) \circ (1, 2) \circ (2, i) \implies \text{sign}(1, i) = x \cdot (-1) \cdot x = -1.$$

c) $\tau = (2, i)$ mit $i \geq 3$:

$$(2, i) = (1, i) \circ (1, 2) \circ (1, i) \implies \text{sign}(2, i) = (-1) \cdot (-1) \cdot (-1) = -1.$$

d) $\tau = (i,j)$ mit $i,j \geq 3$ und $i < j$:

$$(i,j) = (2,j) \circ (1,i) \circ (1,2) \circ (1,i) \circ (2,j)$$
$$\implies \text{sign}(i,j) = (-1) \cdot (-1) \cdot (-1) \cdot (-1) \cdot (-1) = -1.$$

$\square$

Satz 6.10. Es sei σ eine Permutation. σ kann man in Transpositionen zerlegen. Ist sign $\sigma = +1$, so ist die Anzahl der Transpositionen gerade. Ist sign $\sigma = -1$, so ist die Anzahl der Transpositionen ungerade.

In anderen Worten: Bei einer Zerlegung einer Permutation in Transpositionen ist deren Anzahl entweder immer gerade oder immer ungerade. Ist sign $\sigma = +1$, so heißt σ eine *gerade* Permutation, bei sign $\sigma = -1$ eine *ungerade* Permutation.

Beispiel. Ein Dreierzykel hat das Vorzeichen +1:

$$(a,b,c) = (a,b) \circ (b,c).$$

Ein Viererzykel hat das Vorzeichen –1:

$$(a,b,c,d) = (a,b) \circ (b,c) \circ (c,d).$$

Übungen zu Kapitel 6

1.) In einem Eimer befinden sich 10 Lose, ein Treffer und neun Nieten. 10 Personen ziehen nacheinander je ein Los. Welche Person hat die größte Wahrscheinlichkeit, den Treffer zu ziehen?
   a) Aus dem Gefühl heraus wird man sagen: Die Wahrscheinlichkeit den Treffer zu ziehen, ist für jede Person gleich. Wir betrachten die Person, die als Erste zieht:

$$P(\text{Treffer}) = \frac{\text{günstige Möglichkeiten}}{\text{alle Möglichkeiten}} = \frac{1}{10}.$$

Analysiert man die Fragestellung genauer, so kommt man etwas ins Zweifeln. Könnte es nicht sein, dass die Person, die als Letzte zieht, schlechtere Chancen hat als diejenige, die als erste zieht? Wir betrachten das Zufallsexperiment anders:
   b) Wir nummerieren die Personen und die Lose durch (Los Nr. 1 sei der Treffer). Das Ergebnis des Zufallsexperiments ist nun eine Verteilung der 10 Lose auf die 10 Personen, also eine Permutation π.

$$\pi: \quad \begin{array}{cccccccccc} 1 & 2 & 3 & 4 & 5 & 6 & 7 & 8 & 9 & 10 \\ \downarrow & \downarrow & \downarrow & \downarrow & \downarrow & \downarrow & \downarrow & \downarrow & \downarrow & \downarrow \\ \pi(1) & \pi(2) & \pi(3) & \pi(4) & \pi(5) & \pi(6) & \pi(7) & \pi(8) & \pi(9) & \pi(10) \end{array} \quad \text{Personen} \\ \text{Lose}$$

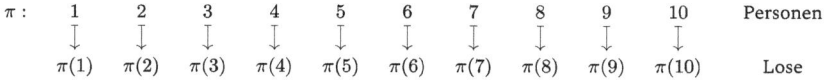

Es ist plausibel, dass jede Permutation die gleiche Wahrscheinlichkeit hat. Es gibt 10! Permutationen. Das Ereignis „Person k zieht den Treffer", also $\pi(k) = 1$ besteht aus 9! Permutationen. Also:

$$P(\text{Person } k \text{ hat den Treffer}) = \frac{\text{günstige Fälle}}{\text{alle Fälle}} = \frac{9!}{10!} = \frac{1}{10}.$$

Damit hat jede Person die gleiche Wahrscheinlichkeit, den Treffer zu ziehen. Die Person, die als Letztes zieht, also das übrig gebliebene Los nehmen muss, ist also keineswegs in Nachteil.

2.) Eine Spielbank bietet das folgende Spiel an: Zwei Skatspiele (je 32 Karten) werden jedes für sich gemischt und die beiden Stapel dann auf den Spieltisch gelegt. Der Spieler zieht von jedem Stapel die oberste Karte. Sind die beiden Karten gleich, so hat er verloren und die Bank gewonnen. Ansonsten zieht er wieder die beiden Karten. Bei Gleichheit hat er verloren und die Bank gewonnen. So wird weitergemacht, bis entweder der Spieler verloren hat oder die Stapel aufgebraucht sind. Kommen nie „zwei Gleiche" vor, so hat der Spieler gewonnen. Wie groß ist die Wahrscheinlichkeit, dass der Spieler bzw. die Bank gewinnt?

Rein gefühlsmäßig wird man vermuten, dass die Chance des Spielers größer ist als die der Bank. Die Wahrscheinlichkeit, dass zwei gezogene Karten gleich sind, ist bestimmt sehr klein. Aber wir wollen nun rechnen:

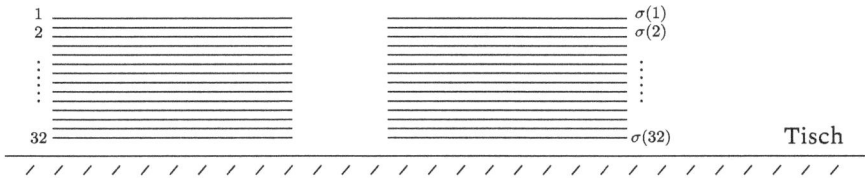

Wir nummerieren die Karten des ersten Stapels durch. Im anderen Stapel liegen die gleichen Karten, jedoch in einer anderen Reihenfolge (Permutation σ). Man sieht: „Es werden irgendwann zwei Gleiche gezogen" ist äquivalent zu „Die Permutation σ hat einen Fixpunkt". Anhand der Erkenntnisse des letzten Kapitels gilt:

$$P(\sigma \text{ hat keinen Fixpunkt}) \approx \frac{1}{e} \approx 0.37.$$

Die Näherungsformel für die exakte Wahrscheinlichkeit ist sehr genau. Die Wahrscheinlichkeit, dass der Spieler gewinnt, ist also 37 %. Die Bank hat dann natürlich die Gewinnwahrscheinlichkeit 63 %.

3.) Es sei $M = \{1, 2, \ldots, n\}$. Wie viele Permutationen von M mit genau einem Fixpunkt gibt es?

Sei x die Anzahl der Permutationen mit genau einem Fixpunkt:

$$a(n) = \text{Anzahl der Permutationen ohne Fixpunkt,}$$

$$a(n) = n! - \frac{n!}{1!} + \frac{n!}{2!} - \frac{n!}{3!} + \cdots + (-1)^n \cdot \frac{n!}{n!},$$

$$x = a(n-1) \quad \text{1 ist einziger Fixpunkt}$$

$$\qquad + a(n-1) \quad \text{2 ist einziger Fixpunkt}$$

$$\vdots$$

$$\qquad + a(n-1) \quad n \text{ ist einziger Fixpunkt,}$$

$$x = n \cdot a(n-1)$$

$$= n \cdot \left((n-1)! - \frac{(n-1)!}{1!} + \frac{(n-1)!}{2!} - \cdots + (-1)^{n-1} \cdot \frac{(n-1)!}{(n-1)!} \right)$$

$$= n! - \frac{n!}{1!} + \frac{n!}{2!} - \cdots + (-1)^{n-1} \frac{n!}{(n-1)!}$$

$$\implies a(n) = x + (-1)^n \frac{n!}{n!} = x + (-1)^n$$

$$\implies x = a(n) + (-1)^{n-1}.$$

Beispiel. $n = 6$:
-   alle Permutationen: $6! = 720$
-   ohne Fixpunkt: $a(6) = 265$
-   genau ein Fixpunkt $a(6) + (-1)^5 = 265 - 1 = 264$
-   mehr als ein Fixpunkt $720 - (265 + 264) = 191$.

4.) Man zerlege die Permutation π in Transpositionen.

$$\pi: \begin{array}{cccccccccc} 1 & 2 & 3 & 4 & 5 & 6 & 7 & 8 & 9 & 10 \\ \updownarrow & \updownarrow & \updownarrow & \updownarrow & \updownarrow & \updownarrow & \updownarrow & \updownarrow & \updownarrow & \updownarrow \\ 4 & 5 & 6 & 10 & 3 & 2 & 1 & 8 & 9 & 7 \end{array}$$

$$\pi = (1, 4, 10, 7)(2, 5, 3, 6) = (1, 4)(4, 10)(10, 7)(2, 5)(5, 3)(3, 6).$$

5.) Gegeben ist die Permutation π.

$$\pi: \quad \begin{matrix} 1 & 2 & 3 & 4 & 5 \\ \downarrow & \downarrow & \downarrow & \downarrow & \downarrow \\ 3 & 1 & 5 & 4 & 2 \end{matrix}$$

Man berechne sign π anhand der Definition:

$$\text{sign}\,\pi = \prod_{1 \le i \le j \le 5} \frac{\pi(i) - \pi(j)}{i - j}$$

$$= \frac{3-1}{1-2} \cdot \frac{3-5}{1-3} \cdot \frac{3-4}{1-4} \cdot \frac{3-2}{1-5} \cdot \frac{1-5}{2-3} \cdot \frac{1-4}{2-4} \cdot \frac{1-2}{2-5} \cdot \frac{5-4}{3-4} \cdot \frac{5-2}{3-5} \cdot \frac{4-2}{4-5}$$

$$= \frac{1-2}{1-2} \cdot \frac{3-1}{1-3} \cdot \frac{1-4}{1-4} \cdot \frac{1-5}{1-5} \cdot \frac{3-2}{2-3} \cdot \frac{4-2}{2-4} \cdot \frac{5-2}{2-5} \cdot \frac{3-4}{3-4} \cdot \frac{3-5}{3-5} \cdot \frac{5-4}{4-5}$$

$$= -1.$$

Test: Zerlegung von π in Transpositionen.

$$\pi = (1,3,5,2) = (1,3)(3,5)(5,2) \quad \text{ungerade Anzahl!}$$

7 Determinanten

Wir beginnen diesen Abschnitt mit einem Beispiel: In der Ebene, Vektorraum $(\mathbb{R}^2, \mathbb{R})$, sei ein Vektorenpaar (a, b) gegeben mit $a \neq b$ und $\{a, b\}$ linear unabhängig. Man beachte, dass es bei einem Paar auf die Reihenfolge ankommt. Wir betrachten die Fläche des von (a, b) aufgespannten Parallelogramms.

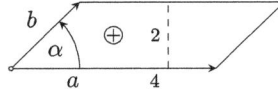

Diese Fläche wollen wir nun auch mit einem Vorzeichen versehen. Zwischen den zwei Vektoren gibt es zwei Winkel, nämlich α und $\beta = 360° - \alpha$. Sei α der kleinere der beiden, also $\alpha < 180°$. Wir messen „α von a nach b". Hat α die Drehrichtung „Gegenuhrzeigersinn", so ist die Fläche *positiv*, sonst *negativ*. In unserem gezeichneten Beispiel ist die Fläche also positiv und beträgt $4 \cdot 2 = 8 \, (\mathrm{cm}^2)$. Ein anderes Beispiel:

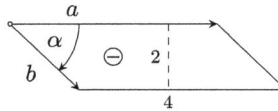

Fläche $= -(4 \cdot 2) = -8 \, (\mathrm{cm}^2)$.

Die Flächenfunktion (mit Vorzeichen) bezeichnen wir mit Δ. Wenn ein Vektorenpaar (a, b) mit $a = b$ oder $\{a, b\}$ linear abhängig ist, so setzen wir natürlich $\Delta(a, b) = 0$.

Eigenschaften der Flächenfunktion:

a) $\Delta(a, b) = -\Delta(b, a)$

b) $\Delta(\lambda \cdot a, b) = \Delta(a, \lambda \cdot b) = \lambda \cdot \Delta(a, b)$

c) $\Delta(a + c, b) = \Delta(a, b) + \Delta(c, b)$ und
$\Delta(a, b + c) = \Delta(a, b) + \Delta(a, c)$.

Beweis.

a) Folgt unmittelbar aus der Definition des Vorzeichens.

b)

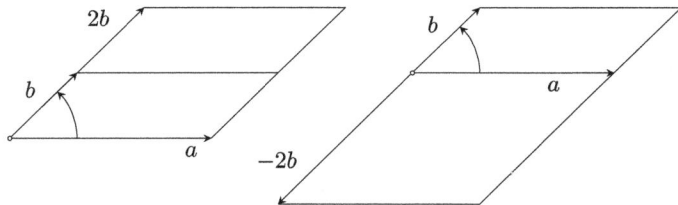

https://doi.org/10.1515/9783111382562-007

Anhand der Bilder ist die Aussage anschaulich klar.

c) Anstelle eines Beweises kontrollieren wir die Aussage durch ein konkretes Beispiel:

$$a = \begin{pmatrix} 4 \\ 0 \end{pmatrix}, \quad b = \begin{pmatrix} 1 \\ 1 \end{pmatrix}, \quad c = \begin{pmatrix} -3 \\ 3 \end{pmatrix}.$$

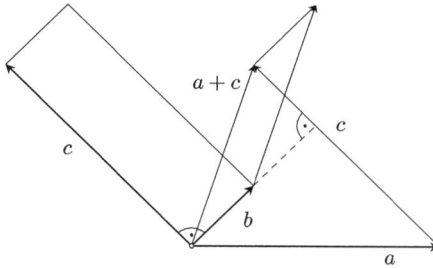

Es sollte gelten:

$$\Delta(a + c, b) = \Delta(a, b) + \Delta(c, b),$$
$$\Delta(a, b) = 4 \cdot 1 = 4,$$
$$\Delta(c, b) = -(3 \cdot \sqrt{2} \cdot \sqrt{2}) = -6,$$
$$\Delta(a + c, b) = -(\sqrt{2} \cdot \sqrt{2}) = -2.$$

Damit haben wir:

$$\underbrace{\Delta(a + c, b)}_{-2} = \underbrace{\Delta(a, b)}_{4} + \underbrace{\Delta(c, b)}_{-6}. \qquad \square$$

Bemerkung. Man kann zeigen, dass die Fläche (mit Vorzeichen) des von den Vektoren $\begin{pmatrix} a_1 \\ a_2 \end{pmatrix}$ und $\begin{pmatrix} b_1 \\ b_2 \end{pmatrix}$ aufgespannten Parallelogramms $a_1 b_2 - a_2 b_1$ ist. Daraus folgt direkt:

$$\Delta(a + c, b) = \Delta(a, b) + \Delta(c, b).$$

Im Folgenden wollen wir die „Flächenfunktion mit Vorzeichen verallgemeinern". Es sei (V, K) ein Vektorraum und $\Delta : V^n \to K$ eine Abbildung. Δ heißt *multilinear*, wenn sie linear in jeder Komponente ist. Als Beispiel wählen wir die zweite Komponente:

$$\Delta(a_1, \lambda \cdot a_2, a_3, \dots, a_n) = \lambda \cdot \Delta(a_1, a_2, \dots, a_n),$$
$$\Delta(a_1, a_2 + b, a_3, \dots, a_n) = \Delta(a_1, a_2, a_3, \dots, a_n) + \Delta(a_1, b, a_3, \dots, a_n).$$

Bemerkung. Multilinearität verhält sich wie Ausmultiplizieren.

Beispiel. $\Delta : V^2 \to K$,

$$\Delta(a_1 + b_1, a_2 + b_2) = \Delta(a_1, a_2) + \Delta(a_1, b_2) + \Delta(b_1, a_2) + \Delta(b_1, b_2)$$

$$[(a_1 + b_1) \cdot (a_2 + b_2) = a_1 \cdot a_2 + a_1 \cdot b_2 + b_1 \cdot a_2 + b_1 \cdot b_2].$$

Definition. Lineare Unabhängigkeit haben wir zunächst nur für eine Menge von Vektoren definiert. Sei nun $(a_1, a_2, \ldots, a_n)$ ein Tupel von Vektoren. Bei einem Tupel kommt es auf die Reihenfolge an und Vektoren können mehrfach vorkommen. Ein Tupel nennen wir nun *linear unabhängig*, wenn die Vektoren $a_1, a_2, \ldots, a_n$ verschieden sind und die Menge $\{a_1, a_2, \ldots, a_n\}$ linear unabhängig ist. Nicht linear unabhängig heißt natürlich wieder linear abhängig.

Definition. Es sei (V, K) ein Vektorraum mit dim $V = n$. Eine Abbildung

$$\Delta : V^n \to K,$$

$$(a_1, \ldots, a_n) \mapsto \Delta(a_1, \ldots, a_n)$$

heißt *Determinantenform*, wenn gilt:
1.) Δ ist multilinear.
2.) Ist $(a_1, \ldots, a_n)$ linear abhängig, so ist $\Delta(a_1, \ldots, a_n) = 0$.

Bemerkung.
1.) Die Determinantenformen sind unsere Verallgemeinerung der „Flächenfunktion mit Vorzeichen".
2.) Die Abbildung $\Delta(a_1, \ldots, a_n) = 0$ für alle Tupel ist auch eine Determinantenform, die „Nullform".
3.) Eigenschaft 2 in der Definition kann man abschwächen zu: Sind in $(a_1, \ldots, a_n)$ zwei Vektoren gleich, so ist $\Delta(a_1, \ldots, a_n) = 0$.

   Beweis. Nur anhand eines Beispiels. Sei dim $V = 3$ und (a_1, a_2, a_3) linear abhängig. Also z. B.: $a_3 = \lambda a_1 + \mu a_2$,

$$\Delta(a_1, a_2, \lambda a_1 + \mu a_2) = \lambda \cdot \Delta(a_1, a_2, a_1) + \mu \cdot \Delta(a_1, a_2, a_2) = \lambda \cdot 0 + \mu \cdot 0 = 0. \qquad \square$$

Satz 7.1. Für jede Determinantenform gilt:

$$\Delta(a_1, \ldots, a_i, \ldots, a_j, \ldots, a_n) = -\Delta(a_1, \ldots, a_j, \ldots, a_i, \ldots, a_n).$$

Das Vorzeichen ändert sich also, wenn wir zwei Vektoren a_i und a_j vertauschen.

Beweis. Vertauschung von a_1 und a_2:

$$0 = \Delta(a_1 + a_2, a_2 + a_1, a_3, \ldots, a_n)$$

$$= \Delta(a_1, a_2, a_3, \ldots, a_n) + \Delta(a_1, a_1, a_3, \ldots, a_n)$$
$$+ \Delta(a_2, a_2, a_3, \ldots, a_n)$$
$$+ \Delta(a_2, a_1, a_3, \ldots, a_n)$$
$$= \Delta(a_1, a_2, a_3, \ldots, a_n) + \Delta(a_2, a_1, a_3, \ldots, a_n).$$

$\square$

Satz 7.2. Es sei $\Delta : V^n \to K$ eine Determinantenform. Weiter sei eine Permutation τ der Zahlen $1, 2, \ldots, n$ gegeben. Dann gilt:

$$\Delta(a_{\tau(1)}, a_{\tau(2)}, \ldots, a_{\tau(n)}) = \text{sign } \tau \cdot \Delta(a_1, a_2, \ldots, a_n).$$

Beweis. Jede Permutation kann durch eine Folge von Transpositionen dargestellt werden. Eine Transposition bewirkt eine Vertauschung von zwei Komponenten des Tupels. sign τ ergibt sich aus der Anzahl der Transpositionen. (+1 gerade, –1 ungerade). $\square$

Satz 7.3. Es sei $\Delta : V^n \to K$ eine Determinantenform. Dann gilt für $i \neq j$:

$$\Delta(a_1, \ldots, a_i + \lambda \cdot a_j, \ldots, a_j, \ldots, a_n) = \Delta(a_1, \ldots, a_i, \ldots, a_j, \ldots, a_n).$$

Beweis.

$$\Delta(a_1, \ldots, a_i + \lambda \cdot a_j, \ldots, a_j, \ldots, a_n)$$
$$= \Delta(a_1, \ldots, a_i, \ldots, a_j, \ldots, a_n) + \lambda \cdot \Delta(a_1, \ldots, a_j, \ldots, a_j, \ldots, a_n)$$
$$= \Delta(a_1, \ldots, a_i, \ldots, a_j, \ldots, a_n).$$

$\square$

Satz 7.4. Es seien $\Delta, \chi : V^n \to K$ zwei Determinantenformen. Dann sind auch $\lambda \cdot \Delta$ und $\Delta + \chi$ Determinantenformen:

$$(\lambda \cdot \Delta)(a_1, \ldots, a_n) = \lambda \cdot \Delta(a_1, \ldots, a_n),$$
$$(\Delta + \chi)(a_1, \ldots, a_n) = \Delta(a_1, \ldots, a_n) + \chi(a_1, \ldots, a_n).$$

Beweis. Einfaches Nachrechnen. $\square$

Satz 7.5. Es sei $\Delta : V^n \to K$ eine Determinantenform und weiter sei $b_1, b_2, \ldots, b_n$ eine Basis von V. Seien $x_1, \ldots, x_n$ beliebige Vektoren von V:

$$x_i = \sum_{j=1}^{n} a_{j,i} \cdot b_j \quad \text{für } i = 1 \text{ bis } n \quad \text{„Koordinatendarstellung der } x_i\text{".}$$

Die $a_{j,i}$ bilden eine $n \times n$-Matrix. In der Spalte i steht die Koordinatendarstellung von x_i. Dann gilt:

$$\Delta(x_1, \ldots, x_n) = \sum_{\substack{\tau \text{ Permutation} \\ \text{von } \{1,\ldots,n\}}} \text{sign } \tau \cdot a_{\tau(1),1} \cdot a_{\tau(2),2} \cdots a_{\tau(n),n} \cdot \Delta(b_1, \ldots, b_n).$$

Beweis. Durch Ausmultiplizieren ergibt sich:

$$\Delta\left(\sum_{j=1}^{n} a_{j,1}b_j, \sum_{k=1}^{n} a_{k,2}b_k, \ldots, \sum_{l=1}^{n} a_{l,n}b_l\right)$$

$$= \sum_{\substack{1\leq j,k,\ldots,l\leq n \\ n\ \text{Buchstaben}}} \Delta(a_{j,1}b_j, a_{k,2}b_k, \ldots, a_{l,n}b_l)$$

$$= \sum_{\substack{1\leq j,k,\ldots,l\leq n \\ n\ \text{Buchstaben}}} a_{j,1}\cdot a_{k,2}\cdots a_{l,n}\cdot\Delta(b_j, b_k, \ldots, b_l)$$

mit den Basisvektoren $b_j, b_k, \ldots, b_l$. Bei zwei gleichen ist $\Delta(b_j, b_k, \ldots, b_l) = 0$. Ungleich 0 ist diese nur, wenn $j, k, \ldots, l$ eine Permutation von $\{1, 2, \ldots, n\}$ ist.

$$= \sum_{\substack{\tau\ \text{Permutation} \\ \text{von}\ \{1,2,\ldots,n\}}} a_{\tau(1),1}\cdot a_{\tau(2),2}\cdots a_{\tau(n),n}\cdot\Delta(b_{\tau(1)}, b_{\tau(2)}, \ldots, b_{\tau(n)})$$

$$= \sum_{\substack{\tau\ \text{Permutation} \\ \text{von}\ \{1,2,\ldots,n\}}} a_{\tau(1),1}\cdot a_{\tau(2),2}\cdots a_{\tau(n),n}\cdot\operatorname{sign}\tau\cdot\Delta(b_1, b_2, \ldots, b_n). \qquad \square$$

Bemerkung. Daraus folgt:

1.) Wenn die Wirkung einer Determinantenform auf eine Basis, also $\Delta(b_1, \ldots, b_n)$, bekannt ist, ist Δ ebenfalls bekannt.

2.) Je zwei Determinantenformen unterscheiden sich nur durch einen Faktor.

3.) Ist $b_1, \ldots, b_n$ eine Basis und $\Delta(b_1, \ldots, b_n) = 0$, so ist Δ die Nullform.

Beispiel. Es sei (b_1, b_2) eine Basis des $\mathbb{R}^2$,

$$x_1 = a_{1,1}b_1 + a_{2,1}b_2,$$
$$x_2 = a_{1,2}b_1 + a_{2,2}b_2,$$
$$\Delta(x_1, x_2) = \sum_{\substack{\tau\ \text{Permutation} \\ \text{von}\ \{1,2\}}} \operatorname{sign}\tau\cdot a_{\tau(1),1}\cdot a_{\tau(2),2}\cdot\Delta(b_1, b_2)$$

$$= (a_{1,1}\cdot a_{2,2}\cdot(+1) + a_{2,1}\cdot a_{1,2}\cdot(-1))\cdot\Delta(b_1, b_2),$$

Matrix: $\begin{pmatrix} a_{1,1} & a_{1,2} \\ a_{2,1} & a_{2,2} \end{pmatrix}$, $\quad \Delta(x_1, x_2) = (a_{1,1}\cdot a_{2,2} - a_{2,1}\cdot a_{1,2})\cdot\Delta(b_1, b_2).$

Als Nächstes wollen wir eine Determinantenform konstruieren:

Satz 7.6. Es sei (V, K) ein Vektorraum der Dimension n und $\{b_1, b_2, \ldots, b_n\}$ eine Basis. Wir wählen für „$\Delta(b_1, b_2, \ldots, b_n)$" einen festen Wert $k \in K$. Dann definieren wir $x_1, x_2, \ldots, x_n$ als beliebige Vektoren aus V:

$$x_1 = \sum_{j=1}^{n} a_{j,1}\cdot b_j \qquad \text{Koordinatendarstellung von } x_1,$$

$$x_2 = \sum_{j=1}^{n} a_{j,2} \cdot b_j \quad \text{Koordinatendarstellung von } x_2$$

$$\vdots$$

$$x_n = \sum_{j=1}^{n} a_{j,n} \cdot b_j \quad \text{Koordinatendarstellung von } x_n,$$

$$\Delta(x_1, x_2, \ldots, x_n) = \Delta\left(\sum_{j=1}^{n} a_{j,1} b_j, \sum_{j=1}^{n} a_{j,2} b_j, \ldots, \sum_{j=1}^{n} a_{j,n} b_j \right)$$

$$= \sum_{\substack{\tau \text{ Permutation} \\ \text{von } \{1,2,\ldots,n\}}} a_{\tau(1),1} \cdot a_{\tau(2),2} \cdots a_{\tau(n),n} \cdot \operatorname{sign} \tau \cdot k.$$

Bemerkung. Diese Definition ergibt sich zwangsläufig aus dem letzten Satz.

Es ist zu zeigen, dass die so definierte Funktion Δ wirklich eine Determinantenform ist. Durch „Nachrechnen" kann man zeigen, dass Δ multilinear ist. Die Prüfung der Aussage möchten wir an dieser Stelle nicht vollziehen; stattdessen nehmen wir einfach die Richtigkeit an. Noch zu zeigen ist, dass $\Delta(x_1, x_2, \ldots, x_n) = 0$, falls zwei x_i gleich sind. Wir führen dies an einem Beispiel vor: dim $V = 3$, zeige:

$$\Delta(x_1, x_1, x_3) = 0 \quad [x_1 = x_2],$$

$$\Delta(x_1, x_2, x_3) = \sum_{\substack{\tau \text{ Permutation} \\ \text{von } \{1,2,3\}}} a_{\tau(1),1} \cdot a_{\tau(2),2} \cdot a_{\tau(3),3} \cdot \operatorname{sign} \tau \cdot k.$$

Die Permutationen von $\{1, 2, 3\}$ sind:

1	2	3	Vorzeichen
↓	↓	↓	
1	2	3	$+1$
1	3	2	-1
2	1	3	-1
2	3	1	$+1$
3	2	1	-1
3	1	2	$+1$

$$\Delta(x_1, x_2, x_3) = \begin{pmatrix} a_{1,1} \cdot a_{2,2} \cdot a_{3,3} \cdot (+1)+ \\ a_{1,1} \cdot a_{3,2} \cdot a_{2,3} \cdot (-1)+ \\ a_{2,1} \cdot a_{1,2} \cdot a_{3,3} \cdot (-1)+ \\ a_{2,1} \cdot a_{3,2} \cdot a_{1,3} \cdot (+1)+ \\ a_{3,1} \cdot a_{2,2} \cdot a_{1,3} \cdot (-1)+ \\ a_{3,1} \cdot a_{1,2} \cdot a_{2,3} \cdot (+1)+ \end{pmatrix} \cdot k.$$

Es gilt nun $a_{1,1} = a_{1,2}, a_{2,1} = a_{2,2}, a_{3,1} = a_{3,2}$. Damit folgt:

$$= \begin{pmatrix} a_{1,1} \cdot a_{2,1} \cdot a_{3,3} \cdot (+1)+ \\ a_{1,1} \cdot a_{3,1} \cdot a_{2,3} \cdot (-1)+ \\ a_{2,1} \cdot a_{1,1} \cdot a_{3,3} \cdot (-1)+ \\ a_{2,1} \cdot a_{3,1} \cdot a_{1,3} \cdot (+1)+ \\ a_{3,1} \cdot a_{2,1} \cdot a_{1,3} \cdot (-1)+ \\ a_{3,1} \cdot a_{1,1} \cdot a_{2,3} \cdot (+1)+ \end{pmatrix} \cdot k = 0.$$

In diesem Beispiel ist die Behauptung also richtig. Wir verzichten auf eine allgemeine Beweisführung.

Bemerkung. Da der Funktionswert auf einer Basis eine Determinantenform festlegt, sind mit diesem Konstruktionsverfahren alle Determinantenformen bestimmt.

Nun wollen wir von den Determinantenformen zu den *Determinanten* übergehen. Dazu führen wir zuerst unser Beispiel vom Anfang des Kapitels – die „Flächenfunktion mit Vorzeichen" – fort. Wir beginnen mit dem Vektorraum $(\mathbb{R}^2, \mathbb{R})$:

$$\Delta : \mathbb{R}^2 \to \mathbb{R},$$
$$(a, b) \mapsto \Delta(a, b)$$

sei die Flächenfunktion mit Vorzeichen.

Es sei nun $\varphi : \mathbb{R}^2 \to \mathbb{R}^2$ eine lineare, bijektive Abbildung. Wir hängen $\Delta(a, b)$ und $\Delta(\varphi(a), \varphi(b))$ zusammen? Die gegebene „Flächenfunktion mit Vorzeichen" Δ ist natürlich eine Determinantenform. Als Basis des $\mathbb{R}^2$ wählen wir die natürliche Basis e_1, e_2. Damit folgt:

$$\Delta(a, b) = \Delta\left(\begin{pmatrix} a_1 \\ a_2 \end{pmatrix}, \begin{pmatrix} b_1 \\ b_2 \end{pmatrix}\right) = (a_1 b_2 - a_2 b_1) \cdot \Delta(e_1, e_2).$$

Die Fläche $\Delta(e_1, e_2)$ ist natürlich 1. Also: $\Delta(a, b) = a_1 b_2 - a_2 b_1$. Die lineare Abbildung φ stellen wir durch die Matrix M bezüglich der natürlichen Basis dar:

$$M = \begin{pmatrix} m_{11} & m_{12} \\ m_{21} & m_{22} \end{pmatrix}.$$

Man berechnet

$$\Delta\left(M\begin{pmatrix} a_1 \\ a_2 \end{pmatrix}, M\begin{pmatrix} b_1 \\ b_2 \end{pmatrix}\right) = (m_{11} m_{22} - m_{12} m_{21}) \cdot (a_1 b_2 - a_2 b_1).$$

Also gilt $\Delta(\varphi(a), \varphi(b)) = (m_{11} m_{22} - m_{12} m_{21}) \cdot \Delta(a, b)$. Bei der Abbildung φ vergrößern oder verkleinern sich damit alle Flächen um einen *konstanten* Faktor.

Diese Eigenschaft der Vergrößerung/Verkleinerung mit Vorzeichen wollen wir nun im allgemeinen Modell weiter untersuchen.

Es sei (V, K) ein Vektorraum der Dimension n und $b_1, b_2, \ldots, b_n$ eine Basis von V. Sei $\Delta : V^n \to K$ eine beliebige Determinantenform, aber nicht die Nullform. Weiter sei $\varphi : V \to V$ eine lineare Abbildung. Man definiert:

$$\det \varphi = \frac{\Delta(\varphi(b_1), \varphi(b_2), \ldots, \varphi(b_n))}{\Delta(b_1, b_2, \ldots, b_n)},$$

$\det \varphi$ heißt *Determinante* von φ. Man beachte, dass die Definition abhängig von der gewählten Basis und der Determinantenform ist. Es gilt aber der Satz:

Satz 7.7. Die Definition der Determinante einer linearen Abbildung ist sowohl von der gewählten Basis als auch der Determinantenform unabhängig.

Beweis.

a) Unabhängigkeit von der Determinantenform: Seien Δ_1 und Δ_2 Determinantenformen, aber nicht die Nullform. Dann gilt: $\Delta_2 = \lambda \cdot \Delta_1$ mit $\lambda \neq 0$. λ kürzt sich bei der Definition weg.

b) Unabhängigkeit von der Basis: Es sei f eine beliebige lineare Abbildung von $V \to V$. Wir definieren:

$$\Delta_f(a_1, \ldots, a_n) = \Delta(f(a_1), \ldots, f(a_n)).$$

Für $a_1, a_2, \ldots, a_n \in V$ beliebig. Dann ist auch Δ_f eine Determinantenform. Nachweis:
1.)

$$\Delta_f(\lambda \cdot a_1, a_2, \ldots, a_n) = \Delta(\lambda \cdot f(a_1), f(a_2), \ldots, f(a_n))$$
$$= \lambda \cdot \Delta_f(a_1, \ldots, a_n)$$

2.)

$$\Delta_f(a_1 + b, a_2, \ldots, a_n) = \Delta(f(a_1) + f(b), f(a_2), \ldots, f(a_n))$$
$$= \Delta_f(a_1, a_2, \ldots, a_n) + \Delta_f(b, a_2, \ldots, a_n)$$

3.) In $(a_1, \ldots, a_n)$ seien zwei Vektoren gleich:

$$\Longrightarrow \Delta_f(a_1, \ldots, a_n) = \Delta(f(a_1), f(a_2), \ldots, f(a_n)) = 0.$$

Weiter gilt natürlich:

$$f \text{ bijektiv} \iff \Delta_f \text{ ist nicht die Nullform.}$$

Wir definieren $D(V^n)$ als Menge der Determinantenformen von $V^n \to K$. Weiter sei: $\psi_f : D(V^n) \to D(V^n), \Delta \mapsto \Delta_f$, wobei f eine lineare Abbildung ist. Für die Abbildung ψ_f gilt:

$$\psi_f(\lambda \cdot \Delta) = \lambda \cdot \psi_f(\Delta),$$
$$\psi_f(\Delta + \chi) = \psi_f(\Delta) + \psi_f(\chi).$$

Nachweis:

$$(\lambda \cdot \Delta)_f(a_1, \ldots, a_n) = (\lambda \cdot \Delta)(f(a_1), \ldots, f(a_n))$$
$$= \lambda \cdot [\Delta(f(a_1), \ldots, f(a_n))]$$
$$= \lambda \cdot \Delta_f(a_1, \ldots, a_n),$$
$$(\Delta + \chi)_f(a_1, \ldots, a_n) = (\Delta + \chi)(f(a_1), \ldots, f(a_n))$$
$$= \Delta(f(a_1), \ldots, f(a_n)) + \chi(f(a_1), \ldots, f(a_n))$$
$$= \Delta_f(a_1, \ldots, a_n) + \chi_f(a_1, \ldots, a_n) = (\Delta_f + \chi_f)(a_1, \ldots, a_n).$$

Seien nun f und g zwei beliebige lineare Abbildungen von $V \to V$. Dann gilt: $(\Delta_f)_g = (\Delta_g)_f$. Nachweis: Es gibt $\lambda, \mu \in K$ mit $\Delta_f = \lambda \cdot \Delta$ und $\Delta_g = \mu \cdot \Delta$. Damit folgt:

$$(\Delta_f)_g = (\lambda \cdot \Delta)_g$$
$$= \psi_g(\lambda \cdot \Delta)$$
$$= \lambda \cdot \psi_g(\Delta)$$
$$= \lambda \cdot \Delta_g$$
$$= \lambda \cdot \mu \cdot \Delta$$
$$= \mu \cdot \lambda \cdot \Delta$$
$$= \mu \cdot \psi_f(\Delta)$$
$$= \psi_f(\mu \cdot \Delta)$$
$$= (\mu \cdot \Delta)_f$$
$$= (\Delta_g)_f.$$

Es seien nun $b_1, \ldots, b_n$ und $c_1, \ldots, c_n$ zwei Basen von V. Wir definieren eine lineare Abbildung f durch: $f : V \to V$ und $f(c_i) = b_i$ für $i = 1, \ldots, n$. f ist linear und bijektiv. Wir berechnen die Determinante von φ mithilfe der Basis $c_1, \ldots, c_n$:

$$\frac{\Delta(\varphi(c_1), \ldots, \varphi(c_n))}{\Delta(c_1, \ldots, c_n)} = \frac{\Delta_f(\varphi(c_1), \ldots, \varphi(c_n))}{\Delta_f(c_1, \ldots, c_n)}$$
$$= \frac{(\Delta_f)_\varphi(c_1, \ldots, c_n)}{\Delta_f(c_1, \ldots, c_n)}$$

$$= \frac{(\Delta_\varphi)_f(c_1, \ldots, c_n)}{\Delta_f(c_1, \ldots, c_n)}$$

$$= \frac{\Delta_\varphi(b_1, \ldots, b_n)}{\Delta(b_1, \ldots, b_n)}$$

$$= \frac{\Delta(\varphi(b_1), \ldots, \varphi(b_n))}{\Delta(b_1, \ldots, b_n)}.$$

Damit ist gezeigt, dass die Berechnung der Determinante unabhängig von der gewählten Basis ist. □

Satz 7.8. Es seien $f, g : V \to V$ zwei lineare Abbildungen. Dann gilt:

$$\det(f \circ g) = \det f \cdot \det g.$$

Beweis. Ist f oder g nicht bijektiv, so ist die Behauptung natürlich richtig ($0 = 0$). Seien also f und g bijektiv:

$$\det f \cdot \det g = \frac{\Delta(f(b_1), \ldots, f(b_n))}{\Delta(b_1, \ldots, b_n)} \cdot \frac{\Delta(g(b_1), \ldots, g(b_n))}{\Delta(b_1, \ldots, b_n)}$$

$$= \frac{\Delta_f(b_1, \ldots, b_n)}{\Delta(b_1, \ldots, b_n)} \cdot \frac{\Delta_f(g(b_1), \ldots, g(b_n))}{\Delta_f(b_1, \ldots, b_n)}$$

$$= \frac{\Delta_f(g(b_1), \ldots, g(b_n))}{\Delta(b_1, \ldots, b_n)}$$

$$= \frac{\Delta(f(g(b_1)), \ldots, f(g(b_n)))}{\Delta(b_1, \ldots, b_n)} = \det(f \circ g). \quad \square$$

Satz 7.9. Es sei $f : V \to V$ linear und bijektiv. Dann gilt: $\det(f^{-1}) = \frac{1}{\det f}$.

Beweis. Es gilt $f \circ f^{-1} = \text{id}$. Natürlich ist $\det \text{id} = 1$. Also:

$$1 = \det \text{id} = \det(f \circ f^{-1}) = \det f \cdot \det(f^{-1}). \quad \square$$

Nun wollen wir die Determinante einer linearen Abbildung konkret berechnen. Sei also $\varphi : V \to V$ linear, Δ eine Determinantenform (nicht die Nullform) und $b_1, \ldots, b_n$ eine Basis von V:

$$\det \varphi = \frac{\Delta(\varphi(b_1), \ldots, \varphi(b_n))}{\Delta(b_1, \ldots, b_n)},$$

$$\varphi(b_1) = a_{1,1} b_1 + a_{2,1} b_2 + \cdots + a_{n,1} b_n,$$

$$\varphi(b_2) = a_{1,2} b_1 + a_{2,2} b_2 + \cdots + a_{n,2} b_n,$$

$$\vdots$$

$$\varphi(b_n) = a_{1,n} b_1 + a_{2,n} b_2 + \cdots + a_{n,n} b_n.$$

Bemerkung. Die $a_{i,j}$ bilden die zu φ gehörende Matrix A bezüglich der Basis $b_1, \ldots, b_n$. (In der Spalte j von A steht $\varphi(b_j)$ in Koordinaten bezüglich der Basis B.)

$$\Delta(\varphi(b_1), \ldots, \varphi(b_n)) = \Delta\left(\sum_{j=1}^{n} a_{j,1} b_j, \sum_{j=1}^{n} a_{j,2} b_j, \ldots, \sum_{j=1}^{n} a_{j,n} b_j \right).$$

Nach Satz 7.5 gilt dann:

$$= \sum_{\substack{\tau \text{ Permutation} \\ \text{von } \{1,\ldots,n\}}} a_{\tau(1),1} \cdot a_{\tau(2),2} \cdots a_{\tau(n),n} \cdot \text{sign } \tau \cdot \Delta(b_1, \ldots, b_n).$$

Also gilt:

$$\det \varphi = \sum_{\substack{\tau \text{ Permutation} \\ \text{von } \{1,\ldots,n\}}} \text{sign } \tau \cdot a_{\tau(1),1} \cdot a_{\tau(2),2} \cdots a_{\tau(n),n}.$$

Satz 7.10. Die Determinante einer linearen Abbildung φ kann man folgendermaßen berechnen: Wähle eine beliebige Basis B. Stelle φ durch die Matrix A bezüglich der Basis B dar. Berechne $\det \varphi$ mit der Formel:

$$\det \varphi = \sum_{\substack{\tau \text{ Permutation} \\ \text{von } \{1,\ldots,n\}}} \text{sign } \tau \cdot a_{\tau(1),1} \cdot a_{\tau(2),2} \cdots a_{\tau(n),n}.$$

Die $a_{i,j}$ sind die Komponenten der Matrix A.

Beweis. Siehe oben! □

Definition. Wir definieren die Determinante einer quadratischen Matrix A durch die obige Formel:

$$\det A = \sum_{\substack{\tau \text{ Permutation} \\ \text{von } \{1,\ldots,n\}}} \text{sign } \tau \cdot a_{\tau(1),1} \cdot a_{\tau(2),2} \cdots a_{\tau(n),n}.$$

Dies kann auf folgende Weise interpretiert werden: Es sei (V, K) ein Vektorraum der Dimension n und A eine $n \times n$-Matrix mit Komponenten aus K. Wir wählen eine beliebige Basis V von V. Die Matrix A beschreibt bezüglich dieser Basis eine lineare Abbildung $\varphi : V \to V$. Es gilt dann $\det \varphi = \det A$.

Beispiel. Die Determinante einer 2×2-Matrix:

$$A = \begin{pmatrix} a_{11} & a_{12} \\ a_{21} & a_{22} \end{pmatrix}.$$

Es gibt zwei Permutationen:

$$
\begin{array}{ccc}
1 & 2 & \text{sign} \\
\downarrow & \downarrow & \\
1 & 2 & +1 \\
2 & 1 & -1
\end{array}
$$

$$\det A = (+1) \cdot a_{11} \cdot a_{22} + (-1) \cdot a_{21} \cdot a_{12} = a_{11} \cdot a_{22} - a_{21} \cdot a_{12}.$$

Beispiel:

$$A = \begin{pmatrix} 5 & 2 \\ 1 & 3 \end{pmatrix} \quad \det A = 5 \cdot 3 - 1 \cdot 2 = 13.$$

Die Determinante einer 3×3-Matrix: Permutationen von $\{1, 2, 3\}$:

$$
\begin{array}{cccc}
1 & 2 & 3 & \text{sign} \\
\downarrow & \downarrow & \downarrow & \\
1 & 2 & 3 & +1 \\
2 & 1 & 3 & -1 \\
3 & 2 & 1 & -1 \\
1 & 3 & 2 & -1 \\
2 & 3 & 1 & +1 \\
3 & 1 & 2 & +1
\end{array}
$$

$$\det A = (a_{11}a_{22}a_{33} + a_{21}a_{32}a_{13} + a_{31}a_{12}a_{23})$$
$$- (a_{21}a_{12}a_{33} + a_{31}a_{22}a_{13} + a_{11}a_{33}a_{23}).$$

Diese Formel nennt man *die Regel von Sarrus*. Merkregel: Die ersten beiden Spalten rechts anhängen:

$$
\begin{array}{cc ccc}
a_{11} & a_{12} & a_{13} & a_{11} & a_{12} \\
a_{21} & a_{22} & a_{23} & a_{21} & a_{22} \\
a_{31} & a_{32} & a_{33} & a_{31} & a_{32}
\end{array}
$$

Die Diagonalen von links oben nach rechts unten positiv, die von links unten nach rechts oben negativ.

Satz 7.11. Gegeben sei eine quadratische Matrix A. Dann gilt:
1.) Multipliziert man eine Spalte mit $\lambda \in K$, so ändert sich die Determinante zu $\lambda \cdot \det A$.
2.) Vertauscht man zwei Spalten, so ändert sich das Vorzeichen der Determinante.
3.) Addiert man das Vielfache einer Spalte zu einer anderen, so ändert das die Determinante nicht.

Analoges gilt für die die Zeilen der Matrix.

Beweis. Die Aussagen folgen aus der Definition der Determinante einer Matrix. Die aufwendigen Rechenarbeiten wollen wir uns ersparen. □

Definition. Es sei A eine $n \times n$-Matrix. $A_{j,k}$ sei die Matrix, die durch Streichen der Zeile j und Spalte k entsteht.

Beispiel.

$$A = \begin{pmatrix} 1 & 3 & 2 & 4 \\ 3 & 4 & 5 & 1 \\ 2 & 6 & 0 & 3 \\ 4 & 4 & 2 & 5 \end{pmatrix} \qquad A_{2,3} = \begin{pmatrix} 1 & 3 & 2 & 4 \\ 3 & 4 & 5 & 1 \\ 2 & 6 & 0 & 3 \\ 4 & 4 & 2 & 5 \end{pmatrix} \qquad A_{2,3} = \begin{pmatrix} 1 & 3 & 4 \\ 2 & 6 & 3 \\ 4 & 4 & 5 \end{pmatrix}$$

Satz 7.12. Entwickeln der Determinante einer $n \times n$-Matrix A nach einer Zeile oder Spalte. Entwickeln nach der Spalte k:

$$\det A = \sum_{j=1}^{n} (-1)^{j+k} \cdot a_{j,k} \cdot \det A_{j,k}.$$

Entwickeln nach der Zeile j:

$$\det A = \sum_{k=1}^{n} (-1)^{j+k} \cdot a_{j,k} \cdot \det A_{j,k}.$$

Beispiel.

$$A = \begin{pmatrix} 2 & 1 & 3 \\ 1 & 4 & -1 \\ 3 & -2 & 1 \end{pmatrix}.$$

Entwickeln nach der ersten Spalte:

$$\det A = (-1)^{1+1} \cdot 2 \cdot \det \begin{pmatrix} 4 & -1 \\ -2 & 1 \end{pmatrix}$$

$$+ (-1)^{2+1} \cdot 1 \cdot \det \begin{pmatrix} 1 & 3 \\ -2 & 1 \end{pmatrix}$$

$$+ (-1)^{3+1} \cdot 3 \cdot \det \begin{pmatrix} 1 & 3 \\ 4 & -1 \end{pmatrix}$$

$$= 2 \cdot (4 - 2) - (1 + 6) + 3 \cdot (-1 - 12) = -42.$$

Beweis. Etwas unvollständig und nur für das Entwickeln nach der ersten Spalte:

$$\det A = \sum_{\substack{\tau \text{ Permutation} \\ \text{von } \{1,2,...,n\}}} \text{sign}\, \tau \cdot a_{\tau(1),1} \cdot a_{\tau(2),2} \cdots a_{\tau(n),n}$$

$$= \sum_{\tau(1)=1} \text{sign}\,\tau \cdot a_{1,1} \cdot a_{\tau(2),2} \cdots a_{\tau(n),n}$$

$$+ \sum_{\tau(1)=2} \text{sign}\,\tau \cdot a_{2,1} \cdot a_{\tau(2),2} \cdots a_{\tau(n),n}$$

$$\vdots$$

$$+ \sum_{\tau(1)=n} \text{sign}\,\tau \cdot a_{n,1} \cdot a_{\tau(2),2} \cdots a_{\tau(n),n}$$

$$= a_{1,1} \sum_{\tau(1)=1} \text{sign}\,\tau \cdot a_{\tau(2),2} \cdots a_{\tau(n),n}$$

$$+ a_{2,1} \sum_{\tau(1)=2} \text{sign}\,\tau \cdot a_{\tau(2),2} \cdots a_{\tau(n),n}$$

$$\vdots$$

$$+ a_{n,1} \sum_{\tau(1)=n} \text{sign}\,\tau \cdot a_{\tau(2),2} \cdots a_{\tau(n),n}$$

Es müsste gelten (für $j = 1$ bis n):

$$a_{j,1} \cdot \sum_{\tau(1)=j} \text{sign}\,\tau \cdot a_{\tau(2),2} \cdots a_{\tau(n),n} = a_{j,1} \cdot (-1)^{j+1} \cdot \det A_{j,1}.$$

Dies wollen wir nicht beweisen, sondern nur an einem Beispiel vorführen:

$$A = \begin{pmatrix} a_{11} & a_{12} & a_{13} \\ a_{21} & a_{22} & a_{23} \\ a_{31} & a_{32} & a_{33} \end{pmatrix} \quad \text{und} \quad j = 2.$$

Für $\tau(1) = 2$ gibt es zwei passende Permutationen:

1	2	3	sign
↓	↓	↓	
2	1	3	-1
2	3	1	$+1$

Linke Seite:

$$= a_{2,1} \cdot \sum_{\tau(1)=2} \text{sign}\,\tau \cdot a_{\tau(2),2} \cdot a_{\tau(3),3}$$

$$= a_{2,1} \cdot \left((-1) \cdot a_{1,2} \cdot a_{3,3} + (+1) \cdot a_{3,2} \cdot a_{1,3} \right)$$

$$= a_{2,1} \cdot (a_{3,2} \cdot a_{1,3} - a_{1,2} \cdot a_{3,2}).$$

Rechte Seite:

$$= a_{2,1} \cdot (-1)^{2+1} \cdot \det A_{2,1}$$

$$= -a_{2,1} \cdot \det \begin{pmatrix} a_{12} & a_{13} \\ a_{32} & a_{33} \end{pmatrix}$$

$$= -a_{2,1} \cdot (a_{12}a_{33} - a_{32}a_{13}).$$

Also gilt hier: linke Seite = rechte Seite. □

Wir betrachten zum Ende des Kapitels noch das Vektorprodukt im Vektorraum $(\mathbb{R}^3, \mathbb{R})$. Im $(\mathbb{R}^3, \mathbb{R})$ ist die natürliche Determinantenform, das Volumen mit Vorzeichen, gegeben durch $\Delta(e_1, e_2, e_3) = 1$. Dabei sind e_1, e_2, e_3 die natürlichen Basisvektoren. Ein Vektor

$$\begin{pmatrix} x_1 \\ x_2 \\ x_3 \end{pmatrix}$$

stimmt mit seiner Koordinatendarstellung überein. Für

$$a_1 = \begin{pmatrix} a_{1,1} \\ a_{2,1} \\ a_{3,1} \end{pmatrix}, \quad a_2 = \begin{pmatrix} a_{1,2} \\ a_{2,2} \\ a_{3,2} \end{pmatrix}, \quad a_3 = \begin{pmatrix} a_{1,3} \\ a_{2,3} \\ a_{3,3} \end{pmatrix}$$

ist

$$\Delta(a_1, a_2, a_3) = \sum_{\substack{\tau \text{ Permutation} \\ \text{von } \{1,2,3\}}} \text{sign } \tau \cdot a_{\tau(1),1} \cdot a_{\tau(2),2} \cdot a_{\tau(3),3} \cdot \underbrace{\Delta(e_1, e_2, e_3)}_{1}$$

$$= \det \begin{pmatrix} a_{11} & a_{12} & a_{13} \\ a_{21} & a_{22} & a_{23} \\ a_{31} & a_{32} & a_{33} \end{pmatrix}.$$

Gegeben seien nun zwei linear unabhängige Vektoren:

$$a = \begin{pmatrix} a_1 \\ a_2 \\ a_3 \end{pmatrix} \quad \text{und} \quad b = \begin{pmatrix} \beta_1 \\ \beta_2 \\ \beta_3 \end{pmatrix}.$$

Gesucht ist ein Vektor

$$x = \begin{pmatrix} \gamma_1 \\ \gamma_2 \\ \gamma_3 \end{pmatrix},$$

der bestimmt wird durch:

1.) $x \perp a$ und $x \perp b$
2.) $|x|$ = positive Fläche des von a und b aufgespannten Parallelogramms.

Für x gibt es nun zwei Lösungen. Damit die Lösung eindeutig wird, fordern wir $\Delta(a, b, x) > 0$. Es ergeben sich damit drei Gleichungen:

(1) $a * x = 0 \implies \alpha_1 \gamma_1 + \alpha_2 \gamma_2 + \alpha_3 \gamma_3 = 0$

(2) $b * x = 0 \implies \beta_1 \gamma_1 + \beta_2 \gamma_2 + \beta_3 \gamma_3 = 0$

(3) $\Delta(a, b, x) =$ positive Parallelogrammfläche $\cdot |x| = |x| \cdot |x| = \gamma_1^2 + \gamma_2^2 + \gamma_3^2$. Es ist

$$\Delta(a, b, x) = \det \begin{pmatrix} \alpha_1 & \beta_1 & \gamma_1 \\ \alpha_2 & \beta_2 & \gamma_2 \\ \alpha_3 & \beta_3 & \gamma_3 \end{pmatrix}.$$

Die Determinante berechnen wir mit der Regel von Sarrus. Damit ergibt sich:

$$(\alpha_1 \beta_2 \gamma_3 + \beta_1 \gamma_2 \alpha_3 + \gamma_1 \alpha_2 \beta_3) - (\alpha_3 \beta_2 \gamma_1 + \beta_3 \gamma_2 \alpha_1 + \gamma_3 \alpha_2 \beta_1) = \gamma_1^2 + \gamma_2^2 + \gamma_3^2$$
$$\implies \gamma_1 (\alpha_2 \beta_3 - \alpha_3 \beta_2) + \gamma_2 (\alpha_3 \beta_1 - \alpha_1 \beta_3) + \gamma_3 (\alpha_1 \beta_2 - \alpha_2 \beta_1) = \gamma_1^2 + \gamma_2^2 + \gamma_3^2.$$

Eine Lösung dieser Gleichung ist:

$$\gamma_1 = \alpha_2 \beta_3 - \alpha_3 \beta_2,$$
$$\gamma_2 = \alpha_3 \beta_1 - \alpha_1 \beta_3,$$
$$\gamma_3 = \alpha_1 \beta_2 - \alpha_2 \beta_1.$$

Dies ist nun auch eine Lösung der Gleichungen (1) und (2):

(1) $\alpha_1 (\alpha_2 \beta_3 - \alpha_3 \beta_2) + \alpha_2 (\alpha_3 \beta_1 - \alpha_1 \beta_3) + \alpha_3 (\alpha_1 \beta_2 - \alpha_2 \beta_1) = 0$

(2) $\beta_1 (\alpha_2 \beta_3 - \alpha_3 \beta_2) + \beta_2 (\alpha_3 \beta_1 - \alpha_1 \beta_3) + \beta_3 (\alpha_1 \beta_2 - \alpha_2 \beta_1) = 0.$

Damit haben wir unseren gesuchten Vektor

$$x = \begin{pmatrix} \gamma_1 \\ \gamma_2 \\ \gamma_3 \end{pmatrix}$$

gefunden. Mit diesem Ergebnis kann man das sogenannte *Vektorprodukt* definieren. Seien a, b linear unabhängig:

$$\begin{pmatrix} a_1 \\ a_2 \\ a_3 \end{pmatrix} \times \begin{pmatrix} b_1 \\ b_2 \\ b_3 \end{pmatrix} = \begin{pmatrix} a_2 b_3 - a_3 b_2 \\ a_3 b_1 - a_1 b_3 \\ a_1 b_2 - a_2 b_1 \end{pmatrix}.$$

Kurz: $a \times b = c$. Dabei gilt:

(1) $a \perp c$

(2) $b \perp c$

(3) $|c| =$ positive Parallelogrammfläche von (a, b)

(4) $\Delta(a, b, c) > 0.$

Beispiel.

$$\begin{pmatrix} 3 \\ 2 \\ 4 \end{pmatrix} \times \begin{pmatrix} 1 \\ 3 \\ 5 \end{pmatrix} = \begin{pmatrix} 2 \cdot 5 - 4 \cdot 3 \\ 4 \cdot 1 - 3 \cdot 5 \\ 3 \cdot 3 - 2 \cdot 1 \end{pmatrix} = \begin{pmatrix} -2 \\ -11 \\ 7 \end{pmatrix}.$$

Die positive Fläche des von

$$\begin{pmatrix} 3 \\ 2 \\ 4 \end{pmatrix} \quad \text{und} \quad \begin{pmatrix} 1 \\ 3 \\ 5 \end{pmatrix}$$

aufgespannten Parallelogramms ist damit:

$$\left| \begin{pmatrix} -2 \\ -11 \\ 7 \end{pmatrix} \right| = \sqrt{(-2)^2 + (-11)^2 + 7^2} = \sqrt{4 + 121 + 49} = \sqrt{174} \approx 13.2.$$

Übungen zu Kapitel 7

1.) Im $\mathbb{R}^3$ ist die „natürliche" Determinantenform (Volumen mit Vorzeichen) gegeben durch $\Delta(e_1, e_2, e_3) = 1$. Man berechne $\Delta(x_1, x_2, x_3)$ mit

$$x_1 = \begin{pmatrix} 3 \\ 1 \\ -2 \end{pmatrix}, \quad x_2 = \begin{pmatrix} 1 \\ 5 \\ 1 \end{pmatrix}, \quad x_3 = \begin{pmatrix} 2 \\ -1 \\ 3 \end{pmatrix}.$$

Die allgemeine Formel lautet:

$$\Delta(x_1, x_2, x_3) = \sum_{\substack{\tau \text{ Permutation} \\ \text{von } \{1,2,3\}}} \operatorname{sign} \tau \cdot a_{\tau(1),1} \cdot a_{\tau(2),2} \cdot a_{\tau(3),3} \cdot \Delta(e_1, e_2, e_3),$$

$$x_1 = \begin{pmatrix} a_{1,1} \\ a_{2,1} \\ a_{3,1} \end{pmatrix}, \quad x_2 = \begin{pmatrix} a_{1,2} \\ a_{2,2} \\ a_{3,2} \end{pmatrix}, \quad x_3 = \begin{pmatrix} a_{1,3} \\ a_{2,3} \\ a_{3,3} \end{pmatrix}.$$

Da $\Delta(e_1, e_2, e_3) = 1$, ist das genau die Formel für die Determinante der Matrix:

$$A = \begin{pmatrix} a_{11} & a_{12} & a_{13} \\ a_{21} & a_{22} & a_{23} \\ a_{31} & a_{32} & a_{33} \end{pmatrix}.$$

Die Determinante kann man z. B. mit der Regel von Sarrus berechnen:

$$\det A = (a_{11}a_{22}a_{33} + a_{12}a_{23}a_{31} + a_{13}a_{21}a_{32})$$
$$- (a_{31}a_{22}a_{13} + a_{32}a_{23}a_{11} + a_{33}a_{21}a_{12}).$$

Die Rechnung ergibt $\det A = 69$, also $\Delta(x_1, x_2, x_3) = 69$.

2.) Die Determinante einer Matrix A soll auf verschiedene Arten berechnet werden:

$$A = \begin{pmatrix} 2 & -1 & 2 \\ 1 & 3 & 2 \\ 5 & 4 & 4 \end{pmatrix}.$$

a) Entwickeln nach der ersten Spalte:

$$\det A = (-1)^{1+1} \cdot 2 \cdot \det \begin{pmatrix} 3 & 2 \\ 4 & 4 \end{pmatrix}$$
$$+ (-1)^{2+1} \cdot 1 \cdot \det \begin{pmatrix} -2 & 2 \\ 4 & 4 \end{pmatrix}$$
$$+ (-1)^{3+1} \cdot 5 \cdot \det \begin{pmatrix} -2 & 2 \\ 3 & 2 \end{pmatrix}$$
$$= 2 \cdot (12 - 8) - (-8 - 8) + 5 \cdot (-4 - 6)$$
$$= 2 \cdot 4 + 16 - 50 = -26.$$

b) Entwickeln nach der zweiten Zeile:

$$\det A = (-1)^{2+1} \cdot 1 \cdot \det \begin{pmatrix} -2 & 2 \\ 4 & 4 \end{pmatrix}$$
$$+ (-1)^{2+2} \cdot 3 \cdot \det \begin{pmatrix} 2 & 2 \\ 5 & 4 \end{pmatrix}$$
$$+ (-1)^{2+3} \cdot 2 \cdot \det \begin{pmatrix} 2 & 2 \\ 5 & 4 \end{pmatrix}$$
$$= -(-8 - 8) + 3 \cdot (8 - 10) - 2 \cdot (8 + 10)$$
$$= 16 - 6 - 36 = -26.$$

c) Wir formen die Matrix A in eine einfachere um, ohne dass sich die Determinante ändert:

$$\begin{pmatrix} 2 & -2 & 2 \\ 1 & 3 & 2 \\ 5 & 4 & 4 \end{pmatrix} \rightarrow \begin{pmatrix} 0 & -8 & -2 \\ 1 & 3 & 2 \\ 0 & -11 & -6 \end{pmatrix}.$$

„1. Zeile – 2 mal 2. Zeile, 3. Zeile – 5 mal 2. Zeile". Jetzt entwickeln wir nach der ersten Spalte:

$$\det A = (-1)^{2+1} \cdot 1 \cdot \det \begin{pmatrix} -8 & -2 \\ -11 & -6 \end{pmatrix} = -(48 - 22) = -26.$$

3.) Wir betrachten den Vektorraum (K^3, K) mit $K = (\mathbb{Z}_{13}, +, \cdot)$. Man berechne die Determinante von

$$A = \begin{pmatrix} 2 & 10 & 1 \\ 1 & 7 & 1 \\ 3 & 4 & 5 \end{pmatrix}.$$

Mit Sarrus:

$$\begin{pmatrix} 2 & 10 & 1 & 2 & 10 \\ 1 & 7 & 1 & 1 & 7 \\ 3 & 4 & 5 & 3 & 4 \end{pmatrix},$$

$$\det A = (2 \cdot 7 \cdot 5 + 10 \cdot 1 \cdot 3 + 1 \cdot 1 \cdot 4)$$
$$- (3 \cdot 7 \cdot 1 + 4 \cdot 1 \cdot 2 + 5 \cdot 1 \cdot 10)$$
$$= (70 + 30 + 4) - (21 + 8 + 50)$$
$$= 104 - 79 = 25 = 12 \text{ modulo } 13.$$

8 Eigenwerte

Es sei (V, K) ein Vektorraum und $\varphi : V \to V$ eine lineare Abbildung. Wir stellen uns folgende Frage: Gibt es ein $\lambda \in K$ und einen Vektor $x \neq 0$ mit $\varphi(x) = \lambda \cdot x$? Und falls ja, wie findet man solche Zahlen λ und die zugehörigen Vektoren?

Definition. Es sei $\varphi : V \to V$ linear. Falls es einen Vektor $x \neq 0$ gibt mit $\varphi(x) = \lambda \cdot x$, so heißt λ ein *Eigenwert* von φ und x ein *Eigenvektor* zum Eigenwert λ.

Satz 8.1. Es sei $\varphi : V \to V$ linear. Weiter sei λ ein Eigenwert von φ. Dann ist $U = \{x \in V : \varphi(x) = \lambda \cdot x\}$ ein Untervektorraum, der *Eigenraum* von λ.

Beweis.
1.) $\varphi(0) = 0, \lambda \cdot 0 = 0 \implies 0 \in U$
2.) $x \in U \implies \varphi(\mu \cdot x) = \mu \cdot \varphi(x) = \mu \cdot (\lambda \cdot x) = \lambda \cdot (\mu \cdot x) \implies \mu \cdot x \in U$
3.) $x, y \in U \implies \varphi(x + y) = \varphi(x) + \varphi(y) = \lambda \cdot x + \lambda \cdot y = \lambda \cdot (x + y) \implies x + y \in U.$ $\qquad \square$

Satz 8.2. Gegeben sei eine lineare Abbildung $\varphi : V \to V$. Weiter seien $x_1, \ldots, x_k$ Eigenvektoren zu den verschiedenen Eigenwerten $\lambda_1, \ldots, \lambda_k$ (x_i Eigenvektor zu λ_i). Dann ist $\{x_1, \ldots, x_k\}$ linear unabhängig.

Beweis. Beweis durch Induktion:
1.) Es seien x_1, x_2 Eigenvektoren zu den verschiedenen Eigenwerten λ_1, λ_2. Angenommen $x_1 = \alpha \cdot x_2$,

$$\lambda_1 x_1 = \varphi(x_1) = \varphi(\alpha \cdot x_2) = \alpha \cdot \varphi(x_2) = \alpha \cdot \lambda_2 \cdot x_2$$
$$\implies \lambda_1 \cdot \alpha \cdot x_2 = \alpha \cdot \lambda_2 x_2 \implies \lambda_1 = \lambda_2 \quad \text{Widerspruch!}$$

2.) Induktionsschritt: $x_1, \ldots, x_k, x_{k+1}$ seien Eigenvektoren zu den verschiedenen Eigenwerten $\lambda_1, \ldots, \lambda_k, \lambda_{k+1}$. Nach Induktionsvoraussetzung sind $x_1, \ldots, x_k$ linear unabhängig. Angenommen

$$x_{k+1} = a_1 x_1 + \cdots + a_k x_k,$$
$$\varphi(x_{k+1}) = a_1 \varphi(x_1) + \cdots + a_k \varphi(x_k)$$
$$\implies \lambda_{k+1} x_{k+1} = a_1 \lambda_1 x_1 + \cdots + a_k \lambda_k x_k$$
$$\implies \lambda_{k+1} a_1 x_1 + \cdots + \lambda_{k+1} a_k x_k = a_1 \lambda_1 x_1 + \cdots + a_k \lambda_k x_k$$
$$\implies \lambda_{k+1} a_1 = a_1 \lambda_1 \implies a_1 = 0.$$

Analog folgt $a_2 = 0, \ldots a_k = 0$. Widerspruch, da $x_{k+1} \neq 0$. $\qquad \square$

Satz 8.3. Es sei $\varphi : V \to V$ linear und λ, μ seien zwei verschiedene Eigenwerte von φ. $x_1, \ldots, x_i$ seien i linear unabhängige Eigenvektoren zum Eigenwert λ. $y_1, \ldots, y_k$ seien k linear unabhängige Eigenvektoren zum Eigenwert μ. Dann sind $x_1, \ldots, x_i, y_1, \ldots, y_k$ linear unabhängig.

https://doi.org/10.1515/9783111382562-008

Beweis. Angenommen, die Aussage ist falsch, also zum Beispiel:

$$x_1 = \underbrace{a_2 x_2 + \cdots + a_i x_i}_{x} + \underbrace{\beta_1 y_1 + \cdots + \beta_k y_k}_{y}.$$

Da x ein Eigenvektor von λ ist, und y ein Eigenvektor von μ ist, sind beide ungleich 0 und linear unabhängig:

$$\varphi(x_1) = \varphi(x) + \varphi(y)$$
$$\implies \lambda \cdot x_1 = \lambda \cdot x + \mu \cdot y$$
$$\implies \lambda \cdot (x + y) = \lambda \cdot x + \mu \cdot y$$
$$\implies \lambda \cdot x + \lambda \cdot y = \lambda \cdot x + \mu \cdot y$$
$$\implies \lambda = \mu.$$

Widerspruch! $\qquad\qquad\qquad\qquad\qquad\qquad\qquad\qquad\qquad\qquad\qquad\qquad$ □

Bemerkung. Der Satz gilt nicht nur für zwei, sondern auch für endlich viele verschiedene Eigenwerte.

Satz 8.4. Es sei (V, K) ein Vektorraum mit dim $V = n$ und $\varphi : V \to V$ linear. Weiter sei $\lambda \in K$. Dann gilt: Es gibt genau dann einen Vektor $x \neq 0$ mit $\varphi(x) = \lambda \cdot x$, wenn gilt:

$$\det(\varphi - \lambda \cdot \mathrm{id}) = 0.$$

Beweis.

$$\text{Es gibt } x \neq 0 \text{ mit } \varphi(x) = \lambda \cdot x \iff \text{Es gibt } x \neq 0 \text{ mit } (\varphi - \lambda \cdot \mathrm{id})(x) = 0$$
$$\iff \mathrm{Kern}(\varphi - \lambda \cdot \mathrm{id}) \neq \{0\}$$
$$\iff \varphi - \lambda \cdot \mathrm{id} \text{ ist nicht bijektiv}$$
$$\iff \det(\varphi - \lambda \cdot \mathrm{id}) = 0.$$

Begründung des letzten Schritts:

$$\det f = \frac{\Delta(f(b_1), \ldots, f(b_n))}{\Delta(b_1, \ldots, b_n)}.$$

Also:

$$\det f = 0 \iff \Delta(f(b_1), \ldots, f(b_n)) = 0$$
$$\iff f(b_1), \ldots, f(b_n) \text{ sind linear abhängig}$$
$$\iff f \text{ ist nicht bijektiv.} \qquad\qquad\qquad\qquad \square$$

Also gilt: λ ist genau dann ein Eigenwert von φ, wenn $\det(\varphi - \lambda \cdot \mathrm{id}) = 0$ ist.

Definition. Es sei (V, K) ein Vektorraum der Dimension n und $\varphi : V \to V$ linear. Wir definieren die Abbildung

$$\mathrm{CP} : K \to K,$$

$$\lambda \mapsto \det(\varphi - \lambda \cdot \mathrm{id}).$$

Diese Abbildung heißt das *charakteristische Polynom* von φ. Wir werden gleich sehen, dass CP wirklich eine Polynomabbildung ist. Zur Berechnung der Determinante von $(\varphi - \lambda \cdot \mathrm{id})$ wählen wir eine Basis B von V. Bezüglich dieser Basis hat φ die Matrixdarstellung A und $\lambda \cdot \mathrm{id}$ die Darstellung $\lambda \cdot E$ (E Einheitsmatrix). $(\varphi - \lambda \cdot \mathrm{id})$ hat also die Darstellung $A - \lambda \cdot E$. Ausführlich:

$$\begin{pmatrix} a_{1,1} - \lambda & a_{1,2} & \cdots & a_{1,n} \\ a_{2,1} & a_{2,2} - \lambda & \cdots & a_{1,n} \\ \vdots & & & \vdots \\ a_{n,1} & a_{n,2} & \cdots & a_{n,n} - \lambda \end{pmatrix}.$$

Die Determinante dieser Matrix ist die Determinante von $(\varphi - \lambda \cdot \mathrm{id})$.

Wir erinnern uns an die Formel zur Berechnung der Determinante einer Matrix C:

$$\det C = \sum_{\substack{\tau \text{ Permutation} \\ \text{von } \{1,\dots,n\}}} \mathrm{sign}\, \tau \cdot b_{\tau(1),1} \cdot b_{\tau(2),2} \cdots b_{\tau(n),n}.$$

Man sieht, dass bei der Berechnung von $\det(A - \lambda \cdot E)$ ein Polynom vom Grad n entsteht (Variable ist λ). λ^n entsteht bei der Permutation $\tau(i) = i$ ($\mathrm{sign}\, \tau = +1$):

$$(a_{1,1} - \lambda) \cdot (a_{2,2} - \lambda) \cdots (a_{n,n} - \lambda).$$

Der Koeffizient von λ^n ist dann $+1$ oder -1 (n gerade $+1$, n ungerade -1). Man beachte: Das charakteristische Polynom CP gehört zur Abbildung φ. Mithilfe welcher Basis und damit Matrix man es berechnet, spielt keine Rolle. Man kann auch einer Matrix C ein charakteristisches Polynom zuordnen: $\det(C - \lambda E)$. Wählt man eine beliebige Basis, so stellt C bezüglich dieser Basis eine lineare Abbildung φ dar. Es gilt dann:

charakteristisches Polynom von φ = charakteristisches Polynom von C.

Beispiel.

$$C = \begin{pmatrix} 2 & 3 \\ 1 & 4 \end{pmatrix},$$

$$\det \begin{pmatrix} 2 - \lambda & 3 \\ 1 & 4 - \lambda \end{pmatrix} = (2 - \lambda) \cdot (4 - \lambda) - 1 \cdot 3 = \lambda^2 - 6\lambda + 5.$$

Satz 8.5. Es sei dim $V = n$ und $\varphi : V \to V$ linear. λ ist genau dann ein Eigenwert von φ, wenn λ eine Nullstelle des charakteristischen Polynoms von φ ist.

Beweis. Klar nach Satz 8.4. □

Beispiel. Wir wollen die Eigenwerte der Matrix $\left(\begin{smallmatrix} 2 & 3 \\ 1 & 4 \end{smallmatrix}\right)$ berechnen. Des charakteristische Polynom haben wir bereits berechnet:

$$CP(\lambda) = \lambda^2 - 6\lambda + 5,$$
$$\lambda^2 - 6\lambda + 5 = 0,$$
$$\lambda^2 - 6\lambda + 3^2 = -5 + 3^2,$$
$$(\lambda - 3)^2 = 4,$$
$$\lambda - 3 = \pm 2,$$
$$\lambda_1 = 5, \quad \lambda_2 = 1.$$

Was sind nun die zugehörigen Eigenvektoren?
a) Zum Eigenwert 5:

$$\begin{pmatrix} 2 & 3 \\ 1 & 4 \end{pmatrix} \begin{pmatrix} x \\ y \end{pmatrix} = 5 \cdot \begin{pmatrix} x \\ y \end{pmatrix},$$

I: $2x + 3y = 5x \iff -3x + 3y = 0 \iff x - y = 0,$
II: $x + 4y = 5y \iff x - y = 0.$

Der Eigenraum zu $\lambda = 5$ ist also die Lösungsmenge der Gleichung $x - y = 0$, also eine Gerade $g : \lambda \cdot \left(\begin{smallmatrix} 1 \\ 1 \end{smallmatrix}\right)$.

b) Der Eigenraum zu $\lambda = 1$: Durch analoge Rechnung erhält man: Der Eigenraum ist eine Gerade $h : \lambda \cdot \left(\begin{smallmatrix} 3 \\ -1 \end{smallmatrix}\right)$.

Kurze Wiederholung der Polynomdivision

Wir betrachten Polynome über einem Körper K.

Satz 8.6. Es seien P und Q zwei Polynome mit Grad $Q \leq$ Grad P. Dann gibt es eindeutig bestimmte Polynom S und R mit:

$$P = Q \cdot S + R \quad \text{und} \quad \text{Grad } R < \text{Grad } Q.$$

Beispiel.

$$P = 4x^5 + 2x^4 + x^3 + 2x^2 + x + 3,$$
$$Q = x^3 + 2x.$$

$$(4x^5 + 2x^4 + x^3 + 2x^2 + x + 3) : (x^3 + 2x) = 4x^2 + 2x - 7$$
$$\underline{-(4x^5 + 8x^3)}$$
$$2x^4 - 7x^3 + 2x^2 + x + 3$$
$$\underline{-(2x^4 + 4x^2)}$$
$$-7x^3 - 2x^2 + x + 3$$
$$\underline{-(-7x^3 - 14x)}$$
$$-2x^2 + 15x + 3 \qquad \text{Restpolynom}$$

Also:

$$(4x^5 + 2x^4 + x^3 + 2x^2 + x + 3) = (x^3 + 2x) \cdot (4x^2 + 2x - 7) + (-2x^2 + 15x + 3).$$

Satz 8.7. Ist P ein Polynom, so gilt:

$$\lambda \text{ ist eine Nullstelle von } P \iff P : (x - \lambda) \text{ geht ohne Rest auf}$$
$$\iff P = S \cdot (x - \lambda).$$

Ist also P ein Polynom und λ eine Nullstelle, so kann man P durch $(x - \lambda)$ teilen. $P = S \cdot (x - \lambda)$. Diesen Vorgang setzt man mit S fort. Ist μ eine Nullstelle von S, so ergibt sich $S = \tilde{S} \cdot (x - \mu)$. Man führt den Prozess weiter, bis das letzte S keine Nullstelle mehr hat. Unter günstigen Umständen ist P ganz in Linearfaktoren zerfallen:

$$P(x) = \mu \cdot (x - \lambda_1)(x - \lambda_2) \cdots (x - \lambda_n).$$

Grad $P(x) = n$, μ ist der Koeffizient von x^n. Es ist möglich, dass gleiche λ_i vorkommen (*mehrfache Nullstellen*). Unter weniger günstigen Bedingungen ergibt sich

$$P(x) = (x - \lambda_1) \cdots (x - \lambda_k) \cdot Q(x),$$

wobei $Q(x)$ keine Nullstelle mehr hat. Es gibt also zwei Sorten von Polynomen, solche, die vollständig in Linearfaktoren zerfallen und solche, die das nicht tun.

Bemerkung. Betrachtet man Polynome über dem Körper der komplexen Zahlen, so zerfällt jedes Polynom in Linearfaktoren.

Vertiefung der Betrachtung der Eigenwerte

Satz 8.8. Es sei $\dim(V, K) = n$ und $\varphi : V \to V$ linear. Dann hat φ höchstens n verschiedene Eigenwerte.

Beweis. Das charakteristische Polynom von φ hat den Grad n und hat damit höchstens n verschiedene Nullstellen. $\qquad\square$

Satz 8.9. Es sei $\dim(V, K) = n$ und $\varphi : V \to V$ linear. Sei μ eine k-fache Nullstelle des charakteristischen Polynoms von φ. Man sagt dann, die *algebraische Vielfachheit* von μ ist k. Der zu μ gehörende Eigenraum habe die Dimension l. Man sagt dann, die *geometrische Vielfachheit* von μ ist l. Es gilt:

$$l \leq k.$$

Also: Die geometrische Vielfachheit ist kleiner-gleich der algebraischen Vielfachheit.

Beweis. Der Eigenraum $U = \{x \in V : \varphi(x) = \mu \cdot x\}$ ist ein Untervektorraum. Angenommen $\dim U = k + 1$. Es sei $b_1, b_2, \ldots, b_{k+1}$ eine Basis von U. Wir ergänzen sie zu einer Basis B von V:

$$B = b_1, \ldots, b_{k+1}, \ldots, b_n.$$

Bezüglich dieser Basis stellen wir φ durch eine Matrix A dar. Als Vereinfachung setzen wir $k + 1 = 3$:

$$A = \begin{pmatrix} \mu & 0 & 0 & a_{1,4} & \cdots & a_{1,n} \\ 0 & \mu & 0 & a_{2,4} & \cdots & a_{2,n} \\ 0 & 0 & \mu & \vdots & & \vdots \\ \vdots & \vdots & 0 & \vdots & & \\ 0 & 0 & 0 & a_{n,4} & \cdots & a_{n,n} \end{pmatrix}.$$

Anhand dieser Matrix berechnen wir das charakteristische Polynom CP von φ:

$$CP(\lambda) = \det(A - \lambda \cdot E) = \begin{pmatrix} \mu - \lambda & 0 & 0 & a_{1,4} & \cdots & a_{1,n} \\ 0 & \mu - \lambda & 0 & a_{2,4} & \cdots & a_{2,n} \\ 0 & 0 & \mu - \lambda & a_{3,4} & \cdots & a_{3,n} \\ 0 & 0 & 0 & a_{4,4} & \cdots & a_{4,n} \\ \vdots & \vdots & & \vdots & & \vdots \\ 0 & 0 & 0 & a_{n,4} & \cdots & a_{n,n} - \lambda \end{pmatrix}.$$

Wir entwickeln die Determinante „immer nach der ersten Spalte":

$$(\mu - \lambda) \cdot (\mu - \lambda) \cdot (\mu - \lambda) \cdot \det \begin{pmatrix} a_{4,4} - \lambda & \cdots & a_{4,n} \\ \vdots & & \vdots \\ a_{n,4} & \cdots & a_{n,n} - \lambda \end{pmatrix}.$$

Dann ist μ eine mindestens dreifache (allgemein $k + 1$-fache) Nullstelle. Widerspruch!

$\square$

Satz 8.10. Es sei $\dim(V,K) = n$ und $\varphi : V \to V$ linear. φ kann genau dann durch eine *Diagonalmatrix* (nur in der Hauptdiagonalen Werte $\neq 0$) dargestellt werden, wenn es eine Basis aus Eigenvektoren gibt.

Beweis.

1.) Es sei $b_1, \ldots, b_n$ eine Basis aus Eigenvektoren, $\varphi(b_i) = \lambda_i$. Bezüglich dieser hat φ die Matrixdarstellung:

$$\begin{pmatrix} \lambda_1 & 0 & 0 & \cdots & 0 \\ 0 & \lambda_2 & 0 & \cdots & 0 \\ 0 & 0 & \lambda_3 & \cdots & 0 \\ \vdots & & & & \vdots \\ 0 & 0 & 0 & \cdots & \lambda_n \end{pmatrix}.$$

2.) Es sei $b_1, \ldots, b_n$ eine Basis, bezüglich der φ Diagonalgestalt hat:

$$\varphi \cong \begin{pmatrix} \lambda_1 & 0 & 0 & \cdots & 0 \\ 0 & \lambda_2 & 0 & \cdots & 0 \\ 0 & 0 & \lambda_3 & \cdots & 0 \\ \vdots & & & & \vdots \\ 0 & 0 & 0 & \cdots & \lambda_n \end{pmatrix}.$$

Dann gilt $\varphi(b_i) = \lambda_i b_i$. Also sind die b_i Eigenvektoren. $\qquad\square$

Satz 8.11. Es sei $\dim(V,K) = n$ und $\varphi : V \to V$ linear. Es gibt genau dann eine Basis aus Eigenvektoren von φ, wenn gilt:

1.) Das charakteristische Polynom von φ zerfällt vollständig in Linearfaktoren.
2.) Für jeden Eigenwert gilt: algebraische Vielfachheit = geometrische Vielfachheit.

Beweis. Folgt direkt aus den letzten Sätzen. $\qquad\square$

Wir wollen nun zum Ende des Kapitels noch ein Beispiel aus der Wahrscheinlichkeitsrechnung betrachten. Gegeben sei ein System, das drei Zustände A, B, C annehmen kann. Jede Sekunde wechselt das System von einem Zustand in den nächsten, wobei der neue Zustand auch der alte sein kann. Dieser Vorgang ist nun *nicht deterministisch*, sondern zufällig. Die Wahrscheinlichkeit, in den Zustand X zu springen, hänge dabei nur vom gegenwärtigen Zustand ab (nicht den vorhergehenden). Diese Wahrscheinlichkeiten nennt man *Übergangswahrscheinlichkeiten* und sollen bekannt sein. Für unser Beispiel wählen wir:

– Übergangswahrscheinlichkeit von A
  – nach A: $\frac{1}{4}$
  – nach B: $\frac{1}{4}$
  – nach C: $\frac{1}{2}$

(Die Summe dieser Wahrscheinlichkeiten muss natürlich 1 ergeben.)
- Übergangswahrscheinlichkeiten von B
  - nach A: $\frac{1}{8}$
  - nach B: $\frac{1}{2}$
  - nach C: $\frac{1}{4}$
- Übergangswahrscheinlichkeiten von C
  - nach A: $\frac{1}{8}$
  - nach B: $\frac{1}{8}$
  - nach C: $\frac{3}{4}$.

Um den Vorgang anstoßen zu können, benötigen weisen jedem Zustand die gleiche Wahrscheinlichkeit zu. Also: $P_{A,0} = P_{B,0} = P_{C,0} = \frac{1}{3}$. Wir suchen nun die Wahrscheinlichkeiten von A, B, C nach dem n-ten Durchgang, also zur Zeit n. Wir bezeichnen sie mit $P_{A,n}$, $P_{B,n}$, $P_{C,n}$. Als Erstes zeichnen wir den Wahrscheinlichkeitsbaum für den Anfang des Experiments.

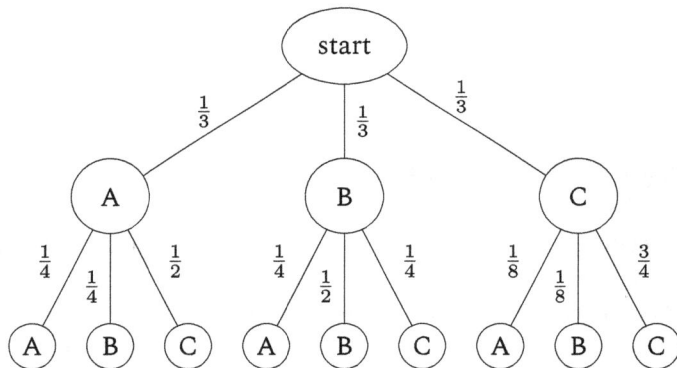

Es gilt nun: Wahrscheinlichkeit eines Pfades = Produkt der Wahrscheinlichkeiten entlang des Pfades. Zum Beispiel:

$$P(\text{Pfad } BC) = \frac{1}{3} \cdot \frac{1}{4} = \frac{1}{12},$$

Die Wahrscheinlichkeit, dass sich das System zur Zeit n im Zustand X befindet, ist die Summe der Wahrscheinlichkeiten der Pfade, die zum Zeitpunkt n im Zustand X enden. Wir berechnen:

$$P_{A,1} = \frac{1}{3} \cdot \frac{1}{4} + \frac{1}{3} \cdot \frac{1}{4} + \frac{1}{3} \cdot \frac{1}{8} = \frac{5}{24},$$
$$P_{B,1} = \frac{1}{3} \cdot \frac{1}{4} + \frac{1}{3} \cdot \frac{1}{2} + \frac{1}{3} \cdot \frac{1}{8} = \frac{7}{24},$$
$$P_{C,1} = \frac{1}{3} \cdot \frac{1}{2} + \frac{1}{3} \cdot \frac{1}{4} + \frac{1}{3} \cdot \frac{3}{4} = \frac{12}{24}.$$

Natürlich muss gelten: $P_{A,1} + P_{B,1} + P_{C,1} = 1$. Man kann diese Rechnung auch in Matrixform beschreiben:

$$\begin{pmatrix} \frac{1}{4} & \frac{1}{4} & \frac{1}{8} \\ \frac{1}{4} & \frac{1}{2} & \frac{1}{8} \\ \frac{1}{2} & \frac{1}{4} & \frac{3}{4} \end{pmatrix} \begin{pmatrix} P_{A,0} \\ P_{B,0} \\ P_{C,0} \end{pmatrix} = \begin{pmatrix} P_{A,1} \\ P_{B,1} \\ P_{C,1} \end{pmatrix}.$$

In den Spalten stehen die Übergangswahrscheinlichkeiten, zum Beispiel in der ersten Spalte von A nach A, B, C. Auf die gleiche Art erhält man aus

$$P_{A,n}, P_{B,n}, P_{C,n}$$

die Wahrscheinlichkeiten

$$P_{A,n+1}, P_{B,n+1}, P_{C,n+1},$$

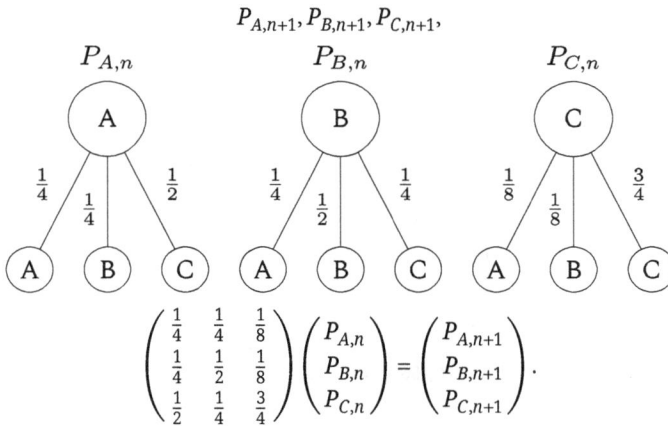

$$\begin{pmatrix} \frac{1}{4} & \frac{1}{4} & \frac{1}{8} \\ \frac{1}{4} & \frac{1}{2} & \frac{1}{8} \\ \frac{1}{2} & \frac{1}{4} & \frac{3}{4} \end{pmatrix} \begin{pmatrix} P_{A,n} \\ P_{B,n} \\ P_{C,n} \end{pmatrix} = \begin{pmatrix} P_{A,n+1} \\ P_{B,n+1} \\ P_{C,n+1} \end{pmatrix}.$$

Wir rechnen weiter für $n = 2$ und $n = 3$. M ist die Matrix der Übergangswahrscheinlichkeiten:

$$\begin{pmatrix} P_{A,2} \\ P_{B,2} \\ P_{C,2} \end{pmatrix} = M \begin{pmatrix} P_{A,1} \\ P_{B,1} \\ P_{C,1} \end{pmatrix} = \begin{pmatrix} 0.188 \\ 0.260 \\ 0.552 \end{pmatrix},$$

$$\begin{pmatrix} P_{A,3} \\ P_{B,3} \\ P_{C,3} \end{pmatrix} = M \begin{pmatrix} P_{A,2} \\ P_{B,2} \\ P_{C,2} \end{pmatrix} = \begin{pmatrix} 0.181 \\ 0.246 \\ 0.573 \end{pmatrix}.$$

Wir stellen uns nun die Frage, ob es eine Wahrscheinlichkeitsverteilung P_A, P_B, P_C gibt, sodass nach einem Durchgang die Wahrscheinlichkeiten wieder die gleichen sind. Also:

$$M \begin{pmatrix} P_A \\ P_B \\ P_C \end{pmatrix} = \begin{pmatrix} P_A \\ P_B \\ P_C \end{pmatrix}.$$

Anders ausgedrückt: Hat M den Eigenwert 1? Wir berechnen das charakteristische Polynom von M,

$$\det \begin{pmatrix} \frac{1}{4} - x & \frac{1}{4} & \frac{1}{8} \\ \frac{1}{4} & \frac{1}{2} - x & \frac{1}{8} \\ \frac{1}{4} & \frac{1}{4} & \frac{3}{4} - x \end{pmatrix}.$$

Mit der Regel von Sarrus erhalten wir:

$$CP(x) = -x^3 + \frac{3}{2}x^2 - \frac{17}{32}x + \frac{1}{32}.$$

Wir testen, ob 1 ein Eigenwert ist:

$$-1 + \frac{3}{2} - \frac{17}{32} + \frac{1}{32} = 0.$$

Also ist 1 tatsächlich ein Eigenwert. Wir suchen nun den Eigenraum zum Eigenwert 1:

$$\begin{pmatrix} \frac{1}{4} & \frac{1}{4} & \frac{1}{8} \\ \frac{1}{4} & \frac{1}{2} & \frac{1}{8} \\ \frac{1}{4} & \frac{1}{4} & \frac{3}{4} \end{pmatrix} \begin{pmatrix} x \\ y \\ z \end{pmatrix} = \begin{pmatrix} x \\ y \\ z \end{pmatrix}$$

Dieses homogene lineare Gleichungssystem hat die Lösungsmenge:

$$L_h = \lambda \cdot \begin{pmatrix} 3 \\ 4 \\ 10 \end{pmatrix} \quad \text{Gerade durch 0.}$$

Da unser gesuchter Eigenvektor eine Wahrscheinlichkeitsverteilung ist, muss gelten: $x, y, z > 0$ und $x + y + z = 1$. Also:

$$3\lambda + 4\lambda + 10\lambda = 1 \implies \lambda = \frac{1}{17}.$$

Also ist die gesuchte Wahrscheinlichkeitsverteilung:

$$\frac{1}{17} \cdot \begin{pmatrix} 3 \\ 4 \\ 10 \end{pmatrix} = \begin{pmatrix} 0.1765 \\ 0.2353 \\ 0.5882 \end{pmatrix}.$$

Das entspricht beinahe den Werten $P_{A,3}, P_{B,3}, P_{C,3}$. Man kann nun vermuten, dass sich im Laufe der Zeit $P_{A,n}, P_{B,n}, P_{C,n}$ immer mehr dem Eigenvektor

$$\begin{pmatrix} 0.1765 \\ 0.2353 \\ 0.5882 \end{pmatrix}$$

annähern. Bildlich dargestellt im $\mathbb{R}^3$:

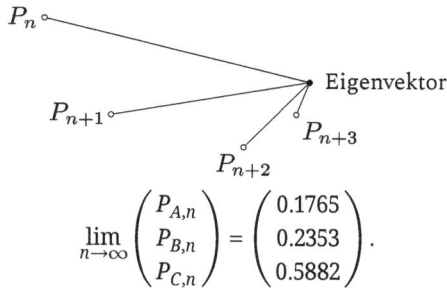

$$\lim_{n \to \infty} \begin{pmatrix} P_{A,n} \\ P_{B,n} \\ P_{C,n} \end{pmatrix} = \begin{pmatrix} 0.1765 \\ 0.2353 \\ 0.5882 \end{pmatrix}.$$

Das ist nun auch tatsächlich so. Einen Beweis dafür wollen wir nicht durchführen. Näheres dazu findet man in den entsprechenden Stochastik-Lehrbüchern.

Übungen zu Kapitel 8

1.) Wir rechnen im Vektorraum $(\mathbb{C}^2, \mathbb{C})$ mit den komplexen Zahlen $\mathbb{C}$. Gesucht sind die Eigenwerte und Eigenvektoren der linearen Abbildung $\varphi : \mathbb{C}^2 \to \mathbb{C}^2$, die bezüglich der natürlichen Basis durch die Matrix

$$A = \begin{pmatrix} 1 & -5 \\ 1 & -1 \end{pmatrix}$$

dargestellt wird:

$$\det \begin{pmatrix} 1 - \lambda & -5 \\ 1 & -1 - \lambda \end{pmatrix} = (1 - \lambda)(-1 - \lambda) - 1 \cdot (-5)$$
$$= -1 - \lambda + \lambda + \lambda^2 + 5$$
$$= \lambda^2 + 4.$$

Berechnung der Nullstellen:

$$\lambda^2 + 4 = 0 \iff \lambda^2 = -4 \implies \lambda_1 = 2i, \lambda_2 = -2i.$$

Die Eigenwerte sind also $2i$ und $-2i$. Berechnung der Eigenvektoren:

$$\begin{pmatrix} 1 & -5 \\ 1 & -1 \end{pmatrix} \begin{pmatrix} x \\ y \end{pmatrix} = 2i \cdot \begin{pmatrix} x \\ y \end{pmatrix}.$$

I: $x - 5y = 2ix$

II: $x - y = 2iy$

I: $x(1 - 2i) - 5y = 0$

II: $x + y(-1 - 2i) = 0.$

Die Gleichungen sind linear abhängig: II: $\cdot (1 - 2i)$:

$$x \cdot (1 - 2i) + y(-1 - 2i)(1 - 2i) = 0,$$

$$(-1 - 2i)(1 - 2i) = -1 + 2i - 2i - 4 = -5.$$

Der Eigenraum zum Eigenwert $2i$ ist also die Gerade durch 0, die durch die Gleichung

$$x(1 - 2i) - 5y = 0$$

bestimmt wird. Wir berechnen noch die Parameterdarstellung der Geraden. Setze $x = 1$:

$$(1 - 2i) - 5y = 0,$$

$$5y = 1 - 2i,$$

$$y = \frac{1 - 2i}{5}.$$

Dann ist die Parameterdarstellung

$$\lambda \cdot \begin{pmatrix} 1 \\ \frac{1-2i}{5} \end{pmatrix} \quad \text{oder} \quad \lambda \cdot \begin{pmatrix} 5 \\ 1 - 2i \end{pmatrix}, \quad \lambda \in \mathbb{C}.$$

Den Eigenraum zum Eigenwert $-2i$ berechnet man analog. Es ergibt sich: Gerade durch 0 mit der Gleichung:

$$x(1 + 2i) - 5y = 0.$$

Die Parameterdarstellung ist

$$\lambda \cdot \begin{pmatrix} 5 \\ 1 + 2i \end{pmatrix} \quad \text{mit } \lambda \in \mathbb{C}.$$

2.) Wir rechnen im Vektorraum $(\mathbb{Z}_{13}^2, \mathbb{Z}_{13})$. Gesucht sind die Eigenwerte der linearen Abbildung $\varphi : \mathbb{Z}_{13}^2 \to \mathbb{Z}_{13}^2$, die bezüglich der natürlichen Basis durch die Matrix

$$A = \begin{pmatrix} 2 & 7 \\ 5 & 7 \end{pmatrix}$$

dargestellt wird:

$$\det\begin{pmatrix} 2-\lambda & 7 \\ 5 & 7-\lambda \end{pmatrix} = (2-\lambda)(7-\lambda) - 5\cdot 7$$
$$= 14 - 2\lambda - 7\lambda + \lambda^2 - 35$$
$$= \lambda^2 - 9\lambda - 21.$$

Berechne die Nullstellen!

$$\lambda^2 - 9\lambda - 21 = 0 \iff$$
$$\lambda^2 - 9\lambda + 5 = 0 \iff$$
$$\lambda^2 + 4\lambda + 5 = 0,$$

$\lambda = 3$ ist eine Nullstelle: $3^2 + 4\cdot 3 + 5 = 9 + 12 + 5 = 26 = 0$. Also ist 3 ein Eigenwert.
Polynomdivision:

$$
\begin{array}{l}
(\lambda^2 + 4\lambda + 5) : (\lambda - 3) = \lambda + 7 \\
-(\lambda^2 - 3\lambda) \\
\hline
\qquad\quad 7\lambda + 5 \\
\qquad -(7\lambda - 21) \\
\hline
\qquad\qquad\quad 26 = 0
\end{array}
$$

Suche Nullstelle von $\lambda + 7$. Das ist -7, also 6. Also ist 6 der zweite Eigenwert.

3.) Gegeben ist ein Polynom über den reellen Zahlen:

$$P(x) = x^4 - 51x^3 + 884x^2 - 5820x + 10800.$$

Wir wollen alle Nullstellen bestimmen. Hinweis: Die Nullstellen von P sind „kleine"
natürliche Zahlen. $x = 3$ ist eine Nullstelle, denn:

$$3^4 - 51\cdot 3^3 + 884\cdot 3^2 - 5820\cdot 3 + 10800 = 0,$$

$$
\begin{array}{l}
(x^4 - 51x^3 + 884x^2 - 5820x + 10800) : (x - 3) = x^3 - 48x^2 + 740x - 3600 \\
-(x^4 - 3x^3) \\
\hline
\quad -48x^3 + 884x^2 - 5820x + 10800 \\
\quad -(-48x^3 + 114x^2) \\
\hline
\qquad\qquad 740x^2 - 5820x + 10800 \\
\qquad\quad -(740x^2 - 2220x) \\
\hline
\qquad\qquad\qquad -3600x + 10800 \\
\qquad\qquad\quad -(3600x + 10800) \\
\hline
\qquad\qquad\qquad\qquad\quad 0
\end{array}
$$

10 ist eine Nullstelle von $x^3 - 48x^2 + 740x - 3600$, denn:

$$10^3 - 48 \cdot 10^2 + 740 \cdot 10 - 3600 = 0,$$

$$
\begin{aligned}
&(x^3 - 48x^2 + 740x - 3600) : (x - 10) = x^2 - 38x + 360 \\
&\underline{-(x^3 - 10x^2)} \\
&\qquad -38x^2 + 740x - 3600 \\
&\qquad \underline{-(-38x^2 + 380x)} \\
&\qquad\qquad 360x - 3600 \\
&\qquad\qquad \underline{-(360x - 3600)} \\
&\qquad\qquad\qquad 0
\end{aligned}
$$

Berechne die Nullstellen von $x^2 - 38x + 360$. Die beiden Nullstellen sind $x_1 = 18$ und $x_2 = 20$. Die Zerlegung des Polynoms in Linearfaktoren lautet also

$$(x - 3)(x - 10)(x - 18)(x - 20).$$

4.) Gegeben ist ein stochastisches System, das die Zustände A, B, C annehmen kann. Die Startwahrscheinlichkeiten seien:

$$P_{A,0} = P_{B,0} = P_{C,0} = \frac{1}{3}.$$

Die Übergangswahrscheinlichkeiten sind:
- Von A nach
  - A: $\frac{1}{3}$
  - B: $\frac{1}{3}$
  - C: $\frac{1}{3}$
- Von B nach
  - A: $\frac{1}{4}$
  - B: $\frac{1}{2}$
  - C: $\frac{1}{4}$
- Von C nach
  - A: $\frac{1}{8}$
  - B: $\frac{1}{2}$
  - C: $\frac{3}{8}$.

Man berechne die Wahrscheinlichkeiten von A, B, C nach dem dritten Durchgang, also $P_{A,3}$, $P_{B,3}$, $P_{C,3}$. Die Wahrscheinlichkeitsmatrix M, mit den Übergangswahrscheinlichkeiten in den Spalten, ist:

$$
M = \begin{pmatrix} \frac{1}{3} & \frac{1}{4} & \frac{1}{8} \\ \frac{1}{3} & \frac{1}{2} & \frac{1}{1} \\ \frac{1}{3} & \frac{1}{4} & \frac{3}{8} \end{pmatrix} = \frac{1}{24} \cdot \begin{pmatrix} 8 & 6 & 3 \\ 8 & 12 & 12 \\ 8 & 6 & 9 \end{pmatrix},
$$

$$M\begin{pmatrix} \frac{1}{3} \\ \frac{1}{3} \\ \frac{1}{3} \end{pmatrix} = \frac{1}{3} \cdot \frac{1}{24} \cdot \begin{pmatrix} 8 & 6 & 3 \\ 8 & 12 & 12 \\ 8 & 6 & 9 \end{pmatrix} \begin{pmatrix} 1 \\ 1 \\ 1 \end{pmatrix}$$

$$= \frac{1}{3} \cdot \frac{1}{24} \begin{pmatrix} 17 \\ 32 \\ 23 \end{pmatrix} = P_1,$$

$$M \cdot \frac{1}{24} \cdot \frac{1}{3} \begin{pmatrix} 17 \\ 32 \\ 23 \end{pmatrix} = \frac{1}{24} \cdot \frac{1}{24} \cdot \frac{1}{3} \begin{pmatrix} 8 & 6 & 3 \\ 8 & 12 & 12 \\ 8 & 6 & 9 \end{pmatrix} \begin{pmatrix} 17 \\ 32 \\ 23 \end{pmatrix}$$

$$= \frac{1}{24} \cdot \frac{1}{24} \cdot \frac{1}{3} \begin{pmatrix} 397 \\ 796 \\ 535 \end{pmatrix} = P_2,$$

$$M \cdot \frac{1}{24} \cdot \frac{1}{24} \cdot \frac{1}{3} \begin{pmatrix} 297 \\ 796 \\ 535 \end{pmatrix} = \frac{1}{24} \cdot \frac{1}{24} \cdot \frac{1}{24} \cdot \frac{1}{3} \begin{pmatrix} 8 & 6 & 3 \\ 8 & 12 & 12 \\ 8 & 6 & 9 \end{pmatrix} \begin{pmatrix} 397 \\ 796 \\ 535 \end{pmatrix}$$

$$= \frac{1}{24} \cdot \frac{1}{24} \cdot \frac{1}{24} \cdot \frac{1}{3} \cdot \begin{pmatrix} 9557 \\ 19148 \\ 12767 \end{pmatrix} \approx \begin{pmatrix} 0.2304 \\ 0.4617 \\ 0.3078 \end{pmatrix} = P_3,$$

1 ist Nullstelle des charakteristischen Polynoms von M, und damit ein Eigenwert M. Wir berechnen den Eigenraum von 1.

$$M \begin{pmatrix} x \\ y \\ z \end{pmatrix} = \begin{pmatrix} x \\ y \\ z \end{pmatrix},$$

$$\frac{1}{24} \cdot \begin{pmatrix} 8 & 6 & 3 \\ 8 & 12 & 12 \\ 8 & 6 & 9 \end{pmatrix} \begin{pmatrix} x \\ y \\ z \end{pmatrix} = \begin{pmatrix} x \\ y \\ z \end{pmatrix}.$$

Dieses Gleichungssystem hat die Lösungsmenge (Eigenraum):

$$\lambda \cdot \begin{pmatrix} 3 \\ 6 \\ 4 \end{pmatrix}, \quad \lambda \in \mathbb{R}.$$

Da unser gesuchter Vektor

$$\begin{pmatrix} x \\ y \\ z \end{pmatrix}$$

eine Wahrscheinlichkeitsverteilung ist, muss gelten:

$$x + y + z = 1.$$

Also:

$$3\lambda + 6\lambda + 4\lambda = 13\lambda = 1 \implies \lambda = \frac{1}{13}$$

$$\implies \begin{pmatrix} x \\ y \\ z \end{pmatrix} = \frac{1}{13} \cdot \begin{pmatrix} 3 \\ 6 \\ 4 \end{pmatrix} = \begin{pmatrix} 0.2308 \\ 0.4615 \\ 0.3077 \end{pmatrix}.$$

Das ist nun fast der Vektor P_3!

9 Gleichförmige Bewegungen in der Ebene

In diesem Kapitel werden gleichförmige Bewegungen in der Ebene $\mathbb{R}^2$ betrachtet. Solche Bewegungen werden eigentlich im Rahmen der Physik behandelt, aber unsere Betrachtungen hier sollen mehr mathematischer Natur sein und kaum Berührungspunkte mit der Physik vorweisen. Wir wollen ein Beispiel dafür geben, was mit einfacher Vektorrechnung alles erzielt werden kann – eine mathematische Spielerei mit Vektoren. Ein Punkt bewegt sich gleichförmig in der Ebene, wenn er sich entlang einer Geraden mit konstanter Geschwindigkeit bewegt. Natürlich können sich auch Figuren, wie zum Beispiel ein Dreieck oder ein Kreis, gleichförmig bewegen. Wir untersuchen also einen dynamischen Vorgang, zu verschiedenen Zeiten sehen wir ganz verschiedene Bilder in der Ebene. Nun wollen wir zu einem Trick greifen, um diesen dynamischen Vorgang besser untersuchen zu können. Wir erweitern die Ebene um eine Zeitachse t und stellen den Vorgang nun im $\mathbb{R}^3$ dar. Die x-, y- und t-Achsen sind natürlich orthogonal und gleich skaliert, $\{e_1, e_2, e_3\}$ ist eine Orthonormalbasis. Jetzt ist der Gegenstand unserer Untersuchung statisch. Ein sich gleichförmig bewegender Punkt wird als Gerade dargestellt. Seine Geschwindigkeit (genauer: Betrag der Geschwindigkeit) ist der Tangens des Winkels zwischen der t-Achse und der Bewegungsgeraden des Punktes. Ein Punkt, der sich nicht bewegt, erscheint als Gerade parallel zur t-Achse. Ein ruhender Beobachter A, der sich in der xy-Ebene im Koordinatenursprung befindet, wird durch die t-Achse dargestellt.

Ebenso wie Punkte erscheinen Figuren der Ebene nun räumlich. Ein Kreis wird als (schiefer) Zylinder, ein Dreieck als Prisma und eine Strecke als „Band" dargestellt. Jetzt wollen wir unser Vorgehen, den mathematischen Trick, aber etwas anders betrachten. Wir nehmen folgenden Standpunkt ein: Der eigentliche Gegenstand unserer Untersuchung ist dreidimensional. Was eigentlich vorhanden ist, ist die dreidimensionale Darstellung unserer Objekte, also zum Beispiel nicht die dynamische Bewegung eines Punktes, sondern seine Bewegungsgerade. Die zweidimensionale dynamische Darstellung bekommt man, indem man die xy-Ebene in Richtung der t-Achse parallel verschiebt. Bei diesem Verschiebungsvorgang sieht man dann die Bewegung eines Punktes oder einer Figur in der Verschiebungsebene.

Der in der xy-Ebene im Koordinatenursprung ruhende Beobachter A sieht auf seine Uhr und sie zeigt die Zeit t_0. Dann befindet er sich im dreidimensionalen Modell auf der t-Achse beim t-Wert t_0. Seine „Gegenwart" ist die Ebene ε parallel zur xy-Ebene mit dem t-Wert t_0. Die darunterliegenden Ebenen stellen seine Vergangenheit, die darüber liegenden seine Zukunft dar. Der Unterschied zur ersten Sichtweise ist durchaus wesentlich. Das eigentliche Untersuchungsobjekt (das Objekt, das ursprünglich vorhanden ist) ist das dreidimensionale statische Modell. Das dynamische zweidimensionale Modell ist nur eine Ableitung des eigentlichen Objekts.

Was wollen wir nun im Weiteren untersuchen? Unser dreidimensionales Modell können wir auffassen als die „Sicht auf die Welt" eines Beobachters A, der sich in der xy-Ebene im Koordinatenursprung befindet und sich nicht bewegt. Dieser Beobachter wird

https://doi.org/10.1515/9783111382562-009

im dreidimensionalen Modell durch die t-Achse dargestellt. Wie sieht nun die „Welt" für einen Beobachter B aus, der sich mit konstanter Geschwindigkeit bewegt? Der Beobachter B nimmt dabei den Standpunkt ein, dass er stillsteht, sich also nicht bewegt. Wie bewegen sich nun für ihn die vorhandenen Objekte? Um die Lage übersichtlich zu gestalten, soll die Bewegungsgerade von B im Ausgangssystem durch den Koordinatenursprung gehen und in der xt-Ebene liegen (die Allgemeinheit wird dadurch nicht eingeschränkt). Jetzt untersuchen wir die Sicht von B auf die Welt. Wie A zur Beobachtung der Welt das Koordinatensystem x, y, t benutzt, so verwendet auch B sein eigenes Koordinatensystem x', y', t'. Die t'-Achse ist natürlich seine Bewegungsgerade. Die x und y Achse bleiben mit gleicher Skalierung erhalten. Also $x' = x$ und $y' = y$. Da wir von einer einheitlichen Zeit ausgehen, muss die t'-Achse anders skaliert werden.

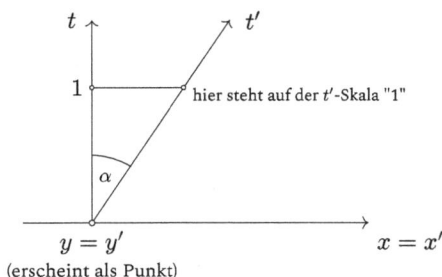

Das zu B gehörende Koordinatensystem hat also die folgenden Basisvektoren:

$$x \leftrightarrow x' : \quad u = \begin{pmatrix} 1 \\ 0 \\ 0 \end{pmatrix} = e_1,$$

$$y \leftrightarrow y' : \quad v = \begin{pmatrix} 0 \\ 1 \\ 0 \end{pmatrix} = e_2,$$

$$t \leftrightarrow t' : \quad w = \begin{pmatrix} \tan \alpha \\ 0 \\ 1 \end{pmatrix}.$$

Für den Beobachter B ist u, v, w ein Orthonormalsystem und er betrachtet aus dieser Sichtweise heraus die „Welt", also das dreidimensionale Modell. Zur Bestimmung von Längen und Winkeln benutzt er seine Koordinaten und rechnet dann mit dem üblichen „Standard-Skalarprodukt". Wir stellen fest, dass A und B denselben Gleichzeitigkeitsbegriff haben: Für A sind zwei Weltpunkte gleichzeitig, wenn sie in einer Parallelebene zur xy-Ebene liegen. Dasselbe gilt für B. Auch haben A und B dieselbe Zeit: Sei P ein „Weltpunkt". Für A ist seine Zeit der t-Wert, für B der t'-Wert. Natürlich sind beide gleich. Von A und B werden Figuren gleich gesehen. Betrachten wir zum Beispiel einen Kreis in der

xy-Ebene, der sich im Ausgangssystem nicht bewegt. Er wird dann als gerader Zylinder dargestellt.

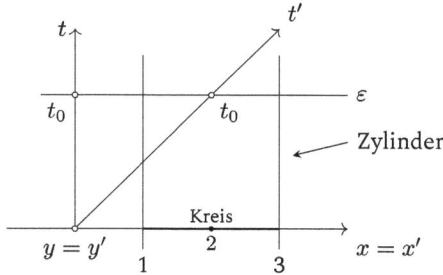

Zur Zeit t_0 haben A und B die gleiche Gegenwartsebene ε. A und B sehen den Kreis als Schnitt von ε mit dem Zylinder (in ihren Koordinaten). Es ist für beide ein gleich großer Kreis, nur sehen sie ihn an verschiedenen Stellen. Koordinaten des Kreismittelpunkts:

	Zeit 0	Zeit t_0
Beobachter A:	$x = 2, y = 0$	$x = 2, y = 0$
Beobachter B:	$x' = 2, y' = 0$	$x' = 0, y' = 0$

Nun wollen wir die Geschwindigkeit eines Punktes aus Sicht von A und B betrachten. Der Beobachter B wird wieder durch die t'-Achse in der xt-Ebene dargestellt.

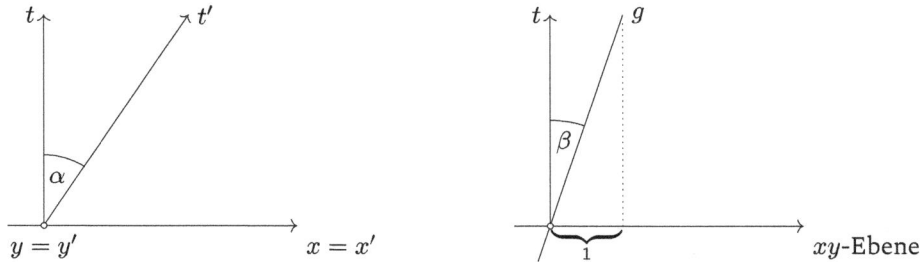

Ein Punkt P (zur Zeit $t = 0$ im Koordinatenursprung) habe im Ausgangssystem die Bewegungsgerade

$$g : \lambda \cdot \begin{pmatrix} \cos \varphi \\ \sin \varphi \\ \dfrac{1}{\tan \beta} \end{pmatrix}.$$

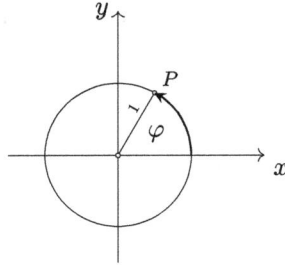

Wir bezeichnen mit β den Winkel zwischen der t-Achse und der Bewegungsgeraden von P. Im Ausgangssystem hat P also die Geschwindigkeit $\tan\beta$. Nun benötigen wir die Transformationsmatrix M, welche die Koordinaten von System A in das System B umrechnet.

–   Alte Basis: e_1, e_2, e_3.
–   Neue Basis:

$$u = \begin{pmatrix} 1 \\ 0 \\ 0 \end{pmatrix}, \quad v = \begin{pmatrix} 0 \\ 1 \\ 0 \end{pmatrix}, \quad w = \begin{pmatrix} \tan\alpha \\ 0 \\ 1 \end{pmatrix}.$$

–   Erste Spalte von M:

$$e_1 = 1\cdot u + 0\cdot v + 0\cdot w, \quad \text{also} \begin{pmatrix} 1 \\ 0 \\ 0 \end{pmatrix}.$$

–   Zweite Spalte von M:

$$e_2 = 0\cdot u + 1\cdot v + 0\cdot w, \quad \text{also} \begin{pmatrix} 0 \\ 1 \\ 0 \end{pmatrix}.$$

–   Dritte Spalte von M:

$$e_3 = \gamma_1\cdot u + \gamma_2\cdot v + \gamma_3\cdot w.$$

Es ergibt sich: $\gamma_1 = -\tan\alpha$, $\gamma_2 = 0$, $\gamma_3 = 1$. Also:

$$\begin{pmatrix} -\tan\alpha \\ 0 \\ 1 \end{pmatrix}.$$

Damit gilt:

$$M = \begin{pmatrix} 1 & 0 & -\tan\alpha \\ 0 & 1 & 0 \\ 0 & 0 & 1 \end{pmatrix}.$$

Koordinatentransformation von

$$\begin{pmatrix} \cos\varphi \\ \sin\varphi \\ \frac{1}{\tan\beta} \end{pmatrix}:$$

$$\begin{pmatrix} 1 & 0 & -\tan\alpha \\ 0 & 1 & 0 \\ 0 & 0 & 1 \end{pmatrix}\begin{pmatrix} \cos\varphi \\ \sin\varphi \\ \frac{1}{\tan\beta} \end{pmatrix} = \begin{pmatrix} \cos\varphi - \frac{\tan\alpha}{\tan\beta} \\ \sin\varphi \\ \frac{1}{\tan\beta} \end{pmatrix}.$$

Wie schnell bewegt sich P im B-System? γ sei der Winkel zwischen der t'-Achse und der Bewegungsgeraden von P, aber gemessen im B-System. $\tan\gamma$ ist dann seine Geschwindigkeit.

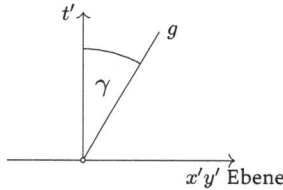

$$\tan\gamma = \frac{\left|\begin{pmatrix} \cos\varphi - \frac{\tan\alpha}{\tan\beta} \\ \sin\varphi \end{pmatrix}\right|}{\left|\frac{1}{\tan\beta}\right|},$$

$$\left|\begin{pmatrix} \cos\varphi - \frac{\tan\alpha}{\tan\beta} \\ \sin\varphi \end{pmatrix}\right| = \sqrt{\left(\cos\varphi - \frac{\tan\alpha}{\tan\beta}\right)^2 + \sin^2\varphi}$$

$$= \sqrt{1 + \frac{\tan^2\alpha}{\tan^2\beta} - 2\cos\varphi \cdot \frac{\tan\alpha}{\tan\beta}}$$

$$\implies \tan\gamma = \tan\beta \cdot \sqrt{1 + \frac{\tan^2\alpha}{\tan^2\beta} - 2\cos\varphi \cdot \frac{\tan\alpha}{\tan\beta}}$$

$$\implies \tan\gamma = \sqrt{\tan^2\beta + \tan^2\alpha - 2\cos\varphi\tan\alpha\tan\beta}.$$

Damit haben wir die Geschwindigkeit von P im B-System. Zum Vergleich wollen wir die Geschwindigkeit des Punktes P im B-System noch konventionell zweidimensional mit Geschwindigkeitsvektoren ausrechnen.

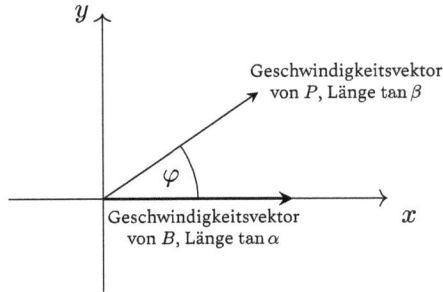

$$\text{Geschwindigkeitsvektor von } B : \begin{pmatrix} \tan \alpha \\ 0 \end{pmatrix},$$

$$\text{Geschwindigkeitsvektor von } P : \begin{pmatrix} \cos \varphi \cdot \tan \beta \\ \sin \varphi \cdot \tan \beta \end{pmatrix},$$

$$\left| \begin{pmatrix} \cos \varphi \cdot \tan \beta - \tan \alpha \\ \sin \varphi \cdot \tan \beta - 0 \end{pmatrix} \right|$$

$$= \sqrt{(\cos \varphi \tan \beta - \tan \alpha)^2 + (\sin \varphi \tan \beta)^2}$$

$$= \sqrt{\cos^2 \varphi \tan^2 \beta + \tan^2 \alpha - 2 \cos \varphi \tan \beta \tan \alpha + \sin^2 \varphi \tan^2 \beta}$$

$$= \sqrt{\tan^2 \beta + \tan^2 \alpha - 2 \cos \varphi \tan \beta \tan \alpha}.$$

Man erhält also das gleiche Ergebnis wie bei der ersten Rechnung.

Spezialfälle:

1.) $\varphi = 180°$:

$$\tan \gamma = \sqrt{\tan^2 \beta + \tan^2 \alpha + 2 \tan \beta \tan \alpha} = \tan \alpha + \tan \beta.$$

Das heißt, die Geschwindigkeiten addieren sich.

2.) $\varphi = 0°$:

$$\tan \gamma = \sqrt{\tan^2 \beta + \tan^2 \alpha - 2 \tan \alpha \tan \beta} = |\tan \beta - \tan \alpha|.$$

Das heißt, die Geschwindigkeiten subtrahieren sich.

3.) $\varphi = 90°$:

$$\tan \gamma = \sqrt{\tan^2 \beta + \tan^2 \alpha}.$$

Das bisher Beschriebene stellt unsere anschauliche Vorstellung dar, wie sich Punkte aus der Sicht verschiedener Beobachter bewegen. Wir wollen nun die Situation verallgemeinern. Gegeben sei das dreidimensionale Ausgangssystem x, y, t. Darin enthalten sind die Objekte, die wir untersuchen wollen, also zum Beispiel Bewegungsgeraden, Zylinder,

Prismen usw. Wir wählen nun drei beliebige Basisvektoren u, v, w (ergeben die Koordinatenachsen x', y', t'). Dieses System können wir als Sichtweise eines Beobachters B auf „die Welt" auffassen. Die Bewegungsgerade von B im Ausgangssystem (System des Beobachters A) ist natürlich t'. Für B bilden u, v, w ein Orthonormalsystem. Das heißt, er betrachtet und berechnet die vorhandenen Objekte in seinen Koordinaten. Die Längen und Winkel berechnet er mit dem Standard-Skalarprodukt. Gleichzeitigkeit bedeutet für ihn gleicher t'-Wert. Zeigt seine Uhr die Zeit t_0, so ist seine Gegenwart die zur $x'y'$-Ebene parallele Ebene mit dem t'-Wert t_0 (dort, wo auf der t'-Skala der Wert t_0 steht, also im A-System bei $t_0 \cdot w$). Die Geschwindigkeit eines Punktes ist für B der Tangens des Winkels γ zwischen der t'-Achse und der Bewegungsgeraden des Punktes, aber berechnet im B-System! Wie sieht B eine Figur? Nehmen wir zum Beispiel einen Kreis in der xy-Ebene, der sich im Ausgangssystem nicht bewegt. Im dreidimensionalen Modell ist das ein gerader Zylinder. B sieht den Kreis zu einer Zeit t_0 folgendermaßen: Man schneidet den Zylinder mit der Gegenwartsebene von B zu einer Zeit t_0. Diese Schnittfigur erscheint B, aber natürlich in seinen Koordinaten (x' und y' sind speziell skaliert, Basisvektoren u und v)! Mit einem so allgemeinen System kann man natürlich noch nicht viel anfangen. Wir wollen nun aber „spezielle Verallgemeinerungen" betrachten und stellen dazu folgende Anforderungen:

1.) Im Ausgangssystem (System des Beobachters A) sind alle Geschwindigkeiten ≤ 1.
2.) Ein Punkt, der sich im Ausgangssystem mit Geschwindigkeit 1 bewegt, hat für jeden anderen Beobachter B (System x', y', t') auch die Geschwindigkeit 1.

Wir wollen die passenden Systeme x', y', t' berechnen. Dazu stellen wir die Situation im Ausgangssystem dar.

In dieser Darstellung erscheint die y-Achse als Punkt. Die Punkte, die sich zur Zeit $t = 0$ im Koordinatenursprung befinden und sich mit Geschwindigkeit 1 gleichförmig bewegen, bilden einen Drehkegel κ mit Achse t und halbem Öffnungswinkel 45°. Ein sich bewegender Beobachter B wird durch seine Bewegungsgerade g dargestellt. g liege in der xt-Ebene und gehe durch den Ursprung. Der Winkel zwischen der t-Achse und g sei α. Wie sieht nun sein Koordinatensystem aus, mit dem er seine Umgebung beschreibt? Seine t'-Achse muss natürlich g sein. Wir brauchen noch die x'- und y'-Achsen. Wir setzen die y'-Achse gleich der y-Achse, mit gleicher Skalierung! Die x'-Achse erhalten wir durch Drehen der x-Achse um die y-Achse um einen bestimmten Drehwinkel. Die x'-Achse und die y-Achse sind somit orthogonal. Verschieben wir nun die $x'y'$-Ebene parallel in Richtung t', so muss die Ebene ε den Drehkegel κ in einem Kreis mit Mittelpunkt M auf der t'-Achse schneiden – natürlich durch das Koordinatensystem von B betrachtet (im B-System)! In der Zeichnung ist ein Kreisdurchmesser D_1D_2 dargestellt und die beiden mit r bezeichneten Radien sind im B-System gleich lang. Damit sind sie auch im A-System gleich lang. Dies ist genau dann der Fall, wenn der Neigungswinkel der Ebene ε gegen die xy-Ebene auch α ist (Begründung $*$ anschließend). Die x'-Achse erhält man also durch Drehen der x-Achse um die y-Achse um den Winkel α. Es folgt weiter, dass die mit l bezeichnete Strecke auch die Länge r hat (Thaleskreis um M). Es fehlen noch die Skalierungen der x'- und t'-Achse. Da die Mantellinien von κ auch im B-System einen Neigungswinkel von 45° haben, müssen die t'-Achse und die x'-Achse die gleiche Skalierung haben. Die Ebene ε sei nun so gewählt, dass M die t-Koordinate 1 hat. Die Ebene δ sei parallel zur xy-Ebene mit dem t-Wert 1. Diese schneidet κ in einem Kreis mit Radius 1 (im A-System). Die Schnittellipse $\varepsilon \cap \kappa$ hat die beiden Halbachsenlängen r und s (s ist in die Zeichenebene geklappt). Für den Beobachter B sind r und s gleich lang. Da s parallel zur y-Achse ist, hat s in beiden Systemen die gleiche Länge. Pythagoras liefert:

$$1^2 = s^2 + \tan^2 \alpha \implies s = \sqrt{1 - \tan^2 \alpha},$$
$$r^2 = l^2 = 1^2 + \tan^2 \alpha \implies r = \sqrt{1 + \tan^2 \alpha}.$$

Faktor f: $s \cdot f = r$

$$f = \frac{r}{s} = \sqrt{\frac{1 + \tan^2 \alpha}{1 - \tan^2 \alpha}}.$$

Durch Umformung ergibt sich:

$$f = \frac{1}{\sqrt{\cos^2 \alpha - \sin^2 \alpha}}.$$

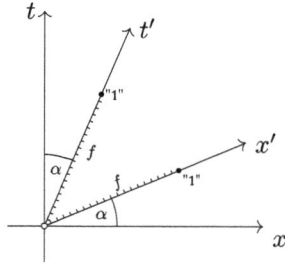

Auf der x'-Achse steht also „1" im Abstand f von 0 (gemessen im A-System). Da die x'- und t'-Achse gleich skaliert sind, gilt dasselbe für die t'-Achse: Die „1" steht im Abstand f von 0. Somit können wir die Basisvektoren des Beobachters B angeben:

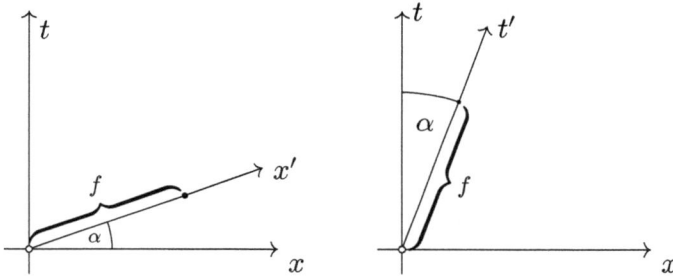

$$x' : \quad u = \begin{pmatrix} f \cdot \cos\alpha \\ 0 \\ f \cdot \sin\alpha \end{pmatrix},$$

$$y' : \quad v = \begin{pmatrix} 0 \\ 1 \\ 0 \end{pmatrix},$$

$$t' : \quad w = \begin{pmatrix} f \cdot \sin\alpha \\ 0 \\ f \cdot \cos\alpha \end{pmatrix}.$$

Für einen Beobachter B ist u, v, w eine Orthonormalbasis. Er berechnet Längen und Winkel mit dem Standard-Skalarprodukt (mit Koordinaten bezüglich u, v, w).

Begründung.

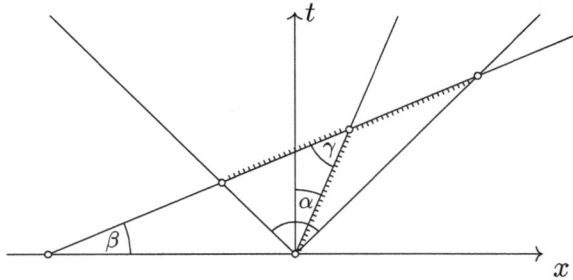

Die gekennzeichneten Strecken sind gleich lang.

$$2 \cdot (45° + \alpha) + \gamma = 180° \quad \text{(gleichschenkliges Dreieck)},$$
$$2 \cdot \alpha + \gamma = 90°,$$
$$\gamma = 90° - 2\alpha,$$
$$\beta + \gamma + \alpha = 90°,$$
$$\beta = 90° - \gamma - \alpha,$$
$$\beta = 90° - 90° + 2\alpha - \alpha,$$
$$\beta = \alpha. \qquad \qquad \square$$

Als Nächstes wollen wir die Transformationsmatrix M der Koordinatentransformation von der natürlichen Basis e_1, e_2, e_3 in die Basis u, v, w berechnen.

– Erste Spalte: $e_1 = a_1 u + a_2 v + a_3 w$

$$\begin{pmatrix} 1 \\ 0 \\ 0 \end{pmatrix} = a_1 \cdot \begin{pmatrix} f \cos \alpha \\ 0 \\ f \sin \alpha \end{pmatrix} + a_2 \cdot \begin{pmatrix} 0 \\ 1 \\ 0 \end{pmatrix} + a_3 \cdot \begin{pmatrix} f \sin \alpha \\ 0 \\ f \cos \alpha \end{pmatrix}.$$

Es ergibt sich:

$$a_1 = \frac{\cos \alpha}{f \cdot (\cos^2 \alpha - \sin^2 \alpha)},$$
$$a_2 = 0,$$
$$a_3 = -\frac{\sin \alpha}{f \cdot (\cos^2 \alpha - \sin^2 \alpha)}.$$

– Zweite Spalte: $e_2 = a_1 u + a_2 v + a_3 w$

$$\begin{pmatrix} 0 \\ 1 \\ 0 \end{pmatrix} = a_1 \cdot \begin{pmatrix} f \cos \alpha \\ 0 \\ f \sin \alpha \end{pmatrix} + a_2 \cdot \begin{pmatrix} 0 \\ 1 \\ 0 \end{pmatrix} + a_3 \cdot \begin{pmatrix} f \sin \alpha \\ 0 \\ f \cos \alpha \end{pmatrix}.$$

Es ergibt sich:

$$\alpha_1 = 0, \quad \alpha_2 = 1, \quad \alpha_3 = 0.$$

- Dritte Spalte: $e_3 = \alpha_1 u + \alpha_2 b + \alpha_3 w$,

$$\begin{pmatrix} 0 \\ 0 \\ 1 \end{pmatrix} = \alpha_1 \cdot \begin{pmatrix} f\cos\alpha \\ 0 \\ f\sin\alpha \end{pmatrix} + \alpha_2 \cdot \begin{pmatrix} 0 \\ 1 \\ 0 \end{pmatrix} + \alpha_3 \cdot \begin{pmatrix} f\sin\alpha \\ 0 \\ f\cos\alpha \end{pmatrix}.$$

Es ergibt sich:

$$\alpha_1 = -\frac{\sin\alpha}{f\cdot(\cos^2\alpha - \sin^2\alpha)},$$

$$\alpha_2 = 0,$$

$$\alpha_3 = \frac{\cos\alpha}{f\cdot(\cos^2\alpha - \sin^2\alpha)}.$$

Damit haben wir M berechnet:

$$M = \begin{pmatrix} \dfrac{\cos\alpha}{f\cdot(\cos^2\alpha - \sin^2\alpha)} & 0 & -\dfrac{\sin\alpha}{f\cdot(\cos^2\alpha - \sin^2\alpha)} \\ 0 & 1 & 0 \\ -\dfrac{\sin\alpha}{f\cdot(\cos^2\alpha - \sin^2\alpha)} & 0 & \dfrac{\cos\alpha}{f\cdot(\cos^2\alpha - \sin^2\alpha)} \end{pmatrix}.$$

Vereinfachung:

$$f\cdot(\cos^2\alpha - \sin^2\alpha) = \frac{1}{\sqrt{\cos^2 - \sin^2\alpha}}\cdot(\cos^2\alpha - \sin^2\alpha) = \sqrt{\cos^2\alpha - \sin^2\alpha}.$$

Damit ergibt sich für M:

$$M = \begin{pmatrix} \dfrac{\cos\alpha}{\sqrt{\cos^2\alpha - \sin^2\alpha}} & 0 & -\dfrac{\sin\alpha}{\sqrt{\cos^2\alpha - \sin^2\alpha}} \\ 0 & 1 & 0 \\ -\dfrac{\sin\alpha}{\sqrt{\cos^2\alpha - \sin^2\alpha}} & 0 & \dfrac{\cos\alpha}{\sqrt{\cos^2\alpha - \sin^2\alpha}} \end{pmatrix}.$$

Oder auch:

$$M = \frac{1}{\sqrt{\cos^2\alpha - \sin^2\alpha}}\cdot\begin{pmatrix} \cos\alpha & 0 & -\sin\alpha \\ 0 & \sqrt{\cos^2\alpha - \sin^2\alpha} & 0 \\ -\sin\alpha & 0 & \cos\alpha \end{pmatrix}.$$

Wir wollen nun prüfen, ob Punkte, die im Ausgangssystem die Geschwindigkeit 1 haben, auch für den Beobachter B die Geschwindigkeit 1 besitzen. Dazu betrachten wir die Mantellinien des Drehkegels K:

$$\lambda \cdot \begin{pmatrix} \cos\varphi \\ \sin\varphi \\ 1 \end{pmatrix}, \quad \lambda \in \mathbb{R}.$$

Auch notwendig ist eine Transformation in das System B. Den Faktor vor M lassen wir weg.

$$\begin{pmatrix} \cos\alpha & 0 & -\sin\alpha \\ 0 & \sqrt{\cos^2\alpha - \sin^2\alpha} & 0 \\ -\sin\alpha & 0 & \cos\alpha \end{pmatrix} \begin{pmatrix} \cos\varphi \\ \sin\varphi \\ 1 \end{pmatrix}$$

$$= \begin{pmatrix} \cos\alpha\cos\varphi - \sin\alpha \\ \sqrt{\cos^2\alpha - \sin^2\alpha} \cdot \sin\varphi \\ -\sin\alpha\cos\varphi + \cos\alpha \end{pmatrix}.$$

Der Winkel γ zwischen der t'-Achse und diesem Vektor müsste 45° sein, aus Sicht des Beobachters B. $*$ sei das Standard-Skalarprodukt.

Dann gilt.

$$\cos\gamma = \frac{\begin{pmatrix} \cos\alpha\cos\varphi - \sin\alpha \\ \sqrt{\cos^2\alpha - \sin^2\alpha} \cdot \sin\varphi \\ -\sin\alpha\cos\varphi + \cos\alpha \end{pmatrix} * \begin{pmatrix} 0 \\ 0 \\ 1 \end{pmatrix}}{\left| \begin{pmatrix} \cos\alpha\cos\varphi - \sin\alpha \\ \sqrt{\cos^2\alpha - \sin^2\alpha} \cdot \sin\varphi \\ -\sin\alpha\cos\varphi + \cos\alpha \end{pmatrix} \right|}$$

$$= \frac{-\sin\alpha\cos\varphi + \cos\alpha}{\sqrt{(\cos\alpha\cos\varphi - \sin\alpha)^2 + (\cos^2\alpha - \sin^2\alpha)\cdot\sin^2\varphi + (-\sin\alpha\cos\varphi + \cos\alpha)^2}}.$$

Wir zeigen, dass dieser Wert gleich $\frac{1}{\sqrt{2}} = \cos 45°$ ist.

$$\Longleftrightarrow \quad \sqrt{2} \cdot (-\sin\alpha\cos\varphi + \cos\alpha)$$
$$= \sqrt{(\cos\alpha\cos\varphi - \sin\alpha)^2 + (\cos^2\alpha - \sin^2\alpha)\cdot\sin^2\varphi + (-\sin\alpha\cos\varphi + \cos\alpha)^2}$$
$$\Longleftrightarrow \quad 2\cdot(-\sin\alpha\cos\varphi + \cos\alpha)^2$$
$$= (\cos\alpha\cos\varphi - \sin\alpha)^2 + (\cos^2\alpha - \sin^2\alpha)\cdot\sin^2\varphi + (-\sin\alpha\cos\varphi + \cos\alpha)^2$$
$$\Longleftrightarrow \quad (-\sin\alpha\cos\varphi + \cos\alpha)^2$$
$$= (\cos\alpha\cos\varphi - \sin\alpha)^2 + (\cos^2\alpha - \sin^2\alpha)\cdot\sin^2\varphi$$
$$\Longleftrightarrow \quad \sin^2\alpha\cos^2\varphi + \cos^2\alpha - 2\sin\alpha\cos\varphi\cos\alpha$$
$$= \cos^2\alpha\cos^2\varphi + \sin^2\alpha - 2\cos\alpha\cos\varphi\sin\alpha + \cos^2\alpha\sin^2\varphi - \sin^2\alpha\sin^2\varphi$$
$$\Longleftrightarrow \quad \sin^2\alpha\cos^2\varphi + \cos^2\alpha = \cos^2\alpha + \sin^2\alpha(1 - \sin^2\varphi)$$
$$\Longleftrightarrow \quad \sin^2\alpha\cos^2\varphi = \sin^2\alpha\cos^2\varphi.$$

$\square$

Damit haben diese Punkte auch für den Beobachter B die Geschwindigkeit 1.

Als Nächstes wollen wir berechnen, wie schnell sich der Beobachter A im System des Beobachters B bewegt. Aus Symmetriegründen müsste sich A im B-System genauso schnell bewegen, wie B im A-System. Wie bisher soll die Bewegungsgerade g von B durch den Koordinatenursprung gehen und in der xt-Ebene liegen. Der Winkel zwischen der t-Achse und g sei α. Also hat B im A-System die Geschwindigkeit $\tan\alpha$. Die Bewegungsgerade des Beobachters A ist die t-Achse. Wir transformieren die t-Achse ins B-System. Den Faktor vor der Matrix lassen wir weg:

$$\begin{pmatrix} \cos\alpha & 0 & -\sin\alpha \\ 0 & \sqrt{\cos^2\alpha - \sin^2\alpha} & 0 \\ -\sin\alpha & 0 & \cos\alpha \end{pmatrix} \begin{pmatrix} 0 \\ 0 \\ 1 \end{pmatrix} = \begin{pmatrix} -\sin\alpha \\ 0 \\ \cos\alpha \end{pmatrix}.$$

Der Winkel zwischen diesem Vektor und der t'-Achse sei γ (im B-System!). Dann ist $\tan\gamma$ die Geschwindigkeit von A im B-System:

$$\tan\gamma = \frac{\sin\alpha}{\cos\alpha} = \tan\alpha.$$

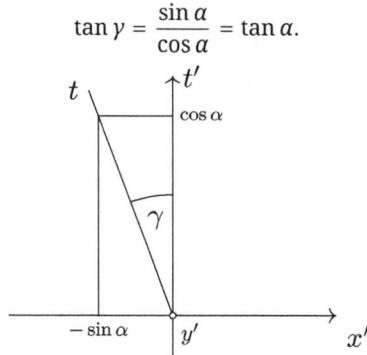

Also sind beide Geschwindigkeiten gleich. Wir können nun auch Geschwindigkeiten vom System A in das System B umrechnen. Wie üblich liegt die Bewegungsgerade von B in der xt-Ebene und geht durch den Ursprung. Der Winkel zur t-Achse ist α. Die Bewegung eines Punktes P sei im A-System durch seine Bewegungsgerade g gegeben. Wir nehmen an, dass g durch den Ursprung geht. Der Winkel zwischen g und der t-Achse sei β. Dann ist $\tan\beta$ seine Geschwindigkeit. Die Parameterdarstellung von g ist:

$$\lambda \cdot \begin{pmatrix} \cos\varphi \\ \sin\varphi \\ \frac{1}{\tan\beta} \end{pmatrix}, \quad \lambda \in \mathbb{R}.$$

Transformation (den Faktor vor M lassen wir weg):

$$\begin{pmatrix} \cos\alpha & 0 & -\sin\alpha \\ 0 & \sqrt{\cos^2\alpha - \sin^2\alpha} & 0 \\ -\sin\alpha & 0 & \cos\alpha \end{pmatrix} \begin{pmatrix} \cos\varphi \\ \sin\varphi \\ \frac{1}{\tan\beta} \end{pmatrix}$$

$$= \begin{pmatrix} \cos\alpha\cos\varphi - \frac{\sin\alpha}{\tan\beta} \\ \sqrt{\cos^2\alpha - \sin^2\alpha} \cdot \sin\varphi \\ -\sin\alpha\cos\varphi + \frac{\cos\alpha}{\tan\beta} \end{pmatrix}.$$

Ist γ der Winkel zwischen diesem Vektor und der t'-Achse im B-System, so bezeichnet $\tan\gamma$ die Geschwindigkeit von P im B-System:

$$\tan\gamma = \frac{\sqrt{(\cos\alpha\cos\varphi - \frac{\sin\alpha}{\tan\beta})^2 + (\cos^2\alpha - \sin^2\alpha)\cdot\sin^2\varphi}}{-\sin\alpha\cos\varphi + \frac{\cos\alpha}{\tan\beta}}.$$

Spezialfälle:

1.) $\varphi = 180°$, g liegt in der xt-Ebene. Im anschaulichen Modell würden sich die beiden Geschwindigkeiten addieren.

$$\cos\varphi = -1, \quad \sin\varphi = 0,$$

$$\tan\gamma = \frac{\sqrt{(-\cos\alpha - \frac{\sin\alpha}{\tan\beta})^2}}{\sin\alpha + \frac{\cos\alpha}{\tan\beta}}$$

$$= \frac{\cos\alpha\tan\beta + \sin\alpha}{\tan\beta} : \frac{\sin\alpha\tan\beta + \cos\alpha}{\tan\beta}$$

$$= \frac{\cos\alpha\tan\beta + \sin\alpha}{\sin\alpha\tan\beta + \cos\alpha}$$

$$= \frac{\cos\alpha\tan\beta + \tan\alpha\cos\alpha}{\tan\alpha\cos\alpha\tan\beta + \cos\alpha}$$

$$= \frac{\cos\alpha(\tan\beta + \tan\alpha)}{\cos\alpha(\tan\alpha\tan\beta + 1)}$$

$$= \frac{\tan\beta + \tan\alpha}{\tan\alpha\cdot\tan\beta + 1}.$$

Bemerkung. Im A-System ist $\tan\alpha$ die Geschwindigkeit von B und $\tan\beta$ die Geschwindigkeit von P. Die Geschwindigkeiten addieren sich also nicht!

Zahlenbeispiel:

$$\tan\alpha = 0.7, \tan\beta = 0.8 \implies \tan\gamma = \frac{0.8 + 0.7}{0.8\cdot 0.7 + 1} \approx 0.961.$$

2.) $\varphi = 90°$, g liegt in der yt-Ebene:

$$\cos\varphi = 0, \quad \sin\varphi = 1,$$

$$\tan \gamma = \frac{\sqrt{(\frac{\sin \alpha}{\tan \beta})^2 + \cos^2 \alpha - \sin^2 \alpha}}{\frac{\cos \alpha}{\tan \beta}}$$

$$= \frac{\sqrt{\sin^2 \alpha + \tan^2 \beta \cos^2 \alpha - \tan^2 \beta \sin^2 \alpha}}{\cos \alpha}$$

$$= \sqrt{\tan^2 \alpha + \tan^2 \beta - \tan^2 \beta \cdot \tan^2 \alpha}.$$

Zahlenbeispiel:

$$\tan \alpha = 0.7, \tan \beta = 0.8 \implies \tan \gamma = \sqrt{0.7^2 + 0.8^2 - 0.7^2 \cdot 0.8^2} \approx 0.903.$$

Die Länge einer Strecke

In der xy-Ebene befindet sich eine sich nicht bewegende Strecke. Sie hat im A-System die Länge l. Im dreidimensionalen Modell wird diese Strecke durch ein Band senkrecht zu xy-Ebene dargestellt. Der Beobachter B sieht zu seiner Zeit t' seine Gegenwart: die zur $x'y'$-Ebene parallele Ebene mit dem Zeitwert t'. Diese Ebene schneidet das Band in einer Strecke s. Dann berechnet B die Länge von s in seinem Koordinatensystem. Das ist für ihn die Länge l.

Beispiel.

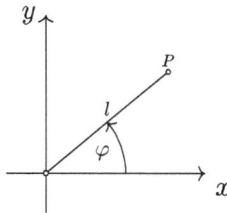

Sei $P = \left(\begin{smallmatrix} \cos \varphi \\ \sin \varphi \end{smallmatrix} \right)$, l hat im A-System die Länge 1. Die Gerade g steht senkrecht zur xy-Ebene durch P:

$$g: \quad \begin{pmatrix} \cos \varphi \\ \sin \varphi \\ \lambda \end{pmatrix}, \quad \lambda \in \mathbb{R}.$$

Schnittpunkt von g mit der $x'y'$-Ebene in Koordinaten von B:

$$\gamma_1 u + \gamma_2 v = \begin{pmatrix} \cos \varphi \\ \sin \varphi \\ \lambda \end{pmatrix},$$

$$\gamma_1 \cdot \begin{pmatrix} f \cos\alpha \\ 0 \\ f \sin\alpha \end{pmatrix} + \gamma_2 \cdot \begin{pmatrix} 0 \\ 1 \\ 0 \end{pmatrix} = \begin{pmatrix} \cos\varphi \\ \sin\varphi \\ \lambda \end{pmatrix}.$$

(1) $\gamma_1 \cdot f \cdot \cos\alpha = \cos\varphi \implies \gamma_1 = \frac{\cos\varphi}{f \cdot \cos\alpha}$

(2) $\gamma_2 = \sin\varphi$.

Jetzt berechnet B die Länge von $\left(\begin{smallmatrix} \gamma_1 \\ \gamma_2 \end{smallmatrix}\right)$:

$$\left| \begin{pmatrix} \frac{\cos\varphi}{f \cos\alpha} \\ \sin\varphi \end{pmatrix} \right| = \sqrt{\frac{\cos^2\varphi}{f^2 \cdot \cos^2\alpha} + \sin^2\varphi}$$

$$= \sqrt{\frac{\cos^2\varphi}{\frac{1}{\cos^2\alpha - \sin^2\alpha} \cdot \cos^2\alpha} + \sin^2\alpha}$$

$$= \sqrt{\frac{\cos^2\varphi \cdot (\cos^2\alpha - \sin^2\alpha)}{\cos^2\alpha} + \sin^2\varphi}$$

$$= \sqrt{\frac{\cos^2\varphi \cos^2\alpha - \cos^2\varphi \sin^2\alpha}{\cos^2\alpha} + \sin^2\varphi}$$

$$= \sqrt{\cos^2\varphi - \cos^2\varphi \cdot \tan^2\alpha + \sin^2\varphi}$$

$$= \sqrt{1 - \cos^2\varphi \cdot \tan^2\alpha}.$$

Das ist für B die Länge von l!

Spezialfälle:

1.) $\varphi = 90°$, l liegt auf der y-Achse. Die Länge von l ist 1, wie im A-System.

2.) $\varphi = 0°$, l liegt auf der x-Achse. Die Länge von l ist $\sqrt{1 - \tan^2\alpha}$. Zum Beispiel: $\tan\alpha = 0.8$ (Geschwindigkeit von B). Länge von l: $\sqrt{1 - 0.8^2} = 0.6$.

Zeitvergleiche

Gegenwart von A: Parallelebene zur xy-Ebene. Der t-Wert gibt die Uhrzeit von A an.

Gegenwart von B: Parallelebene zur $x'y'$-Ebene. Der t'-Wert gibt die Uhrzeit von B an.

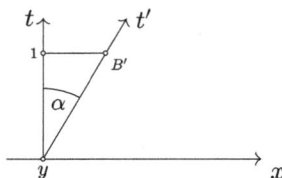

Sei t' die Bewegungsgerade des Beobachters B. Zur A-Zeit 1 sieht A den Beobachter B in seiner Gegenwartsebene am Ort B'. Auf t' kann er die Uhrzeit von B ablesen. Was steht auf t' an der Stelle B'? Länge $0B'$: $\frac{1}{\cos\alpha}$. Die t'-Achse ist aber „skaliert". Bei der A-Länge f steht 1. Wir müssen also die A-Länge $0B'$ durch f teilen:

$$\frac{1}{\cos\alpha} : f = \frac{1}{\cos\alpha} : \sqrt{\frac{1}{\cos^2\alpha - \sin^2\alpha}}$$

$$= \frac{\sqrt{\cos^2\alpha - \sin^2\alpha}}{\cos\alpha}$$

$$= \sqrt{\frac{\cos^2\alpha - \sin^2\alpha}{\cos^2\alpha}}$$

$$= \sqrt{1 - \tan^2\alpha}.$$

Also: Der Beobachter A sieht zu seiner Zeit 1 auf die Uhr von B und liest dort die Uhrzeit ab. Er liest: $\sqrt{1 - \tan^2\alpha}$. Für den Beobachter A hat B eine langsamere Uhr. Zum Beispiel: $\tan\alpha = 0.7$. Dann ist $\sqrt{1 - 0.7^2} = 0.71$. Nun ist der Sachverhalt aber symmetrisch. Sieht B zu seiner Zeit 1 auf die Uhr von A, dann müsste er dort ebenfalls 0.71 ablesen und denken: „Die Uhr von A geht langsamer als meine." Das wollen wir nun nachrechnen!

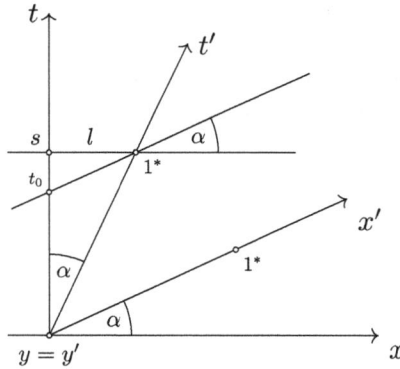

*: An dieser Stelle steht auf der t'-Achse beziehungsweise x'-Skala der Wert 1. Sieht B zu seiner Zeit 1 auf die Uhr von A, so liest er t_0 ab.

Berechnung von t_0.

$$\cos\alpha = \frac{s}{f}, \quad s = f \cdot \cos\alpha,$$

$$\sin\alpha = \frac{l}{f}, \quad l = f \cdot \sin\alpha,$$

$$\tan\alpha = \frac{s - t_0}{l}, \quad s - t_0 = l \cdot \tan\alpha, \quad t_0 = s - l \cdot \tan\alpha,$$

$$t_0 = f\cos\alpha - f\sin\alpha\tan\alpha$$

$$= f \cos \alpha f \sin \alpha \cdot \tan^2 \alpha \cdot \frac{\cos \alpha}{\sin \alpha}$$

$$= f \cos \alpha - f \tan^2 \alpha \cos \alpha$$

$$= f \cos \alpha (1 - \tan^2 \alpha)$$

$$= \frac{\cos \alpha}{\sqrt{\cos^2 \alpha - \sin^2 \alpha}} \cdot (1 - \tan^2 \alpha), \quad \text{zu zeigen: } = \sqrt{1 - \tan^2 \alpha}$$

$$\Longleftrightarrow \frac{\cos^2 \alpha}{\cos^2 \alpha - \sin^2 \alpha} \cdot (1 - \tan^2 \alpha)^2 = 1 - \tan^2 \alpha$$

$$\Longleftrightarrow \frac{\cos^2 \alpha}{\cos^2 \alpha - \sin^2 \alpha} \cdot (1 - \tan^2 \alpha) = 1$$

$$\Longleftrightarrow \cos^2 \alpha \cdot (1 - \tan^2 \alpha) = \cos^2 \alpha - \sin^2 \alpha$$

$$\Longleftrightarrow \cos^2 \alpha - \cos^2 \alpha \cdot \tan^2 \alpha = \cos^2 \alpha - \sin^2 \alpha$$

$$\Longleftrightarrow \cos^2 \alpha \cdot \tan^2 \alpha = \sin^2 \alpha$$

$$\Longleftrightarrow \sin^2 \alpha = \sin^2 \alpha.$$

Also gilt: $t_0 = \sqrt{1 - \tan^2 \alpha}$! $\qquad\qquad\qquad\qquad\qquad\qquad\qquad\qquad$ $\square$

Beschleunigte Bewegungen

Nun soll sich der Beobachter B im Ausgangssystem nicht mehr gleichförmig bewegen. B wird im dreidimensionalen System durch seine Bewegungskurve $s(t)$ dargestellt.

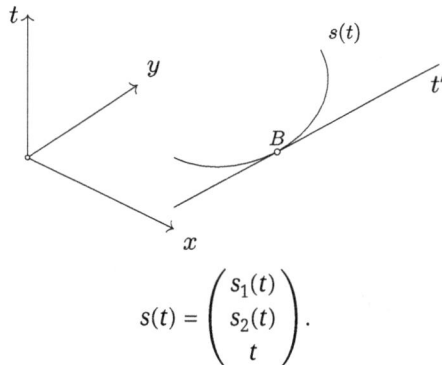

$$s(t) = \begin{pmatrix} s_1(t) \\ s_2(t) \\ t \end{pmatrix}.$$

Die Momentangeschwindigkeit von B erhält man folgendermaßen: Wir legen in B die Tangente t' an s an. α sei der Winkel zwischen t und t'. Die Momentangeschwindigkeit von B ist dann $\tan \alpha$.

Wir können uns vorstellen, dass auf s die Uhrzeit von B aufgetragen ist. Wie bekommt man nun diese Uhrzeitskala? Wir nehmen an, dass zum Durchstoßpunkt von s durch die xy-Ebene die B-Zeit 0 gehört. Beim Durchstoßpunkt steht also auf der s-Skala 0.

Im letzten Abschnitt haben wir den Zeitfaktor $\sqrt{1 - \tan^2 \alpha}$ berechnet. Dieser Faktor hat folgende Bedeutung: Bewegt sich B gleichförmig mit der Geschwindigkeit $\tan \alpha$, dann gehört zur A-Zeit 1 die B-Zeit $\sqrt{1 - \tan^2 \alpha}$. Es handelt sich also um den „Zeitverlangsamungsfaktor". Wir betrachten die Funktion

$$z(t) = \sqrt{1 - \tan^2 \alpha(t)}.$$

$\alpha(t)$: Wir legen bei $s(t)$ die Tangente t' an. α ist der Winkel zwischen t und t'.
$z(t)$ ist also der Verlangsamungsfaktor von B zur A-Zeit t.

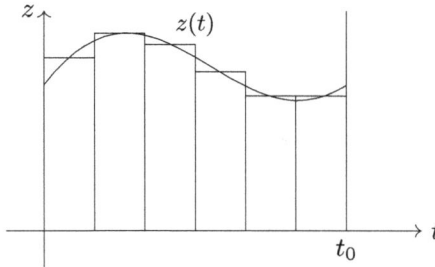

Die B-Uhrzeit zur A-Zeit t_0 können wir nun näherungsweise durch Aufaddieren der gezeichneten Rechteckflächen berechnen. Als Grenzwert der Rechteckflächen ergibt sich das Integral:

$$\int_0^{t_0} z(t)\mathrm{d}t.$$

An der Stelle $s(t_0)$ steht also auf der s-Skala die B-Uhrzeit:

$$\int_0^{t_0} \sqrt{1 - \tan^2 \alpha(t)}\,\mathrm{d}t.$$

Das Integral ist besonders leicht zu berechnen, wenn die B-Geschwindigkeit $\tan \alpha$ konstant ist. Dann gilt:

$$\int_0^{t_0} \sqrt{1 - \tan^2 \alpha}\ \mathrm{d}t = t_0 \cdot \sqrt{1 - \tan^2 \alpha}.$$

Beispiel.

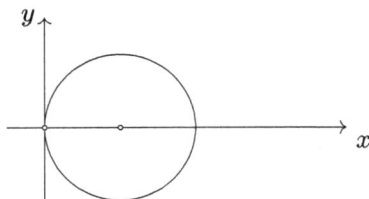

Gegeben ist ein Kreis vom Umfang 10 (siehe Zeichnung). B startet im Ursprung und durchläuft den Kreis mit der konstanten Geschwindigkeit $\tan \alpha = 0.5$. Ein Umlauf dauert 20 A-Zeiteinheiten. Die zugehörige Kurve $s(t)$ ist eine Schraubenlinie. Die zugehörige B-Zeit für einen Umlauf ist:

$$\int_0^{20} \sqrt{1 - \tan^2 \alpha}\, \mathrm{d}t = 20 \cdot \sqrt{1 - \tan^2 \alpha} = 20 \cdot \sqrt{1 - 0.5^2} \approx 17.32.$$

Wir können also zusammenfassen: A und B sind im Koordinatenursprung und haben beide die Zeit 0. Dann durchläuft B den Kreis. Zur A-Zeit 20 treffen sie sich wieder. Dann hat B auf seiner Uhr die Zeit 17.32.

Der Sachverhalt ist jetzt nicht mehr symmetrisch. Der Grund dafür ist, dass bei B „Beschleunigungen" auftreten. B bewegt sich zwar mit konstanter Geschwindigkeit, aber nicht geradlinig, sondern auf einem Kreis. Bei dieser Bewegung „spürt B die *Zentrifugalkraft*".

Stichwortverzeichnis

affine Ebene 45
affiner Untervektorraum 126
Äquator 60
Äquivalenzklasse 10
– Stellvertreter 11
Aufpunkt 59
Ausgleichsgerade 132
Austauschsatz 83

Basis 158
bijektiv 6
Bild 5
Binomialkoeffizient 140

charakteristisches Polynom 175

Definitionsbereich 5
Determinante 160
– Determinantenform 156
– Formel 164
– Regel von Sarrus 165
Dimensionsformel 104
Distributivgesetz 31
Drehung 16

Ebene
– Ebenengleichung 76
Eigenraum 173
Eigenvektor 173
Eigenwert 173
– algebraische Vielfachheit 178
– geometrische Vielfachheit 178
euklidischer Algorithmus 20
Exponentialfunktion 6

Faktorgruppe 30
Fakultät 139
Flächenfunktion 154
Folge 5

Gauß-Algorithmus 127
Gerade 58
– Geradengleichung 73
– Parameterdarstellung 72
gleichförmige Bewegung 189
Gruppe 13
– Einheitengruppe 18

– Gruppenhomomorphismus 24
– isomorph 25
– kommutativ 14
– Symmetriegruppe 16
– Untergruppe 17
Gruppentafel 15
größter gemeinsamer Teiler, ggT 19

Homomorphiesatz 31
Homomorphismus 24

Ideal 33
induktiv geordnete Menge 89
injektiv 5
Inzidenzraum 45
Isomorphismus 25

kartesisches Produkt 4
Kern 24
Koeffizient 33
Koeffizientenmatrix 126
komplexe Zahl 42
Komposition 6
Kongruenz 16, 118
Koordinatendarstellung 158
Koordinatentransformation 110
Kreisgleichung 67
Körper 37
– Primkörper 44
– Unterkörper 43

Laplace-Entwicklung 166
Lemma von Zorn 89
linear unabhängig 84
lineare Abbildung 100
– lineare Fortsetzung 105
lineares Gleichungssystem 125
– homogen 126
– überbestimmt 129
Linearkombination 83
– Eindeutigkeit 86
Logarithmusfunktion 6

Matrix 105, 164
– Addition 111
– Diagonalmatrix 179
– Einheitsmatrix 112

https://doi.org/10.1515/9783111382562-010

– elementare Umformung 119
– inverse Matrix 113
– Multiplikation 111
– orthogonal 114
– Rang 118
  – Spaltenrang 118
  – Zeilenrang 118
– regulär 114
– singulär 114
– symmetrische Matrix 117
– transponierte Matrix 115
Menge 1
– abzählbar 7
– Differenz 3
– Durchschnitt 2, 3
– geordnet 88
– Komplement 4
– leere Menge 1
– Vereinigung 2, 3
Modulo 19
multilinear 155
Mächtigkeit 7

Normalteiler 25
Nullteiler 22

parallele Geraden 45
Parallelenbüschel 45
Parallelogramm 154
Parameter 59
Parameterdarstellung 59
Permutation 143
– Fixpunkt 145
– Permutationschiffre 144
– Signum 148
– Transposition 147, 150
– Vorzeichen 148
– Zykel 146
Pfeilmodell 61
Polynom 33
– Division 35, 176
– Polynomring 33
projektive Ebene 45

Relation 9
– maximales Element 88
– Ordnungsrelation 9

Restklasse 13
Richtungsvektor 59
Ring 31
– Unterring 33

Satz von Desargues 46
Siebformel 142
Skalar 55
– Skalarmultiplikation 55
Skalarprodukt 63
Spiegelung 16
surjektiv 6

teilerfremd 21
Translation 16
Transposition 147
Tupel 4

Umkehrfunktion 6
Urbild 5

Variable 33
Vektor 55
– Abstand 66
– linear unabhängig 156
– Länge 64
– Normalenvektor 73
– orthogonal 67
– Vektorenpaar 154
– Vektorprodukt 169
– Winkel 69
Vektorraum 55
– Basis 89
– Dimension 92
– Erzeugnis 82
– Isomorphismengruppe 102
– Isomorphismus 101
– Orthonormalbasis 93
– Untervektorraum 81

Zahl 2
– Bruchzahl 2
– ganze Zahl 2
– natürliche Zahl 2
– reelle Zahl 2
Zentrifugalkraft 208
Zielbereich 5

www.ingramcontent.com/pod-product-compliance
Lightning Source LLC
Chambersburg PA
CBHW061417210326
41598CB00035B/6244